高等职业教育土木建筑类专业新形态教材

BIM建模与应用

主　编　李　娟　李　奇

副主编　谢清艳　陈　佳　张　凯
　　　　黎人萍　刘汉章　刘陈平

参　编　陈　港　张　磊　钱　军
　　　　严　瑾　臧丽花　冯　燕

主　审　刘孟良

北京理工大学出版社
BEIJING INSTITUTE OF TECHNOLOGY PRESS

内容提要

本书以 Revit 2020 中文版为操作平台，以典型实际项目为载体，采用任务驱动方式，围绕全专业模型的创建和模型的应用展开。全书共分为6个模块，主要包括BIM概论、建模前期准备、结构专业建模、建筑专业建模、建筑设备专业建模、模型后期应用等内容。

本书为校企共建教材，可作为高等院校土木工程类相关专业及企业培训 BIM 专业人才的教材，也可作为广大从事 BIM 技术工作的工程技术人员的参考用书。

图书在版编目（CIP）数据

BIM建模与应用 / 李娟，李奇主编.---北京：北京
理工大学出版社，2021.9（2021.11重印）
ISBN 978-7-5763-0390-2

Ⅰ.①B… Ⅱ.①李…②李… Ⅲ.①建筑设计—计算
机辅助设计—应用软件—高等学校—教材 Ⅳ.
①TU201.4

中国版本图书馆CIP数据核字（2021）第191347号

出版发行 / 北京理工大学出版社有限责任公司
社　　址 / 北京市海淀区中关村南大街5号
邮　　编 / 100081
电　　话 / （010）68914775（总编室）
　　　　　 （010）82562903（教材售后服务热线）
　　　　　 （010）68944723（其他图书服务热线）
网　　址 / http：//www.bitpress.com.cn
经　　销 / 全国各地新华书店
印　　刷 / 北京紫瑞利印刷有限公司
开　　本 / 787毫米×1092毫米　1/16
印　　张 / 20.5　　　　　　　　　　　　责任编辑 / 钟　博
字　　数 / 487千字　　　　　　　　　　　文案编辑 / 钟　博
版　　次 / 2021年9月第1版　2021年11月第2次印刷　　责任校对 / 周瑞红
定　　价 / 55.00元　　　　　　　　　　　责任印制 / 边心超

图书出现印装质量问题，请拨打售后服务热线，本社负责调换

前 言

:::Preface

BIM（Building Information Modeling）即建筑信息模型，BIM 技术是一种应用于工程设计、建造、管理的数字化工具，通过参数模型整合项目的各种相关信息，在项目策划、设计、施工和运行维护的全生命周期过程中进行共享和传递，为设计团队、建设单位、施工单位以及包括建筑运营单位在内的各参与方提供协同工作的基础，实现项目各参与方之间的高效协同与信息共享，在很大程度上改变了建筑业传统的工作模式和方法，在提高生产效率、节约成本和缩短工期方面发挥出重要作用。

住房和城乡建设部发布的《2016—2020 年建筑业信息化发展纲要》中提出建筑业信息化是建筑业发展战略的重要组成部分，建筑企业应积极探索"互联网＋"形式下管理、生产的新模式，深入研究 BIM、物联网等技术的创新应用，创新商业模式，增强核心竞争力，实现跨越式发展。BIM 技术上升到国家发展战略层面，必将带来建筑业广泛而深远的变革。

目前，BIM 技术在国内市场上的应用典型案例包括可视化设计、协同设计、性能化分析、基于 BIM 的设计数字化成果交付、建筑策划、方案论证、管线综合、工程量统计、场地分析、施工进度模拟、施工组织模拟、数字建造、物料跟踪、施工现场配合、BIM 模型维护、竣工模型交付、维护计划、资产管理、空间管理、建筑系统分析、灾害应急模拟等方面。BIM 技术的应用对于实现项目精细化管理、企业集约化经营，促进建筑业全面信息化和现代化，具有巨大的应用价值和广阔的应用前景。

本书基于 Revit 2020 软件进行编写，主要具有以下特点。

1. 配套资源丰富，提高学习效率

本书为信息化数字教材，配套资源丰富，包含案例图纸、配套案例教学视频和拓展知识视频、习题、课程学习网站等资源，读者可通过扫描书中相应二维码获取教材配套资源，便于灵活自主学习，同时有利于教师开展混合式教学。

2. 选取典型案例，实战性强

本书以"员工宿舍楼"项目为载体贯穿始终，项目体量适中，适应教学需求，全书围绕模型的创建和应用展开，以任务为导向，并将完成任务的过程以"任务要求—相关知识—任务实施—任务总结—任务拓展"作为整体的学习主线,让读者在完成每步任务的同时,有效掌握每个任务的知识和技能。

3. 对接"1+X"考证内容,涵盖全专业建模

本书对接"1+X"建筑信息模型(BIM)职业技能等级证书,覆盖考证知识和能力目标要求掌握的内容,内容包含建筑、结构、机电建模与应用,以职业能力为主线,采用行动导向、任务驱动,以项目为载体,采用教学做一体化模式编写,按实际岗位所需的知识能力来选取教材内容,实现教材与工程实际的零距离对接。

本书在编写过程中,整合了各大高校及相关建筑企业的力量,由长沙职业技术学院李娟、李奇担任主编,由湖南高速铁路职业技术学院谢清艳、长沙职业技术学院陈佳、中国电建集团贵阳勘测设计研究院有限公司张凯、湖南高尔夫旅游职业学院黎人萍、湖南电子科技职业学院刘汉章、湖南国防工业职业学院刘陈平担任副主编,深圳市鸿业工程咨询有限公司陈港、绍兴职业技术学院张磊、泰州职业技术学院钱军、长沙职业技术学院严瑾、常德职业技术学院臧丽花、湖南电子科技职业学院冯燕参与编写。具体编写分工如下:模块 1 由张磊、谢清艳共同编写;模块 2 由李娟、刘陈平共同编写;模块 3 由张凯、刘汉章、冯燕共同编写;模块 4 由陈佳、钱军共同编写;模块 5 由陈港、黎人萍共同编写;模块 6 由李奇、臧丽花、严瑾共同编写。全书由李娟负责统稿,由湖南交通职业技术学院刘孟良教授主审。。

感谢参与本书编写工作同人的辛勤付出和大力支持。谨向提供本教材案例的广联达科技股份有限公司及在教材编写过程中给予全程指导的北京理工大学出版社表示衷心感谢!

本书在编写过程中参考了有关资料和著作,在此向相关作者表示感谢。虽然我们对书中所述内容都尽量核实与校对,但因编者水平有限,书中难免存在不足之处,恳请读者批评指正。

编　者

目录

Contents

模块 1 BIM 概论

教学目标

本模块主要介绍 BIM 的相关概念，了解 BIM 的应用价值及主流 BIM 应用软件，熟悉 Revit 基本术语与用户界面，掌握 Revit 视图控制与图元基本操作方法。

教学要求

任务点	知识要点	能力目标	素质目标
初识 BIM 技术	1. BIM 的含义、基本特征、发展历史； 2. BIM 在设计、施工、运营维护阶段的应用； 3. BIM 的数据共享及协同工作； 4. 创建与应用 BIM 模型的主流软件	1. 能够正确理解 BIM 的基本概念； 2. 能够理解 BIM 在建筑全生命周期中的应用价值，具备 BIM 数据共享与协同的意识； 3. 能够根据项目需求正确选用 BIM 实施软件	1. 具有开放共享的包容心态和国际化视野； 2. 具有系统化、全局性看待问题的思维； 3. 具有知识产权保护意识
Revit 基础操作	1. Revit 的作用和特点； 2. Revit 基本架构与术语含义； 3. 模型、基准、视图专有图元含义； 4. Revit 用户界面的组成和作用； 5. 视图控制功能，图元选择与编辑方法	1. 能够明确 Revit 软件建模原理； 2. 能够区分图元从属关系； 3. 能够在 Revit 中熟练控制视图； 4. 能够在 Revit 中熟练运用图元操作方法	具有遵循标准和规范的意识，精益求精的工作态度

任务 1.1 初识 BIM 技术

任务要求

理解 BIM 在不同阶段的应用价值，熟悉 BIM 主流工具软件及其功能。

制作一张建筑工程全生命周期 BIM 应用点与实施工具软件表。

1.1.1　BIM 的基本概念

BIM（Building Information Modeling，建筑信息模型）是由查克·伊斯曼（Chuck Eastman）教授于 20 世纪 70 年代提出的，BIM 以建筑工程项目的各项相关信息数据作为模型的基础，进行建筑模型的建立，通过数字信息仿真模拟建筑物所具有的真实信息（图 1-1-1）。

美国国家 BIM 标准（NBIMS）对 BIM 的含义进行了以下 4 个层面的解释。

（1）BIM 是一个设施（建设项目）物理和功能特性的数字表达。

（2）BIM 是一个共享的知识资源。

（3）BIM 是一个分享有关某个设施的信息，为该设施从概念到拆除的全生命周期中的所有决策提供可靠依据的过程。

（4）在项目不同阶段、不同利益相关方通过在 BIM 中插入、提取、更新和修改信息，以支持和反映其各自职责的协同作业。

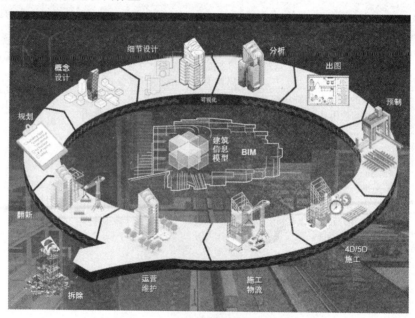

图 1-1-1　全生命周期 BIM 的定义

1.1.2　BIM 的特征

国际标准组织设施信息委员会（Facilities Information Council）将 BIM 定义为："BIM 是利用开放的行业标准，对设施的物理和功能特性及其相关的项目生命周期信息进行数字化形式的表现，从而为项目决策提供支持，有利于更好地实现项目的价值。"

BIM 技术涵盖了几何学、空间关系、地理信息系统、各种建筑组件的性质及数量等信息，整合了建筑项目全生命周期不同阶段的数据、过程和资源，是对工程对象的完整描述。当前，BIM 技术正逐步应用于建筑业的多个方面，包括建筑设计、施工现场管理、建筑运营维护管理等。

1. BIM 技术关键特征

（1）面向对象。BIM 以面向对象的方式表示建筑，使建筑成为大量实体对象的集合。例如，一栋建筑包含大量的结构构件、填充墙等。

（2）基于三维几何模型。相对于二维图形的表达方式，三维模型能更直观地显示建筑信息，计算机可以自动对这些信息进行加工和处理而不需要进行人工干预。例如，软件自动计算生成建筑面积、体积等数据。

（3）包含其他信息。基于三维几何模型的建筑信息中包含属性值信息，该功能使得软件可以根据建筑对象的属性值对其数量进行统计、分析。例如，选择某种型号的窗户，软件将自动统计、生成该型号门窗的数量。

（4）支持开放式标准。BIM 技术通过支持开放式的数据标准，使得建筑全生命周期内各个阶段产生的信息在后续阶段中都能被共享应用，避免了信息的重复录入。

因此，可以说 BIM 不是一件事物，也不是一种软件，而是一项涉及整个建造流程的活动。

2. BIM 技术基本特征

从 BIM 应用的角度看，BIM 在建筑对象全生命周期内具备以下基本特征：

（1）可视化。BIM 技术让图纸上线条式的构件变成三维的立体实物图形展示在人们的面前。BIM 的可视化是一种能够将构件之间形成互动性的可视，可以用来展示效果图及生成报表。更具应用价值的是，在项目设计、建造、运营过程中，各过程的沟通、讨论、决策都能在可视化的状态下进行。

（2）协调性。在传统的建筑设计流程中，各专业设计师分工作业，施工图分别绘制在各自的施工图纸上，由于各专业设计师之间的沟通不到位，往往会出现施工中各种专业之间的碰撞问题，给施工过程带来不便。BIM 软件可在建筑物建造前期对建筑模型进行碰撞检查，生成碰撞检测报告并协调数据，在设计阶段发现施工阶段可能存在的问题并尽早修改。

（3）模拟性。在设计阶段，BIM 可以对设计方案进行节能模拟、紧急疏散模拟、日照模拟、热能传导模拟等；在招投标和施工阶段进行 BIM 4D 施工进度模拟，可以确定合理的施工组织方案指导施工，通过 BIM 5D 模拟，可以实现成本管控；后期运营维护阶段，BIM 软件可以模拟突发紧急事件、事故的处理方式，如地震人员逃生模拟及火灾人员疏散模拟等。

（4）优化性。建设对象全生命周期内的活动包括设计、施工、运营维护等。各类活动是密切关联的，同时，也是一个不断优化的过程，整个过程受信息、项目复杂程度和时间的约束。BIM 模型提供了与建筑物相关的大量实体信息，包括几何信息、物理信息、规则信息等。BIM 及与其配套的各种优化工具提供了对复杂项目进行优化的可能，将项目设计和投资回报分析结合起来，计算出设计变化对投资回报的影响，使业主明确哪种项目设计方案更有利于自身的需求；对设计施工方案进行优化，可以显著地缩短工期和降低造价。

（5）可出图性。BIM 可以自动生成常用的建筑设计图纸及构件加工图纸。通过对建筑物进行可视化展示、协调、模拟及优化，可以帮助业主生成消除碰撞点、优化后的综合管线图，生成综合结构预留洞图、碰撞检查报告及改进方案等。

1.1.3　BIM 的发展历程

BIM 最早起源于美国，随着全球化的进程，已经扩展到了欧洲各国及日本、韩国、新加坡等国家，目前这些国家的 BIM 发展和应用都达到了一定水平。

1. 美国

美国是较早启动建筑业信息化研究的国家，发展至今，在 BIM 研究与应用方面都走在世界前列。目前，美国大多建筑项目已经开始应用 BIM，也出台了各种 BIM 标准。根据 McGraw Hill 的调研，2012 年工程建设行业采用 BIM 的比例从 2007 年的 28% 增长至 2012 年的 71%。其中 74% 的承包商已经在实施 BIM。BIM 的价值在不断被认可。

2. 英国

与大多数国家相比，英国政府要求强制使用 BIM。2011 年 5 月，英国内阁办公室发布了"政府建设战略"（Government Construction Strategy）文件，政府要求将全部的文件以信息化管理。政府要求强制使用 BIM 的文件得到了英国建筑业 BIM 标准委员会［AEC（UK）BIM Standard Committee］的支持。迄今为止，英国建筑业 BIM 标准委员会已于 2009 年 11 月发布了英国建筑业 BIM 标准［AEC（UK）BIM Standard］，于 2011 年 6 月发布了适用于 Revit 的英国建筑业 BIM 标准［AEC（UK）BIM Standard for Revit］，于 2011 年 9 月发布了适用于 Bentley 的英国建筑业 BIM 标准［AEC（UK）BIM Standard for Bentley Product］。

3. 新加坡

新加坡负责建筑业管理的国家机构建筑管理署（Building and Construction Authority，BCA），于 2011 年发布了新加坡 BIM 发展路线规划（BCA's Building Information Modelling Roadmap），规划明确提出推动整个建筑业在 2015 年前广泛使用 BIM 技术。新加坡决定政府部门必须带头在所有新建项目中明确提出 BIM 需求，强制要求在 2013 年起提交建筑 BIM 模型、在 2014 年起提交结构与机电 BIM 模型，并且最终在 2015 年实现所有建筑面积大于 5 000 m^2 的项目都必须提交 BIM 模型。

4. 北欧

北欧国家，如挪威、丹麦、瑞典和芬兰等，是一些主要的建筑业信息技术的软件厂商所在地。北欧冬季漫长多雪，这使得建筑的预制化非常重要，也促进了包含丰富数据、基于模型的 BIM 技术的发展，导致了这些国家及早地进行了 BIM 部署。与其他国家相比，北欧多国政府并未强制要求使用 BIM，由于当地气候的要求及先进建筑信息技术软件的推动，BIM 技术的发展主要是企业的自觉行为。

5. 日本

在日本，有"2009 年是日本的 BIM 元年"之说。大量的日本设计公司、施工企业开始应用 BIM，探索 BIM 在设计可视化、信息整合方面的价值及实施流程。另外，日本建筑学会于 2012 年 7 月发布了日本 BIM 指南，从 BIM 团队建设、BIM 数据处理、BIM 设计流程、应用 BIM 进行预算和模拟等方面为日本的设计院和施工企业应用 BIM 提供了指导。

6. 韩国

在韩国，多个政府部门都致力制定 BIM 标准，如韩国公共采购服务中心（Public Procurement Service，PPS）。韩国主要的建筑公司也都在积极采用 BIM 技术，如现代建设、三星建设、大宇建设等公司。

7. 中国

中国工程建设行业从 2003 年开始引进 BIM 技术。目前，BIM 应用以设计院为主，各类 BIM 咨询公司、培训机构、政府及行业协会也开始越来越重视 BIM 的应用价值和意义。国家"十一五""十二五""十三五"计划中均将 BIM 技术纳入发展内容。上海市作为我国经济发达地区，建设科技的发展一直走在国内其他城市的前面，其对 BIM 技术的推广与应用也早于其他城市，并通过不断实践和发展，总结了值得其他城市借鉴和学习的经验。就应用深度而言，BIM 在中国的应用还只是刚刚开始，未来会逐步推广和深入到建筑行业的各个领域。

从全球化的视角来看，BIM 的应用已成为主流。当前，中国已经成为世界上工程建设活动最多、最活跃的国家。随着超高层建筑、超大跨度建筑等大型复杂土木工程在中国大量涌现，BIM 技术未来必将得到更深层次的发展和应用。

1.1.4 BIM 的应用价值

BIM 为实现真正的 BLM（Building Lifecycle Management，建筑全生命周期管理）提供了技术支撑。建筑工程全生命周期包括设计、施工、运营使用直至拆除的整个过程，下面将逐一介绍 BIM 在设计、施工、运营维护阶段的应用及数据共享与协同工作的方法。

1. BIM 模型在设计阶段的应用

BIM 模型在设计阶段的主要应用包括施工模拟、设计分析与协同设计、可视化交流、碰撞检查及设计阶段造价控制等。

（1）施工模拟。施工模拟包括施工方案模拟、施工工艺模拟，即在工程实施前对建设项目进行分析、模拟、优化，提前发现问题、解决问题直至获得最佳方案以指导施工。

（2）设计分析与协同设计。当初步设计展开之后，每个专业都有各自的设计分析工作（图 1-1-2 ～图 1-1-5）。设计分析主要包括结构分析、能耗分析、光照分析、安全疏散分析等。设计分析在工程安全、节能、节约造价、项目可实施性方面发挥着重要作用。协同设计是指如果设计团队中的全体成员共享同一个 BIM 模型数据源，每个人的设计成果可以及时反映到 BIM 模型上，则每个设计人员可以及时获取其他设计人员的最新设计成果，这样，不同专业设计人员之间形成了以共享的 BIM 模型为纽带的协同工作机制，有效地避免专业之间因信息沟通不畅产生的冲突。

图 1-1-2　日照采光分析

图 1-1-3　空气流动分析

图 1-1-4　温度湿度分析

图 1-1-5　建筑群热工分析

图 1-1-2　彩图

图 1-1-3　彩图

图 1-1-4　彩图

图 1-1-5　彩图

（3）可视化交流（图 1-1-6）。可视化交流是通过采用三维模型展示的方式在设计方、业主、政府、咨询专家、施工方等项目各参与方之间，针对设计意图或设计成果进行有效的沟通。可视化交流使设计人员充分理解业主的建设意图，使审批方能清晰地认知他们所审批的设计是否满足审批要求。

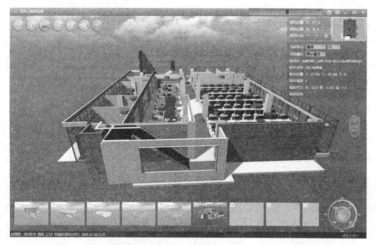

图 1-1-6　彩图

图 1-1-6　可视化交流

（4）碰撞检查（图 1-1-7、图 1-1-8）。BIM 软件将不同专业的设计模型集成为一体，通过碰撞检查功能查找不同专业构件之间的空间碰撞点，并将碰撞点及时反馈给设计人员。BIM 的碰撞检查功能使得设计人员能够在设计阶段提前发现施工中可能出现的问题，从而及时改正问题，有效地减少施工现场的变更。

BIM 概论

模块 1

模块 2

模块 3

模块 4

模块 5

模块 6

图 1-1-7　地下管线碰撞检查　　　　　　　图 1-1-8　节点碰撞检查

（5）设计阶段造价控制。BIM 模型不仅包含建筑物空间和建筑构件的几何信息，还包含构件的材料属性信息。BIM 模型能快速将这些信息传递到专业化的工程量统计软件中，避免了在工程量统计软件中为计算工程量而进行的专门的建模工作，并且能够及时准确反映工程造价水平，为限额设计、优化设计创造条件。

2. BIM 模型在施工阶段的应用

以设计阶段建成的 BIM 模型为基础，施工阶段 BIM 技术的主要应用包括虚拟施工（图 1-1-9）及施工进度控制（图 1-1-10）、施工过程中的成本控制（图 1-1-11）、三维模型校验及预制构件施工等方面。

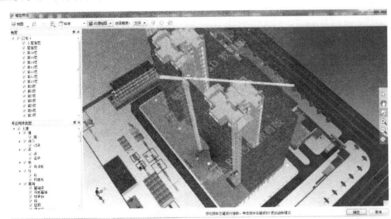

图 1-1-9　彩图

图 1-1-9　虚拟施工

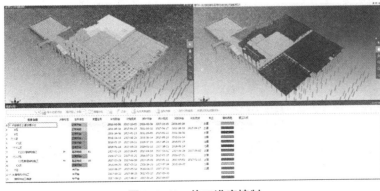

图 1-1-10　彩图

图 1-1-10　施工进度控制

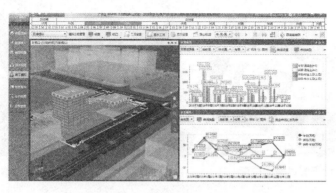

图 1-1-11 彩图

图 1-1-11 成本控制

（1）虚拟施工及施工进度控制。虚拟施工过程可以很直观地展示施工工序界面、顺序，从而使总承包方与各专业分包方之间的沟通协调变得清晰明了。另外，将施工模拟与施工组织方案有效结合，可以帮助施工现场管理人员合理地安排材料、设备、人员进场及确定设备吊装方案等，有效保证施工进度和施工工期。

（2）施工过程中的成本控制。在项目开始前建立 BIM 5D（三维模型＋进度＋成本）模型，将三维模型与各构件实体、进度信息、预算信息进行关联计算，可以对材料、机械、劳务及计量支付进行管控。

（3）三维模型校验。BIM 可视化技术可以展示建筑模型与实际工程的对比结果，帮助业主找出虚拟建筑与实际施工建筑的差距，并发现不合理的部分。同时，该对比结果可以帮助业主对施工过程及建筑物相关功能进行评估，方便业主及时进行调整。

（4）预制构件施工（图 1-1-12 ~ 图 1-1-15）。在预制构件施工方面，BIM 技术的运用可以提高施工预算的准确性，对预制构件的加工生产提供支持，有效地提高设备参数的准确性和施工协调管理水平。

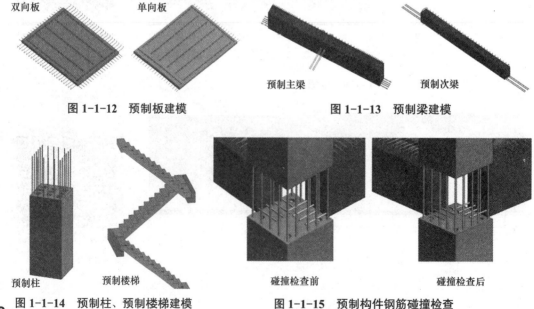

双向板　　　　单向板　　　　　　　　预制主梁　　　　　　预制次梁

图 1-1-12　预制板建模　　　　　图 1-1-13　预制梁建模

预制柱　　　预制楼梯　　　　碰撞检查前　　　　碰撞检查后

图 1-1-14　预制柱、预制楼梯建模　　图 1-1-15　预制构件钢筋碰撞检查

3. BIM 模型在运营维护阶段的应用

BIM 模型完整地存储了建筑的设计、施工数据，使得运营维护人员能够更清楚地了解设备信息、安全信息。运用 BIM 模型与运营维护管理系统相结合，对建筑的空间、设备资产等进行科学管理，对可能发生的灾害进行预防，降低运营维护成本。具体实施中通常将物联网、云计算技术等将 BIM 模型、运营维护系统与移动终端等结合起来应用，最终实现设备运行管理、能源管理、安保系统、租户管理等。

相对于建筑设计和施工阶段，目前 BIM 技术在运营维护阶段的应用案例较少，随着建设项目全生命周期管理理念的逐步深入，BIM 技术未来在运营维护阶段的应用将具有非常广阔的前景。图 1-1-16 ～图 1-1-19 所示为几种运营维护管理案例。

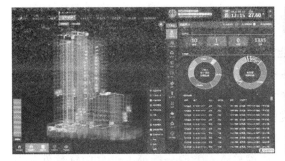

图 1-1-16　医院运营维护管理

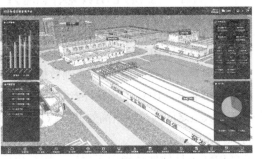

图 1-1-17　水厂运营维护管理

图 1-1-18　机场运营维护管理

图 1-1-19　商场运营维护管理

图 1-1-16　彩图

图 1-1-17　彩图

图 1-1-18　彩图

图 1-1-19　彩图

4. 基于 BIM 的数据共享及协同工作

基于 BIM 的协同工作是将信息在不同人员、不同业务之间传递和共享，使之发挥价值并持续增值的过程。BIM 技术实施过程中会涉及不同专业软件之间的信息交换问题，由于不同软件开发的程序语言、数据格式、专业手段不尽相同，软件之间的共享方式也不相同。软件之间的数据交换方式一般包括直接调用、间接调用、同一数据格式调用三种方式。

在施工过程中，除两个应用软件之间模型共享互用外，还涉及模型集成的工作，即将多个模型集成在一个 BIM 应用软件内。由于不同的 BIM 应用软件生成的 BIM 模型数据格式是不一致的，在进行多个模型的转换与集成过程中，为了尽可能地保证数据信息的完整性，通常要求在 BIM 建模时遵循一定的规则和规范。在 BIM 信息共享的基础上，通过集成工程资源、进度、成本等信息，可以为各施工方建立良好的协调管理关系创造条件。

1.1.5　主流 BIM 软件简介

BIM 应用软件按其功能不同主要可分为三大类，即 BIM 环境软件、BIM 工具软件和 BIM 平台软件。BIM 环境软件是指用于建立能为多个 BIM 应用软件所使用的 BIM 数据软件；BIM 工具软件是指利用 BIM 基础数据开展各种工作的应用软件；BIM 平台软件是指对各类 BIM 环境软件、BIM 工具软件产生的数据进行有效管理，以支持工程项目各参与方及各专业的工作人员之间通过网络高效共享信息的一类软件。下面就目前最为常用的 BIM 工具软件进行展开介绍。

BIM 工具软件是指用于建模、图纸生成、碰撞检查、能源分析等工作的 BIM 软件。根据不同软件之间的信息流动关系可以将 BIM 工具软件分为两类：第一类是创建 BIM 模型的软件，包括 BIM 核心建模软件、BIM 方案设计软件及 BIM 几何造型接口软件；第二类是应用 BIM 模型的软件，包括 BIM 可持续分析软件、BIM 机电分析软件、BIM 结构分析软件、BIM 可视化软件、BIM 模型检查软件、BIM 深化设计软件、BIM 模型碰撞检查软件、BIM 造价管理软件、BIM 运营管理软件及 BIM 发布审核软件。

BIM 工具软件分类及主要功能见表 1-1-1。

表 1-1-1　BIM 工具软件分类及主要功能

软件分类	BIM 工具	主要 BIM 工具软件名称	主要功能
创建 BIM 模型的软件	BIM 核心建模软件	Revit、Civil 3D、Bentley、ArchiCAD、Tekla、CATIA	建筑建模
	BIM 方案设计软件	Ounma Planning System、Affinity	将基于数字的项目要求转化为基于几何形状的建筑方案
	BIM 几何造型接口软件	SketchUp、Rhino、Form-Z	对具有复杂造型的建筑快速建模
应用 BIM 模型的软件	BIM 可持续分析软件	PKPM PBIMS、Eco Tech、IES、Green Building Studio	对项目进行日照、风、热、景观、噪声等分析
	BIM 机电分析软件	Design Master、鸿业、博超、PKPM PBIMS	对模型进行机电分析
	BIM 结构分析软件	PKPM PBIMS、Robot、ETABS、STAAD	对模型进行结构分析

续表

软件分类	BIM 工具	主要 BIM 工具软件名称	主要功能
应用 BIM 模型的软件	BIM 可视化软件	3ds Max、Lightscape、AccuRender、Artiantis	对模型进行可视化展示
	BIM 模型检查软件	Solibri Model Checker、BimWorks	检查模型的质量、完整性是否符合规范要求
	BIM 深化设计软件	Xsteel	应用 BIM 模型提供的数据进行结构深化
	BIM 模型碰撞检查软件	Navisworks、ProjectWise、Solibri、BimWorks	对模型进行碰撞检查
	BIM 造价管理软件	Innovaya、Solibri、鲁班、广联达、品茗、斯维尔	对模型进行工程量统计和造价分析
	BIM 运营管理软件	ArchiFM	将数据与 BIM 模型进行连接，进行设施维护
	BIM 发布审核软件	Autodesk Design Review	将 BIM 成果发布，供项目参与方审核和利用

任务总结

（1）建筑工程项目是一个复杂性高、专业性强、生命周期长的生产经营活动。在这个过程中使用的建筑软件都只是涉及建筑生命周期的某个阶段或某个专业领域，目前还没有建筑软件能够覆盖建筑整个生命周期的应用系统，也没有哪项工程只是使用某一款软件产品就能完成。基于此，BIM 实施软件的选择应考虑应用过程中 BIM 软件之间数据信息的交换和共享是否畅通。

（2）随着 BIM 技术在施工行业应用的不断推广与实践，企业在 BIM 实施时应尽量做到理性务实、重点突破，做好需求分析和规划，从实际业务需求出发，明确需要解决什么问题，从哪里做起，并结合企业及项目的特点和条件，明确近期与中长期的目标，制定切实可行的规划，建立科学的实施体系和保障措施，有方法、有步骤地循序推进。

任务 1.2　Revit 基础操作

任务要求

理解 Revit 软件的组织架构。新建项目文件，熟悉软件界面，掌握视图控制和图元基本操作方法。

1.2.1 Revit 简介

要深入学习 Revit 软件，做到能够自由应对不同特点的项目的需求，首先需要认识到它的不可替代性和优越性。因此，在介绍软件的具体操作前，要系统地了解这一软件，掌握更为科学和有效的学习方法。

1. Revit 特点

Revit 是 Autodesk 公司的一套系列软件的名称。Revit 系列软件是为建筑信息模型（BIM）构建的，可帮助建筑设计师设计、建造和维护质量更好、能效更高的建筑，并支持可持续设计、碰撞检测、施工规划和建造，同时帮助工程师、承包商与业主更好地沟通协作。设计过程中的所有变更都会在相关设计与文档中自动更新，实现更加协调一致的流程，获得更加可靠的设计文档。Revit 是我国建筑业 BIM 体系中使用最广泛的一种软件。

Revit 具有以下特点：

（1）三维立体化。软件中创建的如墙体这种实例三维模型，不仅具有高度（即 z 轴方向的尺寸），更重要的是具有内墙、外墙甚至更复杂的构造层的差异，同时，还具有材料特性、时间及阶段信息等。所以，在创建模型时，需要根据项目实际情况对其属性进行设置。因此，在设计阶段 BIM 技术的效率优势并未显现，甚至与传统的二维绘图模式相比，同样的出图深度，创建 BIM 模型需要的时间更多。在追求效率的建设工程行业中，这一特点也成为制约其在各设计院推广的最大阻力，但由于从整个建筑生命周期来看，BIM 技术的优势极为明显，所以通过政府强制推行加上政策鼓励引导，这一问题势必得到妥善解决。

（2）关联性。由于项目的所有平、立、剖、明细表等施工图组成要素都是基于建筑信息模型得到的，所以模型与所有相关图纸实时关联，一处修改，处处自动修改。而且模型中的各组成部分具有关联性，如门窗与墙的关联性、墙与屋顶和楼板的附着性，栏杆与楼梯的路径一致性等。

（3）协同化。所谓协同化，就是能将同一文件模型通过网络共享，从而进行共同建模，在 Revit 中是以工作集的模式实现的。而如果不同的文件模型中用到了同样的单元，则可通过将共同的单元链接至不同项目中，实现不同项目之间的协同。

（4）BIM 模型应用战略性地考虑了设计阶段之后建筑信息模型的应用方案。此阶段引入了时间的概念，实现与 4D 设计施工和建造管理的关联，并且能按照工程进度的不同阶段分期统计工程量。这一特点使得同一个 BIM 模型能在整个项目生命周期内得到有针对性的专业化应用，这也是 BIM 技术的核心所在。

Revit 概念设计功能带来易用工具，能够帮助用户进行自由形状建模和参数化设计，对早期设计进行分析。借助这些功能可以自由绘制草图，快速创建三维形状，交互地处理各个形状，可以利用内置的工具进行复杂形状的概念澄清，为建造和施工准备模型。随着设计的持续推进，Autodesk Revit Architecture 能够围绕最复杂的形状自动构建参数化框架，并提供更高的创建控制能力、精确性和灵活性。从概念模型到施工文档的整个设计流程都在一个直观环境中完成。

2. Revit 基本架构

（1）Revit 参数化建筑图元。在 Revit 中，所有项目中的信息都能分为模型图元、基准图元和视图专有图元，如图 1-2-1 所示。而图元就是 Revit 用于构成项目的基础，即点、线、面、体及文字符号等各种图形元素。可简单地将项目理解为 Revit 的默认存档格式文件，该文件中包含了项目工程中所有的模型信息和其他工程信息，如材质、造价、数量等，还包括设计中生成的各种图纸和视图，项目以".rvt"数据格式保存。

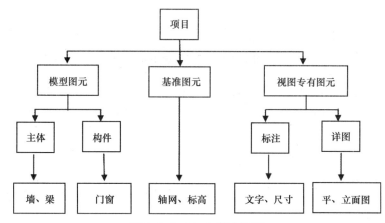

图 1-2-1　Revit 基本架构

1）模型图元即生成建筑物的几何模型，表示物理对象的各种图形元素，代表着建筑物的各类构件，一般分为主体图元和构件图元两类。主体图元是可以在模型中承纳其他模型图元对象的模型图元，代表着建筑物中建造在主体结构中的构件，如柱、梁、楼板、墙体、屋顶、天花板、楼梯等。构件图元是除主体图元之外的所有图元，一般在模型中不能够独立存在，必须依附主体图元才可以存在，如门、窗、上下水管道、家具等。

2）基准图元可帮助定义项目的定位信息。例如，轴网、标高和参照平面都是基准图元。对于三维建模过程来说，由于空间具有纵深性，所以设置工作平面是其中非常重要的环节，基准图元就能提供三维设计的基准面。另外，在需要定位辅助线时，传统二维的辅助线在三维设计中就进阶为辅助平面，其专用术语为"参照平面"，即用以绘制辅助标高或设定辅助线。

3）视图专有图元只特定显示在视图中，它们可帮助对模型进行描述或归档。例如，尺寸标注、标记和详图构件都是视图专有图元。

（2）Revit 图元分类。在创建的设计项目中可以添加 Revit 参数化建筑图元。Revit 按照类别、族和类型对图元进行分类，如图 1-2-2 所示。

1）类别。类别是一组用于对建筑设计进行建模或记录的图元。例如，模型图元类别包括墙、梁、门、窗等；注释图元类别包括标记和文字注释。

2）族。族是某一类别中图元的类，是根据参数（属性）集的共用、使用上的相同和图形表示的相似来对图元进行分组。一个族中不同图元的部分或全部属性可能有不同的值，但是属性的设置（其名称与含义）是相同的。

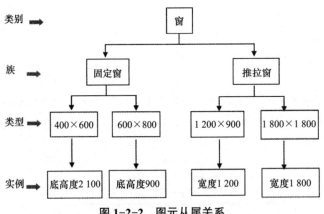

图 1-2-2　图元从属关系

3）类型。每个族都可以拥有多个类型。类型既可以是族的特定尺寸，也可以是样式，如尺寸标注的默认对齐样式或默认角度样式。窗族可以有 1 200 mm×900 mm、1 800 mm×1 800 mm 等。

4）实例。实例是放置在项目中的实际项（单个图元），在建筑（模型实例）或图纸（注释实例）中都有特定的位置。

（3）Revit 其他术语。

1）项目与项目样板。

①项目：在 Revit 中，项目是单个设计信息数据库——建筑信息模型。项目文件包含建筑的所有设计信息（从几何图形到构造数据），这些信息包括用于设计模型的构件、项目视图和设计图纸。通过使用单个项目文件，Revit 不仅可以轻松地修改设计，还可以使修改反映在所有关联区域（平面视图、立面视图、剖面视图、明细表等），在项目管理时仅需跟踪一个文件即可。

②项目样板：在 Revit 中，样板文件功能相当于 AutoCAD 中的"dwt"文件。样板文件中定义了新建的项目中默认的初始参数，如构建族类型、楼层数量的设置、层高信息等。

2）族与族样板。

①族：在 Revit 中，基本的图形单元被称为图元，如在项目中建立的墙、门、窗、文字等，所有这些图元都是使用"族"来创建的。"族"是 Revit 的设计基础。

②族样板：在 Revit 中，族样板文件相当于样板文件，文件中包含默认的族、族参数及族类型等初始参数。

3）类型参数与实例参数。

①类型参数：应用于全体，即在项目中只要修改一个的数值，其他的数值也会跟着变化，并且要在属性中的"编辑类型"中进行修改。

②实例参数：应用于个体，也就是说在项目中每个个体的参数都是独立的，修改其中一个其他的不会因此改变，在属性中可以直接进行修改。

操作步骤：

（1）新建"建筑样板"项目文件，启动 Revit 软件，出现"最近使用的文件"界面，单击"项目"下的"新建"，在弹出的对话框中选择"建筑样板"，单击"确定"按钮。

（2）将项目浏览器中的视图切换为"标高 1"楼层平面视图。

（3）在"建筑"选项卡"构建"面板中单击"墙"按钮，如图 1-2-3 所示，"墙"即图元类别。

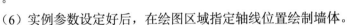

图 1-2-3　选择图元类别

（4）在"属性"面板的类型选择器中选择"基本墙：常规 -200 mm"，如图 1-2-4 所示，"基本墙：常规 -200 mm"即图元类型。

（5）在墙体"属性"面板的属性栏中设置墙"底部约束"为"标高 1"，"顶部约束"为"未连接"，"无连接高度"为"4000.0"，其余选项保持默认设置。此处设定的数值即实例参数，如图 1-2-5 所示。

（6）实例参数设定好后，在绘图区域指定轴线位置绘制墙体。

该项目中标高、轴线为基准图元，绘制的墙体为模型图元，对项目进行尺寸标注，即视图专有图元，如图 1-2-6 所示。

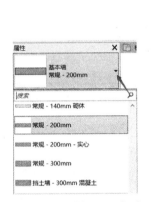

图 1-2-4　选择图元类型

图 1-2-5　图元实例属性

图 1-2-6　图元类别

1.2.2　用户界面

1.　Revit 软件启动

双击桌面上的 Revit 图标或执行 Windows "开始"→"程序"→ Autodesk 下 Revit2020 命令，进入"最近使用的文件"界面，如图 1-2-7 所示。界面包括"模型"和"族"两个选项区域，下面将介绍这两个选项区域的基本功能。

（1）"模型"选项区域。"模型"选项区域包含 Revit 打开或创建项目文件、选择 Revit 提供的样板文件并打开进入工作界面的入口工具。

（2）"族"选项区域。在"族"选项区域中包括"打开""新建"两个引导功能。

单击界面的上方"了解"后的下三角按钮，下拉菜单中包含新特性、基本技能视频、快速入门视频，在网络连接状态下可以查看相关视频进行学习。进入 Revit 操作界面有两种方法，一种方法是单击上下模块任一文件进入最近使用文件或样例文件；另一种方法是通过左侧"打开"或"新建"文件来打开项目。

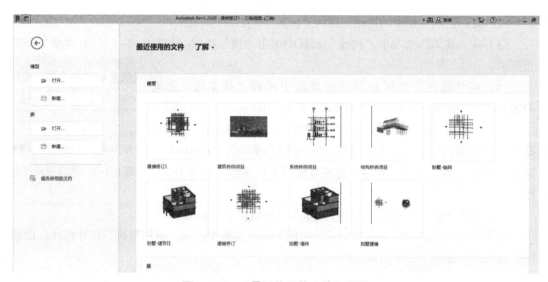

图 1-2-7 "最近使用的文件"界面

2. Revit 的建模界面

Revit 操作界面是执行显示、编辑图形等操作的区域。完整的 Revit 操作界面包括快速访问工具栏、应用程序工具栏、功能区、属性面板、项目浏览器、绘图区域、视图控制栏和状态栏等，如图 1-2-8 所示。

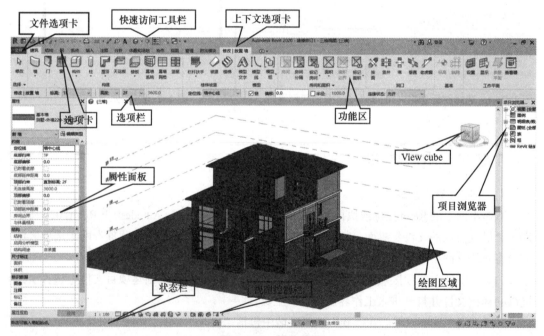

图 1-2-8 操作界面

（1）文件选项卡。文件选项卡提供对常用文件操作的访问，如"新建""打开""保存"和"另存为"。还允许用户使用更高级的工具（如"导出"和"发布"）来管理文件，如图 1-2-9 所示。

（2）快速访问工具栏。快速访问工具栏包含一组常用工具，如图 1-2-10 所示。可以通过单击后面下拉菜单按钮对该工具栏进行自定义，通过勾选与否添加或减少显示功能项。

（3）功能区。功能区包含"选项卡""上下文选项卡""选项栏"。

1）选项卡。用鼠标单击选项卡的名称，可以在各个选项卡中进行切换，如"建筑""结构"等。每个选项卡中都包括一个或多个由各种工具组成的面板，每个面板都会在下方显示该面板的名称。如"建筑"选项卡由"构建""楼梯坡道""模型"等面板组成，"构建"面板又由"墙""门""窗"等具体的工具组成，通过单击不同的工具来进行模型创建。

2）上下文选项卡。上下文选项卡提供与选定对象或当前动作相关的工具，如在"建筑"选项卡"构建"面板中单击"墙"按钮，系统自动切换到"修改 | 放置 | 墙"，表示此时可以进行绘图、编辑或修改。

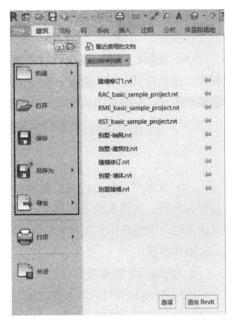

图 1-2-9　文件选项卡

图 1-2-10　快速访问工具栏

3）选项栏。选项栏提示所选中或编辑的对象，并对当前选中的对象提供选项进行编辑。

（4）"属性"面板。"属性"面板主要功能是查看和修改图元属性特征。"属性"面板由类型选择器、编辑类型、属性过滤器和实例属性 4 部分组成，如图 1-2-11 所示。

1）类型选择器。绘制图元时，"类型选择器"会提示构件库中所有的族类型，并可通过"类型选择器"对已有族类型进行替换调整。

2）编辑类型。编辑类型是指一类图元的属性，单击"编辑类型"按钮，在弹出的对话框中可以调整所选对象的类型参数，所有同一类型的图元全部修改。

3）属性过滤器。在绘图区域选择多类图元时，可以通过"属性过滤器"选择所选对象中的某一类对象。

4）实例属性。实例属性是指单个图元的属性，通过编辑可以改变这一个图元的相应参数。

（5）项目浏览器。项目浏览器用于管理整个项目中

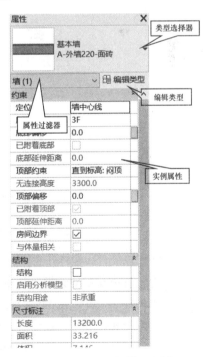

图 1-2-11　"属性"面板

所涉及的视图、明细表、图纸、族、组和其他部分对象，项目浏览器呈树状结构，各层级可展开和折叠。

（6）视图控制栏。视图控制栏主要功能为控制当前视图显示样式，包括视图比例、详细程度、视觉样式、日光路径、阴影设置、裁剪视图、显示裁剪区域、临时隐藏/隔离、显示隐藏的图元、临时视图属性、分析模型的可见性等工具，如图 1-2-12 所示。

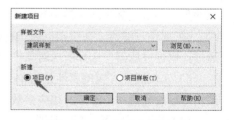

图 1-2-12　视图控制栏

（7）状态栏。状态栏用于显示和修改当前命令操作或功能所处状态。状态栏主要包括当前操作状态、工作集状态栏、设计选项状态栏、选择基线图元、链接图元、锁定图元和过滤等状态栏。当前操作状态显示的是当前命令状态，提示下一步操作。

操作步骤：

1. 新项目的创建及保存

选用 Revit 做设计时，基本的设计流程是选择项目样板，创建空白项目，确定标高轴网，创建墙体、门窗、楼板、屋顶，创建场地、地坪及其他构件。下面介绍创建一个新项目。

（1）双击桌面 Revit 图标，进入最近使用的文件欢迎界面，如图 1-2-13 所示。

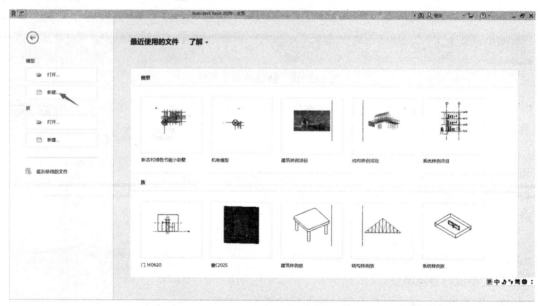

图 1-2-13　最近使用的文件欢迎界面

（2）新建项目。在打开的界面执行"模型"→"新建"命令，在弹出的对话框"新建"选项组选择"项目"，如做建筑设计，在"新建项目"选项组选择"建筑样板"，单击"确定"按钮后完成新项目的创建，如图 1-2-14 所示。软件进入 Revit 2020 工作界面，如图 1-2-15 所示。

图 1-2-14　新建建筑项目

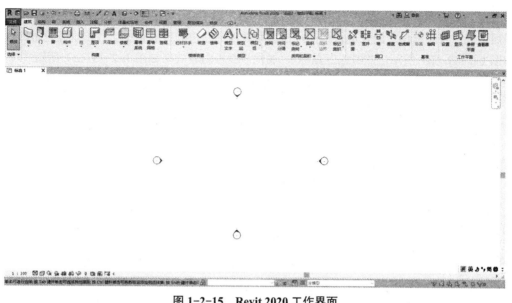

图 1-2-15　Revit 2020 工作界面

（3）保存项目。完成项目创建后选择"文件"→"保存"命令，或者单击快速访问栏中的"保存"按钮，弹出"另存为"对话框，如图 1-2-16 所示。选择保存路径，确认文件名称及文件类型（为"rvt"），单击"保存"按钮完成项目的保存。

（4）文件退出。文件保存后，选择"文件"→"退出 Revit"命令；或者直接单击绘图界面上方的"关闭"按钮✖。

图 1-2-16　保存项目

2. 调整 Revit 界面

在 Revit 界面，除功能区的图标外，一般默认都会在界面的左方排列有"属性"面板和"项目浏览器"，用于显示族的属性和项目的视图列表，但有时会看不到这两个栏目，或是因误操作关闭了，这时可以单击"视图"选项卡，"窗口"面板，"用户界面"的下拉按钮，如图 1-2-17 所示。在下拉菜单中将"项目浏览器""属性"勾选，如图 1-2-18 所示。

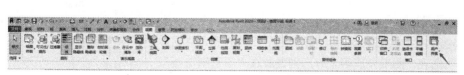

图 1-2-17　用户界面

图 1-2-18　调整用户界面

图 1-2-19（a）中"属性"面板浮在绘图区域，影响模型的创建。首先将软件窗口缩小，然后用鼠标将"属性"面板进行拖动，拖动至软件的左边框或右边框上，出现蓝色框即可，如图 1-2-19（b）所示。此时松开鼠标，"属性"面板附着效果如图 1-2-19（c）所示。

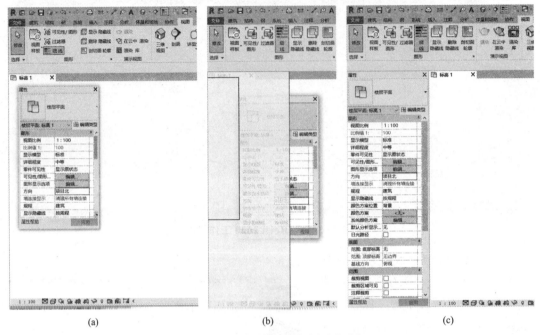

（a） （b） （c）

图 1-2-19 "属性"面板栏附着边框

（a）拖动"属性"面板栏；（b）出现蓝色边框；（c）"属性"面板栏附着

1.2.3 视图控制

视图控制是 Revit 中的重要操作之一。在 Revit 中，视图不同于常规意义上理解的 CAD 绘制的图纸，它是 Revit 项目中 BIM 模型根据不同的规则显示的模型投影或截面。Revit 中常见的视图包括三维视图、楼层平面视图、天花板视图、立面视图、剖面视图、详图视图等。

另外，Revit 中还提供了明细表视图和图纸类别视图。其中，明细表视图以表格的形式统计项目中的各类信息；图纸类别视图用于将各类不同的视图组织成为最终发布的项目图档。

Revit 将所有可访问的视图、图纸等都组织在项目浏览器中，使用项目浏览器，可以在视图间进行切换操作，并提供强大、易用的视图操作工具，对视图进行缩放、平移、旋转等控制操作。

1. 使用项目浏览器

Revit 2020将所有的楼层平面、天花板平面、三维视图、立面、剖面、图例、明细表、图纸及族等全分门别类放在"项目浏览器"中统一管理，如图 1-2-20 所示。双击视图名称即可打开视图。选择视图名称单击鼠标右键即可找到复制、重命名、删除等常用命令。

图 1-2-20 项目浏览器

2. 视图导航

Revit 中提供了多种视图导航工具，可以对视图进行如缩放、平移等操作。利用鼠标配合键盘功能键或使用 Revit 中提供的用于视图控制的"导航栏"，可以分别对不同类型的视图进行多种控制操作。

（1）导航控制盘。将查看对象和巡视建筑结合在一起，可以通过全导航控制盘来查看各个对象及围绕模型进行漫游和导航，如图 1-2-21 所示。

全导航控制盘	查看对象控制盘 (基本控制盘)	巡视建筑控制盘 (基本控制盘)
缩放 动态观察 向上 回放 环视 向下 平移	中心 缩放 回放 动态观察	向前 环视 回放 向上/向下
全导航控制盘 (小)	查看对象控制盘 (小)	巡视建筑控制盘 (小)
缩放	缩放	漫游

图 1-2-21　导航控制盘显示模式

全导航控制盘（大）和全导航控制盘（小）经优化适合有经验的用户。大小控制盘的切换仅能在三维视图中实现，二维视图中此选项为灰显，不可调用。

（2）ViewCube。在三维视图下，"绘图区域"右上角会出现 ViewCube 工具（图 1-2-22）。ViewCube 工具是一个三维导航工具，也是一种可单击、可拖动的常驻界面。用户可以用它在模型的标准视图和等轴测视图之间进行切换。ViewCube 工具显示后，将在窗口一角以不活动状态显示在模型上方。ViewCube 工具在视图发生更改时可提供有关模型当前视点的直观反映。将光标放置在 ViewCube 工具上后，ViewCube 将变为活动状态。用户可以拖

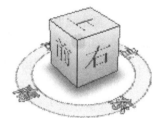

图 1-2-22　ViewCube 工具

动或单击 ViewCube 来切换，也可滚动当前视图或更改为模型的主视图。

（3）使用视图控制栏。通过"视图控制栏"对图元可见性进行控制。视图控制栏位于绘图区域底部、状态栏的上方。

常用选项说明如下：

1）视图比例1：100。可用视图比例对视图指定不同比例。

2）详细程度▢。Revit 系统设置"粗略""中等"或"精细"三种详细程度，通过指定详细程度，可控制视图显示内容的详细级别，如图 1-2-23 所示。

墙体粗略模式	墙体精细模式

图 1-2-23　墙体详细程度

3）视觉样式 ▱。Revit 提供了"线框""隐藏线""着色""一致的颜色""真实""光线追踪"6 种不同的视觉样式，通过指定视图视觉样式，可以控制视图颜色、阴影等要素的显示，如图 1-2-24 所示。

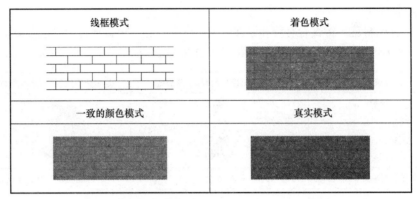

线框模式	着色模式
一致的颜色模式	真实模式

图 1-2-24　视觉样式

4）日光路径 ☀。开启日光路径可以显示当前太阳位置，配合阴影设置可以对项目进行日光研究。

5）阴影设置 ☀。通过日光路径和阴影的设置，可以对建筑物或场地进行日光影响研究。

6）视图裁剪 ▨。开启视图裁剪功能，可以控制视图显示区域，视图裁剪又可分为模型裁剪区域、注释裁剪区域，分别控制模型和注释对象的显示区域。

7）显示裁剪区域 ▨。显示裁剪区域主要控制该裁剪区域边界的可见性。

8）临时隐藏 / 隔离 ◔。临时隐藏设置可分为按图元和按类别两种方式，可以临时隐藏对象。当关闭该视图窗口后，重新打开该视图，被临时隐藏的对象均会显示出来。

9）显示隐藏图元 ◉。开启该功能可以显示隐藏图元，被隐藏图元为深红色显示，选择被隐藏图元后，单击鼠标右键，可使用"取消在视图中隐藏"命令取消对此对象的隐藏。

1.2.4　图元基础操作

要熟练操作 Revit 并用于快速制图，除前面所述的视图的显示与操控外，还要掌握图元的选择技巧。下面介绍图元的基本选择方法和常用编辑命令。

1. 图元的基本选择方法

在 Revit 中选择图元，常用的方法就是采用光标拾取，表 1-2-1 列出了几种基本的拾取方式。

表 1-2-1　图元基本选择方法

目标	操作
定位要选择的所需图元	将光标移动到绘图区域中的图元上。Revit 将高亮显示该图元并在状态栏和工具提示中显示有关该图元的信息
选择一个图元	单击该图元

续表

目标	操作
选择多个图元	在按住 Ctrl 键的同时单击每个图元
确定当前选择的图元数量	检查状态栏（ ）上选择合计
选择特定类型的全部图元	选择所需类型的一个图元，并键入 SA（表示"选择全部实例"）
选择某种类别（或某些类别）的所有图元	在图元周围绘制一个拾取框，并单击"修改｜选择多个"上下文选项卡"选择"面板中的"过滤器"按钮。选择所需类别，并单击"确定"按钮
取消选择图元	在按住 Shift 键的同时单击每个图元，可以从一组选定图元中取消选择该图元
重新选择以前选择的图元	在按住 Ctrl 键的同时按左箭头键

2. 常用编辑命令

Revit 可以对选择的图元进行修改、移动、复制、镜像、旋转等编辑操作。可以通过"修改"选项卡或上下文关联选项卡访问这些修改和编辑工具。同时，还经常会用到临时尺寸标注。

在"修改"选项卡的"修改"面板中有"对齐""镜像""移动""复制""旋转"和"修剪"等命令，如图 1-2-25 所示。其中，对齐和修剪编辑命令，是先执行命令然后选择图元进行编辑。其他编辑命令均需要先选中图元再执行命令。

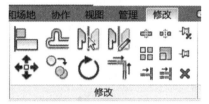

图 1-2-25　修改选项卡

（1）"移动""对齐"与"旋转"。

1）"移动" ⊹。"移动"工具可将图元移动到指定位置。

2）"对齐" ⊔。"对齐"工具可将单个或多个图元与指定的图元进行对齐，对齐也是一种移动操作。选择目标构件，确定对齐位置，再选择需要对齐的构件；选择需要对齐的部位，可将一个或多个图元依次进行对齐。

3）"旋转" ↻。"旋转"工具用来绕轴旋转选定的图元。单击"旋转"按钮可以绕选定的轴旋转至指定位置，拖拽中心点可改变旋转的中心位置。用鼠标拾取旋转参照位置和目标位置可旋转图元，也可以在选项栏设置旋转角度值后按 Enter 键旋转墙体，勾选"复制"复选框会在旋转的同时复制一个图元的副本。

（2）"复制""镜像"与"阵列"。"复制""镜像"与"阵列"工具都属于复制类型的工具，当然也包括使用 Windows 剪贴板的复制、粘贴功能。

1）"复制" ⌞。"复制"工具是复制所选图元到新位置的工具，仅在相同视图中使用。勾选"多个"复选框，可复制多个图元到新的位置；勾选"约束"复选框，可向垂直方向或水平方向复制图元。

2）"镜像" ⋈。"镜像"工具也是一种复制类型工具，镜像工具是通过指定镜像中心线（或称镜像轴）或绘制镜像中心线后，进行对称复制的工具。其包括"镜像 - 拾取轴"

和"镜像－绘制轴"。

3）"阵列"⌗。利用"阵列"工具可以创建线型阵列或创建径向阵列（也称圆周阵列）。

（3）临时尺寸标注。单选图元后会出现一个蓝色高亮显示的标注，即临时尺寸标注，如图1-2-26所示。单击数字即可修改图元的位置，拖拽标注两端的基准点即可修改尺寸界线的位置。

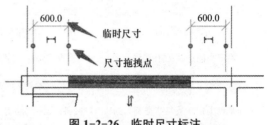

图1-2-26　临时尺寸标注

∴∵ 任务实施

1. 打开视图

（1）打开立面视图：进入项目文件后，在项目浏览器中展开"视图（全部）"→"立面（建筑立面）"，双击视图"东"，进入东立面视图。如图1-2-27所示，可在绘图区域内看到有标高1、标高2两个标高。当前激活的视图其名称"东"也将以粗体显示，此时可根据项目设置标高。

图1-2-27　打开立面视图

（2）打开平面视图：在项目浏览器中展开"视图（全部）"→"楼层平面"项，双击视图"标高1"，进入标高1平面视图。

（3）打开三维视图：在项目浏览器中展开"视图（全部）"→"三维视图"，双击视图"{3D}"，进入三维视图。或者如图1-2-28所示，直接单击"快速访问工具栏"中"默认三维视图"按钮⌂。

图 1-2-28　快速打开三维视图

2. 用导航控制视图

（1）在平面视图下进行视口导航。展开"项目浏览器"中的"楼层平面"或"立面"。在"标高 1"平面名称上双击，打开平面视图。单击绘图区域右上角导航栏中的"控制盘"工具，即出现二维控制盘，如图 1-2-29所示，鼠标左键按住"缩放"按钮，鼠标前移是放大，后退是缩小，松开左键退出"缩放"，如图 1-2-30 所示。也可以单击"平移""回放"按钮，对图像进行移动或缩放。

图 1-2-29　打开　　图 1-2-30　单击
二维控制盘　　　　缩放按钮

说明：平面或立面视图不显示控制盘，则需要到"视图"→"用户界面"中将导航栏项勾选显示。

（2）在三维视图下进行视口导航。展开"项目浏览器"中的"三维视图"，双击"3D"，打开三维视图。单击"绘图区域"右上方导航栏中"控制盘"下方的下三角，在弹出的面板中选择"全导航控制盘"，如图 1-2-31 所示。鼠标左键按住"动态观察"选项不放，鼠标光标会变为"动态观察"状态，如图 1-2-32 所示。左右移动鼠标，将对三维视图中的模型进行旋转，视图中绿色球体表示动态观察时视图旋转的中心位置，用鼠标左键按住控制盘的"中心"选项不放，可拖动绿色球体至模型上的任意位置，松开鼠标左键，可重新设置中心位置。

说明：按住 Shift 键，再按住鼠标右键不放，移动鼠标也可进行动态观察。

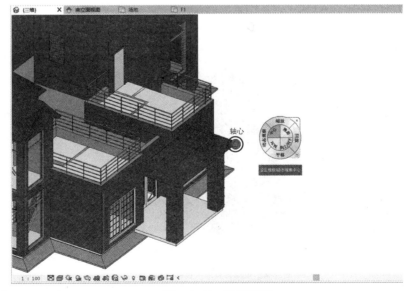

图 1-2-31　全导航控制盘　　　　　　　　　图 1-2-32　动态观察

（3）用 ViewCube 控制视图。在三维视图状态下，视图右上角显示 ViewCube 立方体。ViewCube 立方体中各顶点、边、面和指南针的指示方向代表三维视图中不同的视点方向，单击立方体或指南针的各部位，可以在各方向视图中切换显示。如图 1-2-33 所示，鼠标单击立方体中"南"面，项目视图转换到正南面。另外，按住 ViewCube 或指南针上的任意位置并拖动鼠标，可以旋转视图。

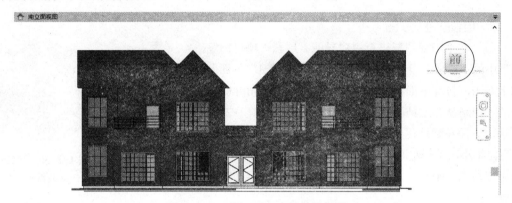

图 1-2-33　用 ViewCube 旋转视图

3. 使用视图控制栏

（1）在模型绘制过程中，不同视图样式可以辅助绘图者有效地进行操作。但是需要注意的是由"线框"至"光线追踪"显示效果逐渐增强，所需要系统资源也会越来越大。一般平面或剖面施工图可设置为"线框"或"隐藏线"模式，这样系统消耗较小，项目运行较快。

（2）打开 / 关闭日光路径，打开 / 关闭阴影。在三维模式中，可以通过"打开阴影" ♀ 开关在视图中显示模型的光照阴影，增强模型的表现力，如图 1-2-34 所示。在日光路径中，单击"打开日光路径"按钮 ✿，并进行"日光设置"，如图 1-2-35 所示。确定后日光路径和阴影均打开，效果如图 1-2-36 所示。

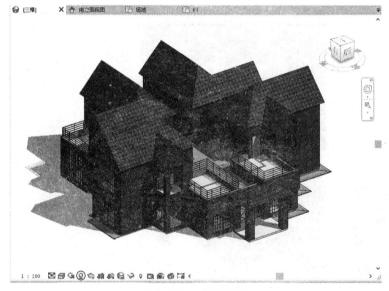

图 1-2-34　打开阴影

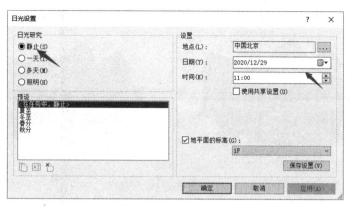

图 1-2-35　日光设置

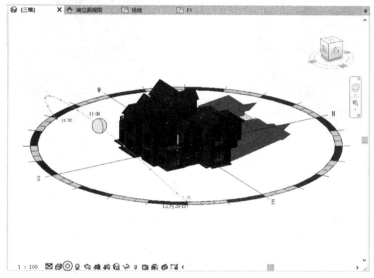

图 1-2-36　打开日光路径

（3）裁剪视图，显示 / 隐藏裁剪区域。平面、立面或三维视图模式下，单击"显示裁剪区域"按钮，单击裁剪线四边出现"控制点"，如图 1-2-37（a）所示。拖动控制点，调整裁剪范围，如图 1-2-37（b）所示，单击"裁剪视图"按钮，裁剪后，裁剪框外的图元不显示，如图 1-2-37（c）所示，最后单击"隐藏裁剪区域"按钮，将裁剪线隐藏，如图 1-2-37（d）所示。

（4）"临时隔离 / 隐藏"选项和"显示隐藏图元"选项。"临时隔离 / 隐藏"是指在视图中绘图者可以根据需要临时隐藏或隔离任意图元，当关闭项目后，重新打开项目时被隐藏的图元将恢复显示。如图 1-2-38 所示，鼠标从左上角向右下角框选模型，单击上下文选项卡"选择"面板中的"过滤器"按钮，在弹出的"过滤器"对话框中仅勾选"墙体"，如图 1-2-39 所示。此时墙体图元被选中，如图 1-2-40 所示。然后选择"临时隐藏或隔离图元"→"隐藏图元"命令，此时视图周边将显示蓝色边框，墙体图元被隐藏，如图 1-2-41 所示。此时单击"显示隐藏图元"按钮，视图周边将显示紫色边框，项目中被隐藏的"墙体"显示蓝色，如图 1-2-42 所示。

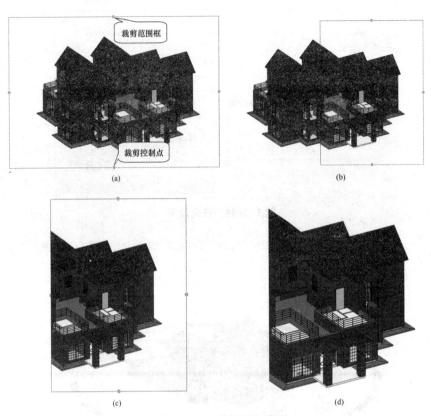

图 1-2-37　选择图元类别

（a）裁剪区域；（b）调节裁剪框；（c）裁剪视图；（d）隐藏裁剪区域

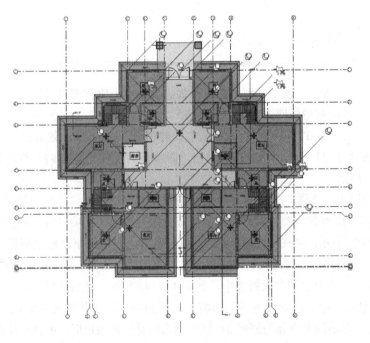

图 1-2-38　项目全选

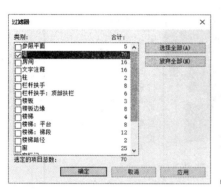

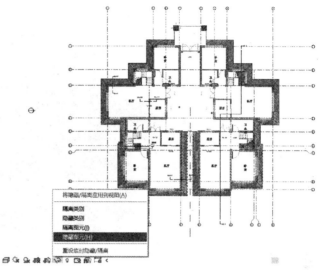

图 1-2-39　过滤选项　　　　　　　　图 1-2-40　单击隐藏图元

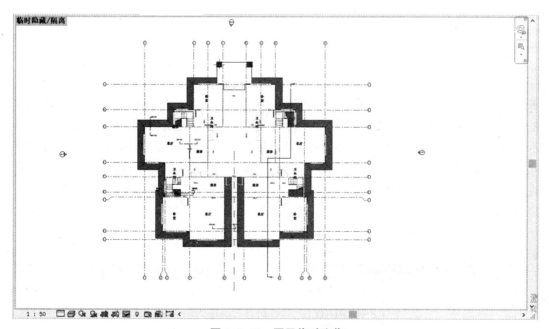

图 1-2-41　图元临时隐藏

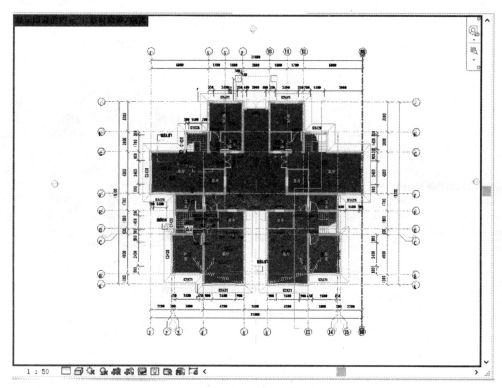

图1-2-42　显示隐藏图元

再次单击"隐藏或隔离图元"按钮，可以选择"重设临时隐藏/隔离"选项恢复被隐藏的图元。选择"将隐藏/隔离应用到视图"选项，此时视图周边蓝色边框消失，将永久隐藏不可见图元，即无论任何时候，图元都将不再显示。恢复图元隐藏命令也可通过输入快捷键"HR"来实现。

4. 图元基本操作

打开本书提供的案例源文件"别墅.rvt"。

（1）选择"组合窗"图元。在"项目浏览器"中双击打开"楼层平面"→"标高1"，进入"标高1"视图窗口，将光标移动到绘图区域中要选择的图元→北侧墙体的"组合窗"上，Revit将高亮显示该图元，并在状态栏和工具提示中显示有关该图元的信息，如图1-2-43所示。单击选中该图元，选中的图元呈半透明蓝色状态显示，如图1-2-44所示。按住Ctrl键，光标右上角出现"＋"，继续单击并选中其他窗图元，多个图元呈现显示状态，此时可以通过状态栏最右侧查看当前所选的图元数量，如图1-2-45所示。在选中状态下，如果要取消部分图元或全部取消，可以按住Shift键同时选择图元，即可取消选择。

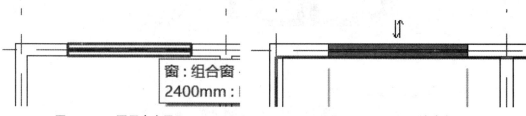

图1-2-43　图元高亮显示　　　　　　　　　图1-2-44　图元被选中

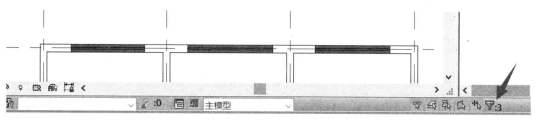

图 1-2-45　选中多个图元

　　如果同时选择同一类别的图元，需要选中一个图元后，单击鼠标右键并执行右键菜单中的"选择全部实例"→"在视图中可见"（或"在整个项目中"）命令，即可同时选中同类别的全部图元，如图 1-2-46 所示。或者先选中一个图元，然后直接输入 SA（"选择全部实例"的快捷键命令），其余同类别的图元被同时选中。

　　也可以通过光标拾取框来选择单个或多个图元，首先用光标在绘制的图形域由左上向右下绘制一个矩形，矩形边框所包含的图元都将被选中，用过滤器进行筛选所需图元类别。

　　（2）移动、对齐图元。继续上一案例，将洗脸盆对齐到墙边有两种做法。

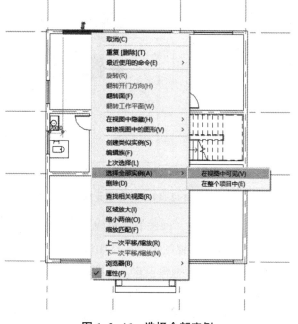

图 1-2-46　选择全部实例

　　方法 1：移动✛。在"标高 1"视图窗口，选中洗脸盆图元，然后在"修改 | 卫浴装置"上下文选项卡"修改"面板中单击"移动"按钮✛，随后在选项栏中仅勾选"约束"复选框，如图 1-2-47 所示。光标拾取洗脸盆右上角点作为移动起点，向上移动至墙边，输入数值 120，如图 1-2-48 所示，然后单击 Enter 键确认完成移动。鼠标光标置于空白处并单击，或者按 Esc 键退出当前操作。

图 1-2-47　移动图元设置

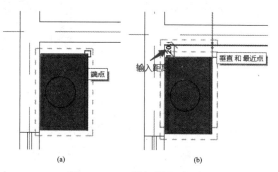

图 1-2-48　选择图元类别

（a）选中图元；（b）移动图元

方法2：对齐 。在"标高1"视图窗口，单击"修改"选项卡"修改"面板中的"对齐"按钮，进入对齐编辑模式，鼠标指针右下角出现 。移动鼠标指针至厕所墙体，Revit将捕捉到墙边并亮显，单击该线作为对齐线，如图1-2-49所示，Revit将在该位置处显示蓝色参照平面，然后将鼠标移动至要对齐的洗脸盆边缘，Revit捕捉到参考位置并亮显，此时单击鼠标左键，洗脸盆边缘对齐墙边，操作完成。

两种方法完成后的效果，如图1-2-50所示。

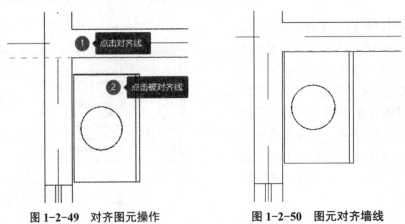

图1-2-49　对齐图元操作　　　　　　图1-2-50　图元对齐墙线

（3）旋转图元。继续上一案例，将洗脸盆旋转90°。

在"标高1"视图窗口，选中洗脸盆，单击"修改"选项卡"修改"面板中的"旋转"按钮 ，进入旋转编辑模式。视图出现轴心点和参照线，将鼠标光标移动至空白处并单击鼠标左键确定起点，向上移动鼠标并在键盘输入角度"90"，再次单击鼠标左键确定旋转位置，如图1-2-51所示。鼠标在空白处单击，或者按Esc键退出当前操作。

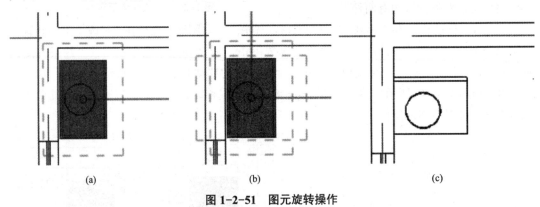

(a)　　　　　　　　　　　(b)　　　　　　　　　　　(c)

图1-2-51　图元旋转操作

（a）选择图元；（b）旋转角度设置；（c）旋转完成

（4）复制窗户。继续上一案例，复制窗户图元，有以下三种做法。

方法1：复制。在项目浏览器中，双击"标高2"，进入"标高2"视图窗口，选中北侧窗图元，单击"修改"选项卡"修改"面板中的"复制"按钮 ，进入"复制"编辑模式。选项栏中勾选"约束""多个"，如图1-2-52所示。鼠标单击窗图元端点，然后水平移动至指定位置（或者直接输入数值），如图1-2-53所示。单击鼠标左键确定该位置，完成一个窗图元的复制。鼠标继续移动到下一个参照点，再单击完成第二个窗图元复制，以此类推。完成后按 Esc 键退出当前操作。

说明：若只需要复制一个，则去掉"多个"的勾选。

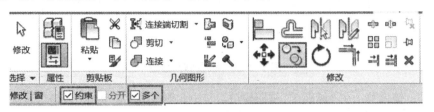

图 1-2-52　复制图元设置

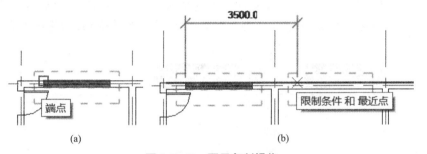

图 1-2-53　图元复制操作

（a）选择图元；（b）确定图元副本位置

方法 2：阵列。在"标高 2"视图窗口，鼠标选中北侧窗图元，单击"修改"选项卡"修改"面板中的"阵列"按钮 ⽥，进入阵列编辑模式。如图 1-2-54 所示，选项栏"项目数"输入 3、"移动到"选择"第二个"，并勾选"约束"。鼠标单击图元复制的端点，向右移动至第二个图元位置，单击鼠标左键确定，如图 1-2-55 所示。此时可见 Revit 自动完成两个窗图元的复制，并出现输入框，可在此修改模型组图元数量，如图 1-2-56 所示。确定后鼠标在空白处单击两次退出当前操作。

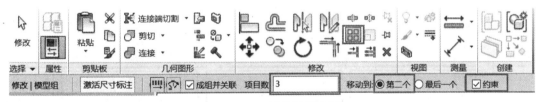

图 1-2-54　图元阵列设置

图 1-2-55　图元阵列操作

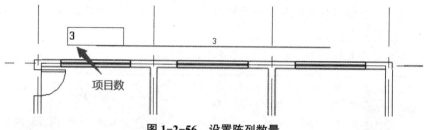

图 1-2-56　设置阵列数量

方法 3：镜像。在"标高 2"视图窗口，选中北侧窗图元，单击"修改"选项卡"修改"面板中的"镜像 – 拾取轴"按钮，进入镜像编辑模式。拾取两卧室间墙体定位轴线作为镜像中心线，如图 1-2-57 所示。随后 Revit 自动完成镜像操作并创建副本图元，如图 1-2-58 所示。同理，再镜像出第三个窗图元。然后在空白处单击，或者按 Esc 键退出当前操作。

图 1-2-57　图元镜像操作

图 1-2-58　完成第一次镜像

多个窗图元通过复制或阵列或镜像操作后，完成效果如图 1-2-59 所示。

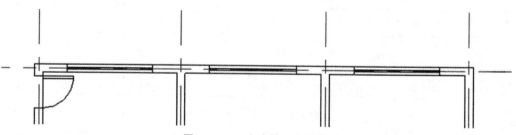

图 1-2-59　完成第二次镜像

∴ **任务总结**

本节主要介绍了 Revit 的作用和特点；Revit 基本架构与术语含义、模型、基准、视图专有图元含义；Revit 软件启动、用户界面的组成和各功能区的作用、视图控制功能；图元选择与编辑方法。准确理解相关术语、图元从属关系并熟练掌握软件的视图控制和图元操作是我们高效完成建模工作的基础。

模块 2　建模前期准备

教学目标

本模块主要介绍建模前的准备工作，熟悉 BIM 建模工作流程，了解 BIM 建模规则及样板文件的创建方法，掌握标高轴网的创建方法。

教学要求

任务点	知识要点	能力目标	素质目标
建模流程与规范	1. BIM 建模工作流程； 2. 模型命名、模型精度、模型拆分原则及模型协同等相关 BIM 建模规则； 3. 样板文件	1. 具备 BIM 项目建模工作流程与多专业协同工作的方式； 2. 具备 BIM 数据协同共享的意识，能够按照 BIM 规则进行模型拆分与创建； 3. 能够创建各专业的项目样板文件	1. 具有团队协作精神、工作流程规范化意识； 2. 具有遵循标准和规范的意识，精益求精的工作态度； 3. 具有严谨、高效、协作的职业品格
创建标高	标高的制图规范、标高的类型属性定义、标高的创建与编辑方法	1. 具备标高创建的规范意识； 2. 具备创建与编辑案例项目标高的能力； 3. 具备创建与编辑复杂项目标高的迁移能力	具有规范意识、严谨细致的工作态度
创建轴网	轴网的制图规范、轴网的类型属性定义、轴网的创建与编辑方法	1. 具备轴网创建的规范意识； 2. 具备创建与编辑案例项目轴网的能力； 3. 具备创建与编辑复杂项目轴网的迁移能力	具有规范意识、团队协作的职业精神

任务 2.1　建模流程与规范

任务要求

熟悉 BIM 项目建模的工作流程，编制员工宿舍楼项目 BIM 建模实施标准。

:∵· **相关知识**

2.1.1 BIM 建模工作流程

BIM 正向设计是直接借助专业建模软件进行三维方案设计，利用三维模型导出施工图、效果图、漫游动画等成果，在后期成图、变更修改、模型审图等方面效果显著。但由于建筑师受到较长时间的设计工具和设计思维习惯等因素影响，采用这种方式可能前期花费在三维建模的时间会更长。目前，大多数 BIM 建模工作通常以设计图纸为依据建立 BIM 模型，通常从接收图纸资料开始到最终交付成果，中间建模过程复杂，需要不同专业、多名建模人员协同工作，为保障交付成果如期完成且满足要求，需要制定科学可行的工作流程。

BIM 项目实施工作流程大致如图 2-1-1 所示。

图 2-1-1　BIM 工作流程

微课：建模工作流程

2.1.2 BIM 建模规则

1. 建模依据

（1）建设单位或设计单位提供的通过审查的有效图纸。

（2）有关建模精度和建模专业的要求。

（3）国家规范和标准图集。

（4）现场实际材料、设备采购情况。

（5）设计变更的数据。

（6）其他特定要求。

2. 模型拆分的原则

BIM 应用项目一般体量较大，考虑到充分运用计算机软硬件的性能，以及从提高工作效率以更好地满足项目进度的整体要求的角度出发，一般不会将所有专业的模型创建在一个模型文件中，而会考虑将模型拆分，进行分工协作建模，下面简要介绍模型拆分的一般原则。

（1）项目拆分原则。对于一个完整的项目，可以考虑从以下 5 个方面进行模型的拆分：

1）优先考虑按独栋单体拆分。

2）优先考虑按功能分区拆分（如地下部分和裙房部分单独拆分出来）。

3）按专业进行拆分（一般分为建筑、结构、机电专业）。

4）土建模型尽量纵向进行拆分（相对规模较大且复杂的高层建筑可考虑按楼层拆分，如 F1—F15，F16—F30……）。

5）考虑控制模型文件大小进行拆分（单一模型文件一般不宜超过 200 M，避免硬件设备运行卡顿）。

（2）模型拆分原则。一般 BIM 模型可分为建筑专业模型、结构专业模型和建筑设备专业模型，还会有钢结构专业建模、精装修专业建模和幕墙专业建模等。下面介绍常见的专业模型拆分的方式，如图 2-1-2 所示。

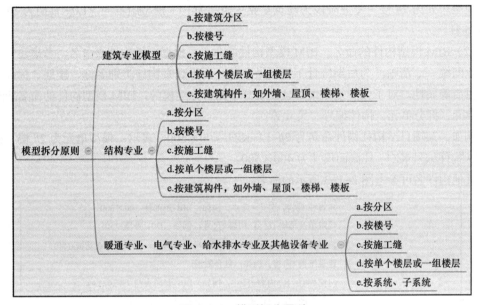

图 2-1-2　模型拆分原则

建筑和结构专业模型拆分原则相近，可根据项目实际情况考虑按以下方式拆分：

1）按建筑分区拆分。

2）按楼栋号拆分。

3）按施工缝结构沉降缝拆分。

4）按单个楼层或一组楼层拆分。

设备专业一般含暖通、电气、给水排水及其他设备专业，模型拆分原则大部分与建筑专业类似，除此之外，还应根据专业建模特点考虑以下原则：

1）按系统或子系统拆分：如给水排水系统建模时分为给水系统与排水系统，电气分强电系统与弱电系统等。

2）按功能要求划分：考虑特定工作需要划分模型，如考虑机电管线综合的情况，将 $DN50$ 以下的喷淋及末端单独立模型文件，与主管道分开；制冷机房模型单独创建等。

3. 模型命名的原则

工程设计信息模型中信息量庞大，为实现 BIM 模型从设计、施工到运营维护全过程的数据管理和检索便捷，提高信息交换的准确性和效率，需要进行科学的分类和按要求进行一致的编码。BIM 模型文件命名与建模规则和最终交付成果密切相关，按照《建筑信息模型设计交付标准》（GB/T 51301—2018）要求，建筑工程设计信息模型及其交付文件的命名应简明且易于辨识。

（1）BIM模型文件的命名。BIM模型文件的命名应包含项目名称、单元或分区/系统、专业阶段、拆分单元或标高和其他补充的描述信息，如版本号。不同字段由连字符"–"隔开，如果项目体量较大，涉及模型拆分时建议以字母和数字组合命名模型文件，若体量较小，可以包含中文命名。

例如，某项目模型文件命名为JXL-2#-A-F1-V1.0-20201005，表示：项目名称为教学楼–模型单元为2#楼–专业阶段为建筑专业–楼层为F1–模型版本为V1.0–日期为2020年10月5日。

（2）BIM模型构件的命名。BIM模型构件的命名可根据图纸构件表命名，考虑建筑、结构专业间统一、清晰，为后期统计工程量做准备，便于观察构件类别名称、楼层、标高、规格、材质等属性。对于大型复杂项目且模型分单元拆分建模的，BIM模型构件的命名应包含模型单元、拆分单元、构件编号、尺寸等。

例如，某项目结构柱构件命名为2#-F1-KZ1-400×500，表示：模型单元为2#楼–楼层为F1–构件编号KZ1–柱截面尺寸为400×500。

其他构件名可参考图2-1-3所示的命名。

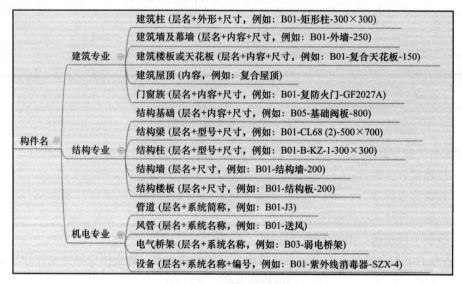

图2-1-3　模型命名原则

4. 模型精细度

《建筑信息模型设计交付标准》（GB/T 51301—2018）规定，建筑信息模型由模型单元组成，共包含四个级别，模型单元丰富程度由模型精细度等级来衡量，用字母LOD表示（Level of Model Definition）。模型精细度基本等级划分应符合表2-1-1的规定，根据工程项目的应用需求，可在基本等级之间扩充模型精细度等级。

表2-1-1　模型单元与模型精细度等级的关系

模型精细度等级	包含的最小模型	模型单元用途
LOD1.0	项目级模型单元	承载项目、子项目或局部建筑信息

续表

模型精细度等级	包含的最小模型	模型单元用途
LOD2.0	功能级模型单元	承载完整功能的模块或空间信息
LOD3.0	构件级模型单元	承载单一的构配件或产品信息
LOD4.0	零件级模型单元	承载从属于构配件或产品的组成零件或安装零件信息

在实际项目中根据项目进行的阶段不同，模型的用途也不同，所需要的精细度也不同，见表 2-1-2，将模型精细度分为五个等级，甚至更高的等级。在施工图设计阶段进行 BIM 建模，一般设计精度不低于 LOD300。

表 2-1-2　模型精细度与应用阶段

精细度等级	应用阶段	模型用途
LOD100	勘察和概念化设计阶段	用于项目可行性研究、项目用地许可等
LOD200	方案设计阶段	用于项目规划评审报批、建筑方案评审报批、设计概算
LOD300	深化设计和施工图设计阶段	用于专项评审报批、节能初步评估、建筑造价估算、建筑工程施工许可、施工准备、施工招投标计划、施工图招标控制
LOD400	虚拟建造、产品预制、采购、验收和交付阶段	用于施工预演、产品选用、集中采购、施工阶段造价控制
LOD500	竣工阶段	用于竣工结算，以及作为中心数据库整合到建筑运维系统

5. 模型协同

在实际工程模型创建时通常都需要建筑、结构、机电等专业工程师来共同协作完成模型创建，尤其对于规模庞大又复杂的项目，会进行内部的分工，因此，为保障 BIM 模型信息的一致性及有效性，专业内部及专业间的协同工作贯穿全过程。目前，模型协同设计的方式主要有两种，一种是链接模型方式，常用于不同专业模型间的协同；另一种是工作集的方式，常用于同一专业模型内部的协同。

（1）链接模型。单击"插入"选项卡"链接"面板中的"链接 Revit"按钮，如图 2-1-4 所示，系统弹出"导入/链接 RVT"对话框，选择需要链接的模型文件，即可将外部模型文件链接进入当前项目。采用链接模型方式协同设计时，链接进入当

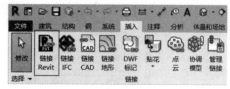

图 2-1-4　"链接 Revit"按钮

前项目的模型只能查看而不能跨专业进行修改，在协同的基础上减少了专业间的干扰。

选择链接的模型，在"修改｜RVT 链接"上下文选项卡中单击"管理链接"工具，系统弹出"管理链接"对话框，如图 2-1-5 所示。模型链接参照类型有覆盖和附着两种方式，一般选择覆盖链接方式防止产生循环嵌套而使模型文件增大；模型链接路径类型有相对和绝对两种方式，一般选择相对方式，以保证在不同设备上打开模型时，链接文件不会丢失。

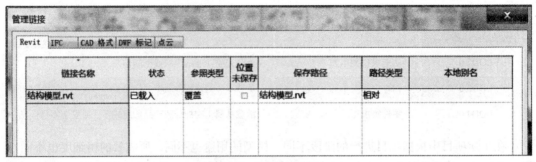

图 2-1-5 "管理链接"对话框

如需将链接模型与当前项目模型合并成一个整体模型，可选中链接模型，在"修改/RET 链接"上下文选项卡中，单击"绑定链接"按钮，将完成模型绑定，绑定的模型将成为当前项目的一部分，可以对绑定模型进行编辑。

提示

采用链接模型方式协同时，需要各专业工程师基于统一的样板文件建立自己的项目文件，采用相同版本的建模软件，定位统一的项目基点，建立统一的标高轴网，以利于后期模型的链接和协同工作。

（2）工作集。工作集是将所有绘图者的修改成果通过网络文件夹的方式保存在中央服务器上，参与协同的人员可实时了解他人修改和变更的情况，此种方式协同工作前需要项目负责人在协作前建立和设置工作集，并设置共享中心文件的存储位置，定义所有参与项目工作人员的权限。

合理划分工作集有利于建模工作的开展和分工，不同专业可参考以下方式划分工作集：

1）建筑、结构专业：按楼层划分工作集，如 -1F、1F、2F。

2）机电专业：按系统和功能等划分工作集，如送风、空调热水回水等，如图 2-1-6 所示。

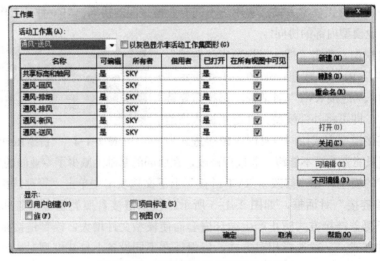

图 2-1-6 机电专业工作集划分示例

设置工作集基本操作步骤如下：

1）单击"协作"选项卡"管理协作"中的面板"工作集"按钮，系统弹出"工作共享"对话框，如图 2-1-7 所示，单击"确定"按钮，弹出"工作集"对话框，可添加各专业工作集，如图 2-1-8 所示。

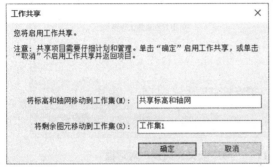

图 2-1-7 "工作共享"对话框

图 2-1-8 新建工作集

2）将文件保存，再次打开"工作集"对话框，设置工作集"可编辑"选项均为"否"，这样项目管理者将工作集的权限释放，不能直接参与修改和变更，如需保留某一部分图元的修改权限可在某一项工作集的"可编辑"选项设置为"是"，则其他成员无法修改被管理者占有的工作集图元，如图 2-1-9 所示。

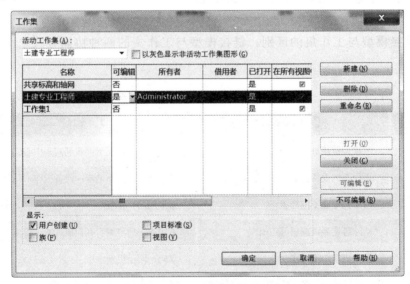

图 2-1-9 设置可编辑权限

3）单击"协作"选项卡"同步"面板中"与中心文件同步"的下三角按钮，在下拉列表选择"同步并修改设置"选项，系统弹出"与中心文件同步"对话框，单击"确定"按钮，如图 2-1-10、图 2-1-11 所示，关闭软件完成中心文件工作集设置。

4）在各专业工程师完成全部或阶段性的各自的模型后，可以单击"协作"选项卡"同步"面板中的"与中心文件同步"按钮，这样共享中心文件的各方均可看到最新的绘制或修改模型的状态。

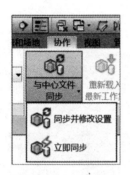

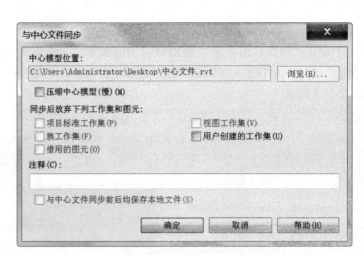

图 2-1-10 "与中心
文件同步"下拉列表

图 2-1-11 "与中心文件同步"对话框

提示

采用工作集方式协同需要服务器存储设备及同一个稳定的网络,采用相同版本的建模软件,由项目管理者统一建立和管理工作集的设置。

(3) 链接模型与工作集的区别。链接模型与工作集的两种协同方式之间的区别见表 2-1-3。

表 2-1-3 链接模型与工作集的区别

项目	链接模型	工作集
模型协同方式	主模型链接链接模型	不同本地文件模型同步到同一中心文件模型
设备要求	可用不同设备独立工作	基于同一服务器的唯一设备工作
样板文件	可不同专业不同样板	需采用同一样板
编辑权限	解除绑定后可编辑绑定模型	借用权限后可编辑其他成员的工作集
更新方式	单向更新,不同步	双向、同步更新
适应性	专业间协同,各单体间协同	同专业协同,单体内部协同
限制性	建模人员不受地点和使用设备的限制	建模人员受服务器位置限制,一般地点相对固定

2.1.3 样板文件

1. 项目样板简介

项目样板相当于一个模板,是创建项目的基础。在 Revit 中内置了不同规程的样板,包含构造样板、建筑样板、结构样板和机械样板四种类型，如图 2-1-12 所示。一般情况下可基于默认样板直接创建项目，但 Revit 允许用户自定义自己的项目样本文件并存储为新的位置，通过单击"浏览"按钮载入使用，创建的项目样板以 .rte 格式保存。

图 2-1-12　选择项目样板

由于建筑形式不一、设计单位不同、BIM 建模参建单位不同等因素，会造成每个项目建模存在较大差异性，因此企业在积累了一定实践建模经验的基础上应该建立企业级项目样板，创建项目样板的目的是使模型满足项目实施标准，出图满足企业二维出图标准，最大限度减少设计人员的重复工作量，满足模型的通用性传递及同专业模型整合要求。

在创建项目样板文件时，通常需要提前设置项目单位、线型图案、填充样式、尺寸标注、视图样板、标高轴网、项目基点、常用族及过滤器等。

2. 项目样板传递方法

不同专业间项目样板存在很多相似信息，如项目标高、轴网、项目基点等，创建项目样板可参考图 2-1-13 所示的顺序，实现项目样板间信息传递，减少重复性的工作。

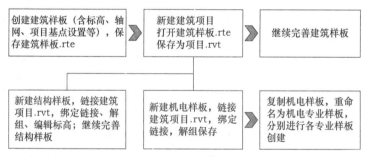

图 2-1-13　项目样板传递流程

∷ 任务实施

1. 项目简介

本项目为公共建筑，主要功能为办公与住宿，地上三层，占地面积约为 413.25 m²，总建筑面积为 1 239.75 m²，建筑高度为 16.17 m，如图 2-1-14 所示。

本工程结构形式：框架结构。

设计使用年限：50 年。

基础形式：条形基础。

抗震设防烈度：7 度。

屋面防水等级：1 级。

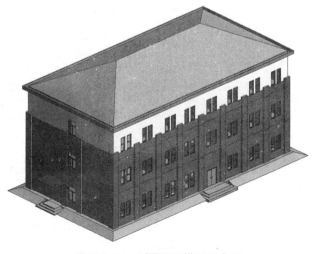

图 2-1-14　别墅项目模型三维图

模块 1
模块 2
模块 3
模块 4
模块 5
模块 6

2. BIM 建模工作流程

以本案例的宿舍楼为例，BIM 工作流程见表 2-1-4。

表 2-1-4　BIM 工作流程

序号	流程名称	任务内容
1	整理资料	图纸准备：含拆分图纸、删除多余图层及 Pu 清理 CAD 文件、图纸移动至原点、文件保存规范命名族：含收集常用族、创建缺少的族、族文件命名与存储
2	制定实施方案	明确建模规则，如模型命名、精细度、模型拆分及协调规则等
3	创建项目样板	建立建筑、结构、机电专业样板，设置项目信息，标高轴网和基点设置，载入项目所需族并统一命名等
4	分专业建模	安排分工并交底，分专业建立建筑、结构、机电专业模型
5	模型审核与修改	对模型的完整性与准确性进行审核，并根据审核意见校核与修改模型，进行相关专业模型的整合等
6	成果输出	包括各专业模型、CAD 图纸、动画、渲染图等

3. BIM 建模实施标准

扫描二维码，查阅某企业 BIM 建模实施标准，并参考该案例进行本项目 BIM 建模实施标准的编制。

4. BIM 建模规则

本案例的 BIM 建模规则实施情况见表 2-1-5。

某企业 BIM 建模实施标准

表 2-1-5　BIM 建模规则实施情况

序号	BIM 建模规则	规则实施样例	备注
1	模型命名规则	1. 建筑模型命名：员工宿舍楼 – 建筑 – 20201006 2. 结构模型命名：员工宿舍楼 – 结构 – 20201006 3. 机电模型命名：员工宿舍楼 – 建筑设备 – 给水排水 –20201006	1. 该项目分专业建模，分别建立建筑结构、机电专业模型 2. 日期描述为建模文件保存当日
2	模型精细度	外墙 –200 mm– 米色 2 100×100 瓷砖，模型包含长度、厚度、高度、形状等几何信息及材质等非几何信息	墙体几何信息在类型及实例参数中设置，材质等非几何信息在类型属性材质编辑中设置
3	模型拆分	按专业拆分为建筑、结构、机电三个专业分开建模 机电专业按照系统 / 子系统拆分建模	由于项目较小，故按专业拆分较为简易
4	模型协同	采用分专业建模，最后专业间链接模型方式协同	项目体量小，内部构件不多，建模人员单一沟通直接，无须采用工作集方式协同

5. 创建建筑样板文件

（1）打开软件，单击"新建"按钮，系统弹出"新建项目"对话框，如图2-1-15所示，在"新建"选项组选择"项目样板"选项。

图2-1-15　"新建项目"对话框

（2）设置项目信息。单击"管理"选项卡"设置"面板中的"项目信息"按钮（图2-1-16），系统弹出"项目属性"对话框按照项目实际情况输入相关信息，如图2-1-17所示。

（3）设置项目单位。在"管理"选项卡"设置"面板中单击"项目单位"按钮，系统弹出"项目单位"对话框，如图2-1-18所示，按需要调整单位。

图2-1-16　"项目信息"按钮

图2-1-17　"项目属性"对话框

图2-1-18　"项目单位"对话框

（4）绘制标高轴网。一般项目文件中会统一绘制标高轴网供建模人员使用，此部分内容详见模块2任务2.2、任务2.3。

（5）设置项目基点。一般选择建筑物平面的左下角作为项目基点定位点，具体操作见模块2任务2.3。

（6）族文件载入。单击"插入"选项卡"从库中载入"面板中的"载入族"按钮，如图 2-1-19 所示，在弹出的"载入族"对话框中选择需要载入的族，单击"打开"按钮，将其载入当前样板文件中，如图 2-1-20 所示。

图 2-1-19　"载入族"按钮

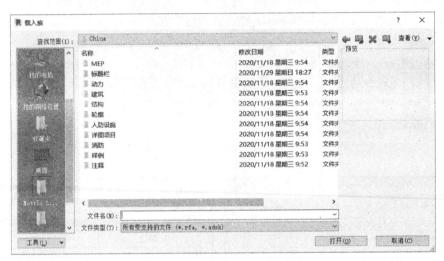

图 2-1-20　"载入族"对话框

6. 创建设备样板文件

（1）创建 MEP 系统。BIM 机电专业模型必须按照设计图纸来创建系统，MEP 系统主要包括管道系统、风管系统和电气系统。如果项目样板不包含本工程中的系统，则根据设计图纸新建系统，如图 2-1-21 所示。

（2）项目浏览器设置（图 2-1-22）。根据专业系统，建立不同的子规程，如通风、给水排水、消防、电气等。每个系统的平面视图、详图、剖面视图放置在其子规程中，且命名按照如下规则：

图 2-1-21　"系统浏览器"面板　　图 2-1-22　"项目浏览器"规程设置示例

1）平面视图：楼层 – 专业系统，如 2F- 给水排水，1F- 照明等。

2）平面详图：楼层 – 内容 – 系统，如 1F-3# 卫生间 – 通风排烟等。

3）剖面视图：楼层 – 内容，如 2F-（A–A）剖面，3# 卫生间剖面等。

（3）载入常用的专业符号族和构件设备族。

（4）建筑设备专业过滤器设置。建筑设备建模包含暖通专业、给水排水专业和电气专业建模，且模型系统和构件分类较多，为了方便项目各参与方协同工作，通过颜色过滤器设置对不同专业的系统模型赋予不同的颜色，将有利于直观快速识别不同类别的模型。

系统命名标准化后，便可以根据系统名称来配置过滤器，过滤器中的系统色彩设置参见某项目工作集划分、系统命名及色彩规定，如图 2-1-23 所示。

序号	专业名称	工作集名称	构件名称	RGB颜色	
1	暖通	通风	通风-送风	送风管	0, 191, 255	
2			通风-新风	新风管	0, 255, 63	
3			通风-排风	排风管	255, 191, 127	
4			通风-排烟	排烟管	255, 191, 0	
5			通风-回风	回风管	255, 96, 255	
6		空调	空调-供水	供水管	0, 200, 0	
7			空调-回水	回水管	255, 255, 50	
8			空调-冷凝水	冷凝水管	0, 255, 255	
9			空调-冷媒	冷媒管	255, 0, 0	
10		采暖	采暖-热水供水	热水供水管	0, 130, 70	
11			采暖-热水回水	热水回水管	128, 128, 255	
13	消防给排水专业		消防-消火栓	消防管	255, 0, 0	
14			消防-喷淋	喷淋管	255, 0, 255	
15			雨水	雨水管	0, 255, 255	
16			生活给水	生活给水管	0, 255, 0	
17			生活热水	生活热水管	165, 0, 0	
18			生活污水	生活污水管	255, 255, 0	
19			废水	废水管	210, 150, 70	
20	电气专业		强电	桥架	0, 112, 192	
21			弱电	桥架	0, 255, 255	
22	机组或设备附件				48, 48, 48	

图 2-1-23　某项目设备专业过滤器设置示例

⋮⋮ 任务总结

1. 步骤总结

BIM 建模前的准备工作主要可分为三个步骤，第一步：收集和整理建模依据材料（含图纸、相关文件等）；第二步：明确成果交付要求，制定 BIM 实施方案，统一相关规则（含文件和构件命名规范、模型拆分原则、模型精度、协同方式等）；第三步：建立项目样板（含建筑、结构、机电专业样板），读者可按照此流程完成该员工宿舍楼项目建模前的准备工作。

2. 技巧总结

（1）为防止更换计算机设备时出现链接丢失的现象，需要将链接模型文件与被链接文件保存在一个文件夹中一起拷贝。

（2）用户也可以将某一项目建筑结构或机电建模完成后将模型删除，清理文件后保存下来作为类似项目的项目样板使用。

任务 2.2　创建标高

任务要求

根据提供的员工宿舍楼 CAD 图纸，完成员工宿舍楼标高的创建。

相关知识

微课：创建标高

2.2.1　标高的基本概念

标高是建筑构件高度方向上的定位依据，也是 Revit Architecture 平台上各个专业间模型交换的主要标准，创建准确规范的标高有利于各个专业间的协调。在建模之前需要对项目的层高和标高信息进行整理和规划。

2.2.2　创建标高

1. 标高创建方式

标高实际是在空间高度上相互平行的一组平面，每创建一根标高线将产生对应的平面视图，同时，将会在各立面、剖面等视图中显示标高的投影，因此，仅需在任意立面创建标高一次即可。同理，在某一立面修改标高信息或位置将同步关联修改其他视图中的标高。

在 Revit 中可通过两种方式创建新的标高，一种是直接绘制标高，在"建筑"选项卡"基准"面板中单击"标高"按钮，或输入快捷键"LL"，在绘图区域直接绘制；另一种是选择已有标高复制或阵列生成新的标高，具体操作方式见任务实施环节。

2. 创建标高类型

单击"标高"按钮后，单击"属性"面板中的"编辑类型"按钮，系统弹出"类型属性"对话框，如图 2-2-1 所示，单击"复制"按钮，可以复制新的标高类型，在"类型参数"下可修改标高线的颜色、线框、线型及是否在两端显示标头符号等。

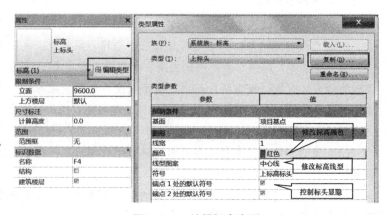

图 2-2-1　编辑标高类型

2.2.3　编辑标高

"标高"图元的组成包括标高值、标高名称、对齐锁定（开／关）、对齐约束线、添加弯头、端点拖拽点、2D/3D 切换、标头显示／隐藏、标高线，如图 2-2-2 所示。

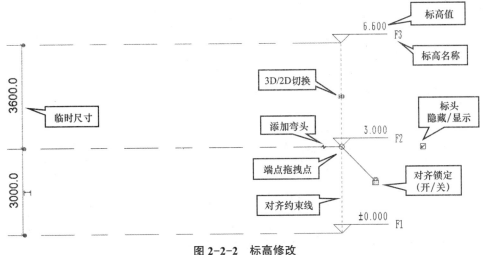

图 2-2-2　标高修改

选择任意一根标高线，会显示临时尺寸、一些控制符号和复选框，可以编辑其尺寸值，单击并拖拽控制符号可以进行整体或单独调整标高标头位置、控制标头隐藏或显示、标头偏移等操作。

1. 修改标头方向

选择标高"室外地坪"，在"属性"面板"类型选择器"下拉列表中选择"下标头"类型，如图 2-2-3 所示，标头自动向下翻转方向，结果如图 2-2-4 所示。

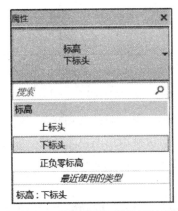
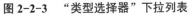

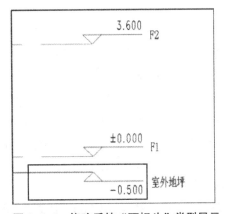

图 2-2-3　"类型选择器"下拉列表　　图 2-2-4　修改后的"下标头"类型显示

2. 标高锁定

一组标高两端默认为锁定状态，当拖动一根标高的端点其他标高均会一起移动，如果用户想单独拖动某一根标高使其不与其他标高等长，可以选中某个标高，在标头附近单击小锁标记，单击端点蓝色圆圈拖动，即可单独改变这一根标高长度。还原对齐锁定时将标高拖回与其他标高端点等长处，可见蓝色对齐虚线即可重新锁定，如图 2-2-5 所示。

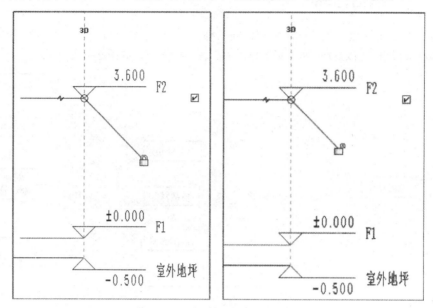

图 2-2-5　标高端点锁定与解锁

3. 添加弯头

标高线相聚太近时标头及数值会重叠，因此，需要调整标头位置，除调整标头方向外，还可弯折标头线，选择标高线后单击标头处折断标记-4-，如图 2-2-6 所示，即可调整标头位置，单击蓝色小圆点并拖拽可还原设置。

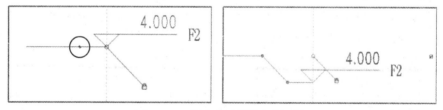

图 2-2-6　添加弯头操作结果对比

4. 2D/3D 切换

在默认状态下，标高线均是 3D 状态，即标高在每个视图中都是相互关联的，在施工图出图时若想单独调整某一个标高的长度或其他信息，可以选中出图视图的某一标高，单击 3D 符号切换至 2D 状态，此时修改标高端点位置将不会影响其他视图标高的显示状态。

5. 创建关联平面视图

如图 2-2-7 所示，复制的 F3、F4 标高是参照标高，因此，标高标头颜色为黑色显示，而且在项目浏览器中的"楼层平面"下也没有创建相应平面视图。可单击"视图"选项卡"创建"面板"平面视图"下拉菜单中的"楼层平面"按钮，系统弹出"新建楼层平面"对话框，如图 2-2-8 所示。从列表中选择"F3、F4"，单击"确定"按钮，在"项目浏览器"中将创建新的名称为"F3、F4"的楼层平面。

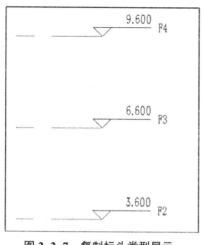

图 2-2-7　复制标头类型显示

图 2-2-8　"新建楼层平面"对话框

∴∴ 任务实施

（1）选择样板文件，另存为项目。在"文件"选项卡单击"另存为"按钮，系统弹出"另存为"对话框，设置保存文件名为"别墅"，单击"选项"按钮，设置保存最大备份数为"2"，如图 2-2-9 所示。

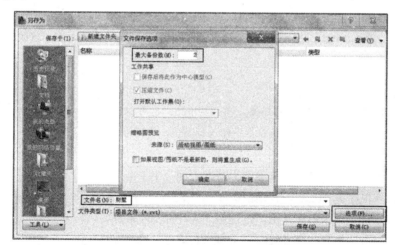

图 2-2-9　标高端点锁定与解锁

（2）更改标高名称。在项目浏览器中任意打开一个立面图，默认可见两个标高，双击标头文字"标高 1"，在文本框中将"标高 1"名称修改为"F1"，按 Enter 键，在弹出的"是否希望重命名相应视图"对话框中，单击"是（Y）"按钮，如图 2-2-10 所示，项目浏览器楼层平面下标高名称将关联修改。同理，将"标高 2"名称修改为"F2"，修改后的结果如图 2-2-11 所示。

（3）复制标高。选择标高"F2"，在"修改 | 标高"上下文选项卡"修改"面板中单击"复制"按钮 ◌️，选项栏勾选"约束"和"多个"选项，如图 2-2-12 所示。移动光标在标高"F2"上单击捕捉一点作为复制参考点，然后向上移动依次单击鼠标，复制出三

个标高，按 ESC 键退出，单击标头名称再单击标高值"4.000"，如图 2-2-13 所示，将激活文本框，分别输入新的标高值"4.2"，照此法依次修改 F3、F4、屋顶标高值分别为"8.4""12.6""16.17"，双击绘图区域空白处完成标高复制。

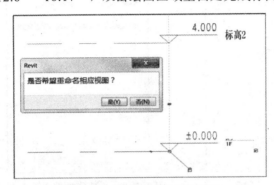

图 2-2-10　标高端点锁定与解锁

图 2-2-11　项目浏览器

图 2-2-12　"复制"工具

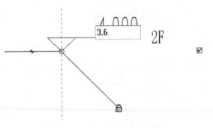

图 2-2-13　修改标高值

提示

标高值可以在复制时直接输入距离，单位为 mm，也可以在标高复制完成后，激活标头上方标高值在框中输入标高值，单位为 m。

（4）绘制标高。在"建筑"选项卡"基准"面板中单击"标高"按钮或输入快捷键"LL"，移动鼠标光标至 F1 下方左端处，出现蓝色对齐虚线，单击鼠标左键，定位室外地坪标高左端点，移动鼠标光标至右边出现蓝色虚线时单击定位右端点，修改标高名称为"室外地坪"，修改值为 -0.5，按 Enter 键。同时修改 F5 标高名称为"屋顶"，修改室外地坪标头类型为"下标头"，至此完成宿舍楼项目标高创建，结果如图 2-2-14 所示。

（5）创建关联平面视图。单击"视图"选项卡"创建"面板"平面视图"下拉菜单中的"楼层平面"按钮，如图 2-2-15 所示，系统弹出"新建楼层平面"对话框，如图 2-2-16 所示。按住 Ctrl 键，从列表中选择"F3""F4""屋顶"，单击"确定"按钮，在"项目浏览器"中将创建新的名称为"F3""F4""屋顶"的楼层平面。

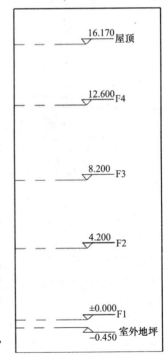

图 2-2-14　标高完成效果

图 2-2-15 "平面视图"按钮

图 2-2-16 "新建楼层平面"对话框

提示

　　一般软件默认的两个标高和绘制的标高将关联产生平面视图，颜色显示为蓝色的三角形标头，复制或阵列的标高颜色为黑色，不会产生平面视图，需要通过"平面视图"工具生成相应的平面视图。

∴ 任务总结

1. 步骤总结

　　建立标高体系的操作步骤主要分为三步。第一步，选择立面视图；第二步：创建标高体系（包含修改默认标高数据、绘制或复制生成新的标高数据等）；第三步：修改完善标高体系（包含修改标头类型、关联平面视图等）。读者可按照此流程完成员工宿舍楼项目标高体系创建。

2. 技巧总结

　　创建标高时需要特别注意以下 6 个方面：

　　（1）为了在 Revit 各层平面图中正确显示轴网，建议先创建标高，再创建轴网。若先创建轴网再创建标高，需要在两个不平行的立面视图（如南立面、东立面）中分别手动将轴线的标头拖拽到顶部标高之上，在后创建的标高楼层平面视图中才能正确显示轴网。

　　（2）创建标高时注意先在项目浏览器中将视图切换至立面视图。

　　（3）一般采取建筑标高体系。主要由建筑施工图纸的楼层信息表获取相关数据信息。如没有完整的楼层信息表，一般以图纸立面图所标注的标高数据为参考建立标高体系。

　　（4）标高体系应完整而不冗余，若单一楼层出现标高不一或降板情况，建议选择大多数构件统一的标高作为本层标高，少数构件通过属性中偏移值反算标高进行定位。

　　（5）标高标头的样式是由所选择的样板文件决定的，例如，"标高 1"默认标头为正负零标头，若选择"标高 1"复制的新标高，标头也是正负零标头类型，需要通过"属性"下拉菜单对标头进行修改。

模块 1　模块 2　模块 3　模块 4　模块 5　模块 6

（6）通过复制和阵列方式创建的标高，标高会自动进行编号，标头为黑色（绘制的标高标头为蓝色），与绘制的标高不同，复制和阵列的标高不会自动创建相应的标高平面视图。需要在"视图"选项卡→"平面视图"工具中手动选择创建平面视图。

∷ 任务拓展

阵列标高

修改"标高2"名称为"2F"，标高值为"2.800"，选择2F标高，在"修改标高"上下文选项卡"修改"面板中单击"阵列"按钮，取消勾选选项栏中的"成组并关联"选项，设置"项目数"为"4"，如图2-2-17所示，单击绘图区域将鼠标光标向上移动，输入数值"2800"，按Enter键，完成对标高的阵列，系统以2 800为间距，生成3个新的标高，如图2-2-18所示。

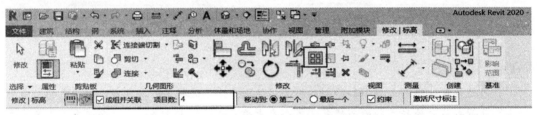

图2-2-17 "阵列"工具及选项栏设置

图2-2-18 阵列标高完成图

提示

1. 阵列标高与复制的标高一样，不会在"项目浏览器"中自动生成相应的平面视图，需要利用"平面视图"工具，生成对应的平面视图。

2. 若阵列时勾选"成组并关联"选项，创建的标高将是一个绑定的整体，如需编辑标高需要先选择成组的标高后，单击"成组"面板"解组"按钮解除绑定后才可以编辑。

任务 2.3　创建轴网

任务要求

根据提供的员工宿舍楼 CAD 图纸，完成员工宿舍楼项目轴网的创建。

相关知识

微课：创建轴网

2.3.1　创建轴网

轴网即建筑轴线组成的网，是设计绘图时决定主要结构或构件位置，在施工时测量放线的依据。一般情况下，轴网可分为正交、斜交和弧形轴网，轴网的创建可以用直接绘制、复制和阵列、拾取 CAD 底图多种方式结合来创建。

1. 绘制轴网

在项目浏览器中双击"楼层平面"选项下的"1F"视图，打开首层平面视图。单击"建筑"选项卡"基准"面板中的"轴网"按钮，或输入快捷键"GR"，如图 2-3-1 所示，移动鼠标光标到绘图区域单击鼠标左键，捕捉一点作为轴线起点，然后从上向下垂直移动光标一段距离后，再次单击鼠标左键捕捉轴线终点，创建第一条垂直轴线，轴号自动编号为 1。

> **提示**
>
> 第一根轴编号指定后，后面创建的轴会自动递增编号，其中字母 O、I、Z 不能用于轴网编号。配合使用复制、阵列等命令创建轴网更快捷。

2. 复制轴网

单击选择 1 号轴线，单击"修改 | 放置轴网"上下文选项卡"修改"面板中的"复制"按钮，选项栏勾选"约束"和"多个"，如图 2-3-2 所示。移动鼠标光标在 1 号轴线上单击捕捉一点作为复制参考点，然后水平向右移动光标，输入轴线间距值后按 Enter 键确认后，可复制随后的横向定位轴线。

图 2-3-1　"轴网"按钮

图 2-3-2　"复制"按钮

3. 阵列轴网

水平绘制轴网将编号修改为 A，选择Ⓐ轴，在"修改 | 轴网"选项卡"修改"面板中单击"阵列"按钮，在选项栏取消勾选"成组并关联"选项，输入项目数为 5，如图 2-3-3 所示。鼠标光标拾取Ⓐ轴线上任意一点，向上移动光标输入阵列间距为 3 000，完成轴网绘制，如图 2-3-4 所示。

如果阵列前未取消"成组并关联"勾选，阵列后的多根轴线将是一个整体，可以选择集合中的任意一根轴线，在"修改 | 模型组"上下文选项卡单击"成组"面板中的"解组"按钮，恢复单根轴线编辑状态。

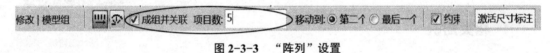

图 2-3-3 "阵列"设置

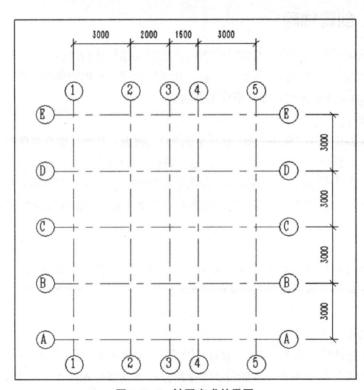

图 2-3-4 轴网完成效果图

提示

轴网只能在二维视图中创建，在 Revit 中轴网只需要在任意一个平面视图中绘制一次，其他平面和立面、剖面视图中都将关联动显示。

4. 拾取 CAD 底图创建轴网

如果有 CAD 电子图则将图纸链接进入项目中，则可加倍提高建模效率。拾取 CAD 底图创建轴网具体操作如下：

（1）在新建项目中选择对应楼层平面视图，在"插入"选项卡"链接"面板中单击"链接 CAD"按钮，如图 2-3-5 所示。

图 2-3-5 "链接 CAD"按钮

（2）在弹出的"链接 CAD 格式"对话框中，浏览图纸文件保存位置，选择所要链接的图纸，如图 2-3-6 所示，勾选"仅当前视图"选项，导入单位设置为"毫米"，单击"打开"按钮，绘图区域将显示导入图纸。

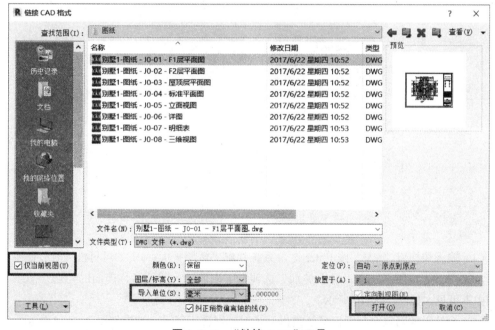

图 2-3-6 "链接 CAD"工具

（3）在"建筑"选项卡"基准"面板中单击"轴网"按钮 轴网。在"修改 | 放置 轴网"上下文选项卡中单击"拾取线"按钮，如图 2-3-7 所示，依次拾取 CAD 底图轴线，将创建与底图重合的轴网，如图 2-3-8 所示。

图 2-3-7 "拾取线"工具

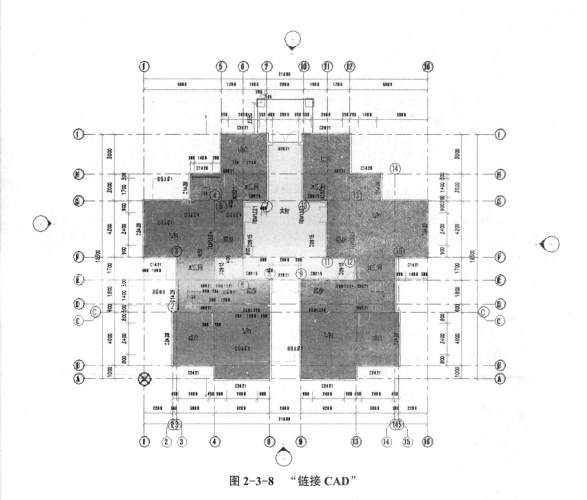

图 2-3-8　"链接 CAD"

（4）输入快捷键"VV"按 Enter 键，系统弹出"楼层平面：F1 的可见性 / 图形替换"对话框，如图 2-3-9 所示。在"导入类别"选项卡下取消导入图纸名称前面的勾选，图纸将在视图中不可见，如图 2-3-10 所示。

（5）为使得轴网符合制图标准还需进一步对轴网进行编辑，结果如图 2-3-11 所示。

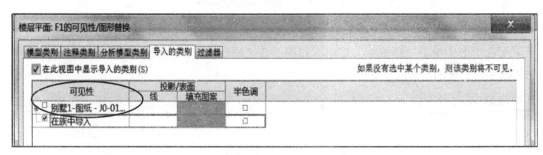

图 2-3-9　"楼层平面：F1 的可见性 / 图形替换"对话框

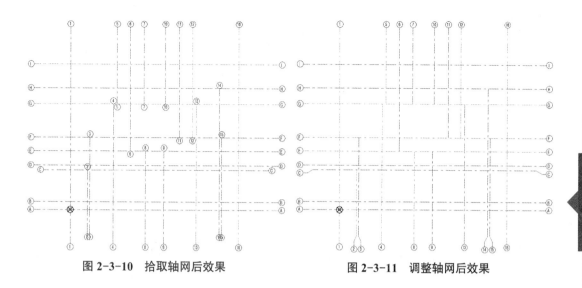

图 2-3-10　拾取轴网后效果　　　　图 2-3-11　调整轴网后效果

2.3.2　编辑轴网

在放置轴网时或在绘图区域选择轴线时，可通过"属性"面板的"类型选择器"选择或修改轴线类型，如图 2-3-12 所示。

同样，可对轴线的实例属性和类型属性进行修改。

（1）"属性"面板。

1）实例属性：对实例属性进行修改仅会对当前所选择的轴线有影响。如图 2-3-13 所示，可设置轴线的"名称"和"范围框"。

2）类型属性：单击"编辑类型"按钮，系统弹出"类型属性"对话框，如图 2-3-14 所示，对类型属性的修改会对和当前所选轴线同类型的所有轴线有影响。相关参数如下：

图 2-3-12　"属性"面板

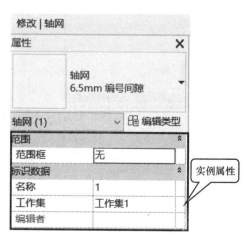

图 2-3-13　实例属性

图 2-3-14　类型属性

①符号：从下拉列表中可选择不同的轴网标头族。

②轴线中段：若选择"连续"，轴线按常规样式显示；若选择"无"，则将仅显示两端的标头和一段轴线，轴线中间不显示；若选择"自定义"，则将显示更多的参数，可以自定义自己的轴线线型、颜色等。

③轴线末端宽度：可设置轴线宽度为 1～16 号线宽；"轴线末端颜色"参数可设置轴线颜色。

④轴线末端填充图案：可设置轴线线型。

⑤平面视图轴号端点1（默认）、平面视图轴号端点2（默认）：勾选或取消勾选两个选项，即可显示或隐藏轴线起点和终点标头。

⑥非平面视图符号（默认）：该参数可控制在立面、剖面视图上轴线标头的上下位置。可选择"顶""底""两者"（上下都显示标头）或"无"（不显示标头）。

（2）调整轴线位置。单击轴线会出现这根轴线与相邻两根轴线的临时尺寸标注，单击间距值，可修改所选轴线的位置，如图 2-3-15 所示。

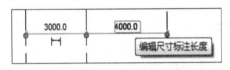

图 2-3-15　调整轴线位置

（3）修改轴线编号。先单击轴线，然后单击轴线名称，可输入新值（可以是数字或字母）以修改轴线编号。也可以选择轴线，在"属性"面板上输入其他的"名称"属性值来修改轴线编号。

（4）调整轴号位置。有时相邻轴线间隔较近，轴号重合，这时需要将某条轴线的编号位置进行调整。选择现有的轴线，单击"添加弯头"按钮，拖拽控制柄，如图 2-3-16 所示，可通过拖拽蓝色实心小圆点移动编号位置，如图 2-3-17 所示。

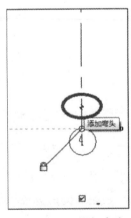

图 2-3-16　添加弯头

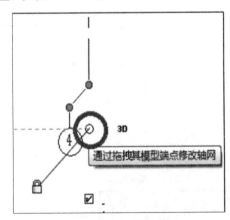

图 2-3-17　拖拽轴圈端点

（5）显示和隐藏轴网编号。选择一条轴线，会在轴网编号附近显示一个复选框，如图 2-3-18 所示。单击该复选框，可隐藏 / 显示轴网编号。也可选择轴线后，单击"属性"面板上的"编辑类型"按钮，对轴号可见性进行修改，如图 2-3-19 所示。

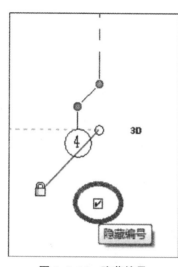

图 2-3-18 隐藏编号

图 2-3-19 轴号可见性修改

⁝⁝⁝ 任务实施

由于本案例提供了 CAD 图纸，故下面介绍拾取 CAD 底图线的方式快速创建轴网。

（1）显示项目基点。打开"1F"楼层平面视图，输入快捷键"VV"按 Enter 键，系统弹出"楼层平面：1F 的可见性 / 图形替换"对话框，如图 2-3-20 所示。单击"场地"前的⊞，勾选"项目基点"选项，单击"确定"按钮，关闭窗口。在绘图区域将显示⊗蓝色项目基点符号。

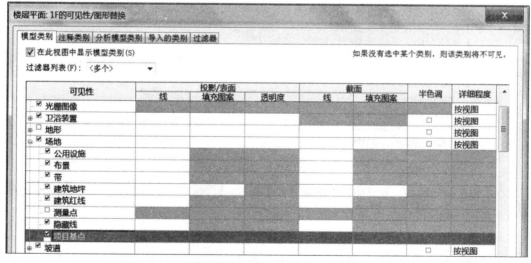

图 2-3-20 "楼层平面：1F 的可见性 / 图形替换"对话框

（2）链接 CAD。在"插入"选项卡"链接"面板中单击"链接 CAD"按钮，系统弹出"链接 CAD 格式"对话框，如图 2-3-21 所示。浏览选择一层平面图，勾选"仅当前视图"选项，设置单位为"毫米"，定位（P）选择"自动 - 原点到原点"，单击"打开"按钮，将立面符号移动至轴网范围外。

图 2-3-21　"链接 CAD 格式"对话框

（3）项目基点定位。选择图纸，单击"修改｜一层平面图"上下文选项卡"修改"面板中的"移动"按钮，鼠标光标捕捉①轴与Ⓐ轴的交点并单击，移动至项目基点重合后单击定位，如图 2-3-22 所示。选择图纸，单击"修改｜一层平面图"上下文选项卡"修改"面板中的"锁定"按钮，将图纸锁定，如图 2-3-23 所示。

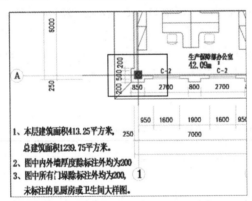

图 2-3-22　对齐项目基点

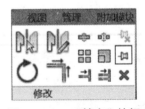

图 2-3-23　"锁定"按钮

（4）修改轴网类型。在"建筑"选项卡"基准"面板中单击"轴网"按钮，在"属性"面板类型下拉列表中选择"6.5 mm 编号"类型，单击"类型属性"按钮，在弹出的"类型属性"对话框中选择"轴线末端颜色"为"红色"，勾选"平面视图轴号端点1（默认）"，单击"确定"按钮，退出对话框，如图 2-3-24 所示。

（5）拾取 CAD 轴网。在"修改｜放置轴网"上下文选项卡"绘制"面板中单击"拾取线"按钮，

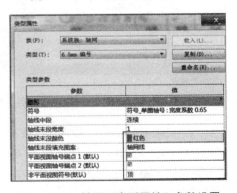

图 2-3-24　轴网"类型属性"参数设置

切换至"拾取线"绘制方式，如图 2-3-25 所示。鼠标光标从左向右依次单击拾取①～⑥轴，然后单击拾取Ⓐ轴，系统将此轴命名为⑦轴，按 Esc 键两次退出绘制轴线命令，选择轴线后单击⑦轴轴号，修改轴号为"A"，如图 2-3-26 所示。按照上述步骤依次单击拾取Ⓑ～Ⓕ轴。

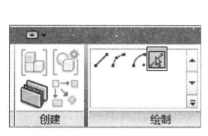

图 2-3-25 "拾取线"按钮 　　　　图 2-3-26 修改轴号

（6）编辑轴网。输入快捷键"VV"系统弹出"楼层平面：1F 的可见性/图形替换"对话框，如图 2-3-27 所示，取消勾选"导入的类别"选项卡中的"1 层平面图 .dwg"，将图纸隐藏。选择轴线，拖动拖拽点，拖动轴圈与 CAD 图纸轴圈位置对齐，如图 2-3-28 所示。选择Ⓑ轴，将复选框内对钩取消，将隐藏Ⓑ轴一端轴线编号，如图 2-3-29 所示。调整后轴网效果如图 2-3-30 所示。

（7）锁定轴网。将项目基点隐藏后，选择轴网，单击"修改｜轴网"上下文选项卡"修改"面板中的"锁定"按钮将轴网锁定。

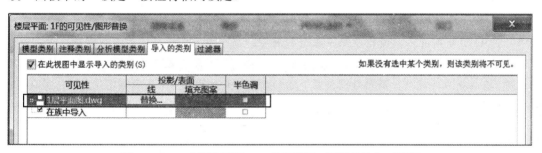

图 2-3-27 "楼层平面：1F 的可见性/图形替换"对话框

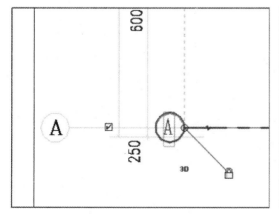

图 2-3-28 修改编号位置

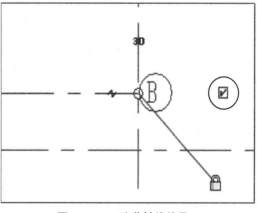

图 2-3-29 隐藏轴线编号

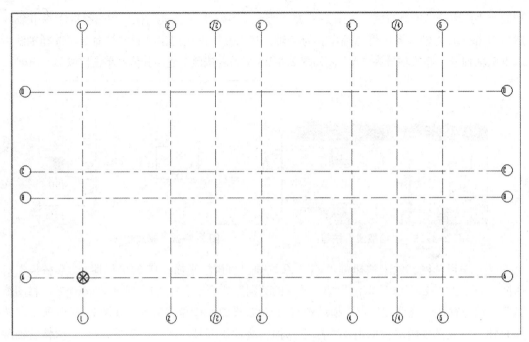

图 2-3-30　轴网绘制完成效果

❖ 任务总结

1. 步骤总结

在 Revit 中建立轴网操作步骤一般分为五步。第一步：切换至楼层平面视图；第二步：创建轴网（含链接 CAD 拾取线方式或绘制与复制、阵列等方式创建轴网）；第三步：编辑轴网（含修改轴线编号、调整轴圈位置，添加弯头等）；第四步：显示与定位基点；第五步：锁定轴网。

2. 技巧总结

在轴网创建过程中需要注意以下 4 点：

（1）轴网一般在标高创建之后建立，这样轴网只需绘制一次，每个平面视图都将显示轴网。

（2）绘制轴网前应考虑专业间协调定位问题，一般选择轴网左下角交点与项目基点对齐定位。

（3）一层轴网调整好后可通过"影响范围"工具，使得其他平面视图与修改的平面视图轴网同步更新。

（4）轴网绘制完成后，可通过在"修改 | 轴网"上下文选项卡"修改"面板中单击"锁定"按钮，将轴网锁定，避免误操作移动轴网位置。

❖ 任务拓展

1. 影响范围

在一个视图中调整完轴线标头位置、轴号显示和偏移等编辑后，仅对当前视图起作用，其他楼层视图中的轴网并不会发生改变，如果想让其他楼层视图轴网与当前视图轴网修改的结果一样，可以执行如下操作：

（1）选择当前视图修改完成的轴网，在"修改｜轴网"上下文选项卡"基准"面板中单击"影响范围"按钮，如图 2-3-31 所示。

（2）在弹出的"影响基准范围"对话框中勾选想要影响到的其他楼层平面，如图 2-3-32 所示，选中平面视图将实现同步修改。

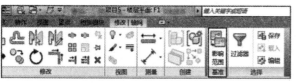

图 2-3-31　"影响范围"按钮　　　　图 2-3-32　"影响基准范围"对话框

2. 轴网标注

为了检查轴线是否绘制正确，可以选择轴线，通过临时尺寸显示的数值检查轴线距离是否正确，也可以给轴网标注尺寸，便于整体核对轴线位置的正确性。一层标注完成后可以通过楼层复制方式完成其他楼层轴线的快速标注，下面介绍轴网标注的方法。

（1）标注尺寸。单击快速访问工具栏上的"对齐尺寸标注"按钮启用"对齐尺寸标注"工具，如图 2-3-33 所示，或输入快捷命令"DI"，依次从左至右拾取轴线，拖动至合适位置单击绘图区域空白处，完成①～⑤轴尺寸标注，按相同方法标注四周尺寸。

（2）修改尺寸比例。在"属性"面板"视图比例"选项下选择"自定义"选项，修改"视图比例"为 1∶200，如图 2-3-34 所示。

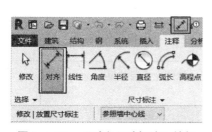

图 2-3-33　"对齐尺寸标注"按钮　　图 2-3-34　修改视图比例

（3）复制轴网尺寸。选择所有尺寸标注，在"修改 | 尺寸标注"上下文选项卡"剪贴板"面板中单击"复制到剪贴板"按钮，再单击"粘贴"按钮，在下拉列表中选择"与选定的视图对齐"选项，如图 2-3-35 所示。在弹出的"选择视图"对话框中选择所有楼层平面视图，如图 2-3-36 所示，单击"确定"按钮，完成所有楼层平面视图尺寸标注，标注结果如图 2-3-37 所示。

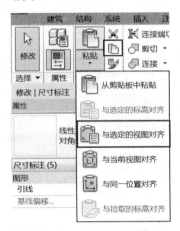

图 2-3-35 "复制"与"粘贴"

图 2-3-36 选择需要复制尺寸的视图

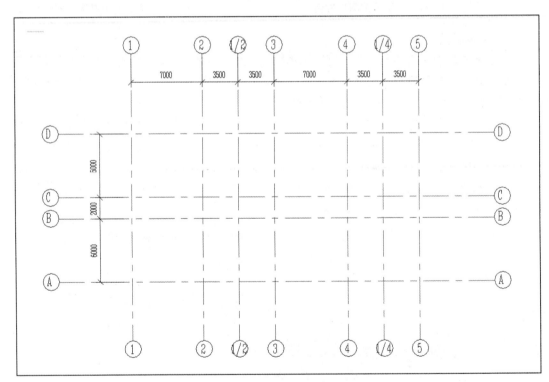

图 2-3-37 尺寸标注完成后效果

模块 3　结构专业建模

模块 1　模块 2　模块 3　模块 4　模块 5　模块 6

教学目标

本模块主要介绍结构专业建模，熟悉结构模型创建的工作流程；掌握结构基础、结构柱、结构梁、结构墙体与楼梯创建的方法。

教学要求

任务点	知识要点	能力目标	素质目标
结构模型创建流程	BIM 结构建模创建流程及工作特点	具备按照结构模型创建流程，合理安排结构模型的创建顺序的能力	具有标准意识、工作流程规范化意识
创建结构基础	1. 基础的作用与制图规范； 2. 基础的类型属性定义方法； 3. 基础的创建与编辑操作方法	1. 具备创建与编辑案例项目基础的能力； 2. 具备创建与编辑其他项目基础的迁移能力	具有规范意识、严谨细致的工作作风、良好的团队协作精神
创建结构柱	1. 结构柱的作用与制图规范； 2. 结构柱的类型属性定义方法； 3. 结构柱的创建与编辑方法	1. 具备创建与编辑案例项目结构柱的能力； 2. 具备创建构造柱等其他类型柱的迁移能力	
创建结构梁	1. 梁的作用与制图规范； 2. 梁的类型属性定义方法； 3. 梁的创建与编辑方法	1. 具备创建与编辑案例项目梁的能力； 2. 具备创建与编辑其他项目梁的迁移能力	
创建结构墙	1. 墙构件作用与制图规范； 2. 墙的类型属性定义方法； 3. 墙构件的创建与编辑方法	具备创建与编辑结构墙的能力	
创建结构板	1. 结构板作用与制图规范； 2. 结构板的类型属性定义方法； 3. 掌握结构板的创建与编辑方法	1. 具备创建与编辑案例项目结构板的能力； 2. 具备创建斜板的能力	
创建楼梯	1. 楼梯作用与制图规范； 2. 楼梯的类型属性定义方法； 3. 楼梯的创建与编辑方法	1. 具备创建与编辑案例项目直楼梯的能力； 2. 具备创建其他常用类型楼梯的能力	

任务 3.1　结构模型创建流程

⫶ 任务要求

熟悉 BIM 结构模型的创建流程。

⫶ 相关知识

3.1.1 "结构"选项卡功能

建筑工程框架结构由基本的结构构件组成，结构构件建模对应在 Revit 软件的结构样板中，因此，建模前首先了解对应项目中涉及的构件，然后熟悉对应构件建模的命令。

打开 Revit 2020，单击"结构"选项卡，如图 3-1-1 所示。结构建模包含"结构""连接""基础""钢筋""模型""洞口""基准""工作平面"八个面板，涵盖所有结构建模的命令，根据建模需要进行选择。

图 3-1-1　结构选项卡

3.1.2 BIM 结构建模流程

BIM 结构建模的流程大致如图 3-1-2 所示，后续六节内容根据下面建模顺序进行叙述。

图 3-1-2　BIM 结构建模流程

提示

1. 总体的建模方式可以考虑直接绘制和根据已知图纸导入两种方式。

2. 结构模型绘制采用的标高是结构标高，如果采用建筑标高绘制，则需要在相应构件高度设置中输入目标高度的偏移值。

⫶ 任务实施

（1）熟悉"结构"选项卡对应的流程模块。

（2）本案例结构建模流程具体见表 3-1-1。

表 3-1-1　结构建模流程

序号	流程名称	包含构件	任务内容
1	结构基础	基础垫层 独立基础 条形基础	1. 建立结构标高和轴网； 2. 基础垫层绘制； 3. 条形基础绘制； 4. 独立基础绘制
2	结构柱	框架柱 构造柱	1. 明确结构柱建模流程； 2. 针对案例柱进行建模
3	结构梁	地梁 框架梁 圈梁 过梁	1. 明确结构梁建模流程； 2. 针对案例结构梁进行建模
4	结构墙	结构墙体	1. 明确结构墙建模流程； 2. 针对案例墙体进行建模
5	结构板	结构板 结构斜板	1. 明确结构板建模流程； 2. 针对案例结构板进行建模
6	结构楼梯	各类型楼梯绘制方法	1. 明确楼梯建模流程； 2. 针对案例结构梁进行建模； 3. 拓展学习其他楼梯建模

∴∵ 任务总结

结构建模根据项目情况不同，建模流程会有所区别，一般可按照先下后上的顺序，与施工顺序基本类似，对于大型项目在建立结构样板文件基础上，也可按照地下与地上部分、裙楼与标准层分工建模，或者分区建模等。

结构建模借助基于 Revit 平台二次开发的插件，通过链接 CAD 图纸可以实现快速翻模，按照设定的扣减关系，可以实现构件之间一键扣减，加快建模效率，避免构件之间的重叠问题。

任务 3.2　创建结构基础

∴∵ 任务要求

在熟悉结构建模流程的基础上，完成员工宿舍楼条形基础及垫层的创建。

∴∵ 相关知识

微课：创建结构基础（一）

微课：创建结构基础（二）

基础是指建筑物地面以下的承重结构，如基坑、承台、框架柱、地梁等。基础是建筑物的墙或柱子在地下的扩大部分。其作用是承受建筑物上部结构传递的荷载，并把它们连同自重一起传递给地基。本任务介绍常见的基础垫层、独立基础和条形基础的绘制。

3.2.1 创建基础垫层

垫层是钢筋混凝土基础与地基土的中间层，作用是使其表面平整便于在上面绑扎钢筋，同时也起到保护基础的作用，一般为素混凝土材质未布置钢筋，如有钢筋则不能称其为垫层，应视为基础底板。下面介绍用结构楼板工具，采用拾取线方式创建基础垫层。

（1）打开结构样板或新建项目创建标高轴网、链接 CAD 图等，做好前期准备工作。

（2）在"结构"选项卡"基础"面板中单击"板"下拉按钮，在下拉列表中选择"结构基础：楼板"，跳转至"修改 | 创建楼层边界"上下文选项卡和选项栏，如图 3-2-1 所示。

1）"绘制"面板：包括"边界线""坡度箭头"和"跨方向"及对应的绘制命令。

2）"修改"面板：绘制过程中可以选用的各种修改工具。

3）偏移：相对于板边缘的偏移值。

4）延伸到墙中（至核心层）：测量到墙核心层之间的偏移。

5）"模式"面板：包括"完成编辑模式"和"放弃编辑模式"两种。

图 3-2-1 基础底板位置

（3）在"属性"面板中单击"编辑类型"按钮，默认系统族为"基础底板"，单击"复制"按钮，复制新的基础底板类型，重命名为"基础底板"，编辑厚度，其他参数采用默认值，如图 3-2-2 所示。

图 3-2-2 基础底板参数设置

（4）在"修改｜创建楼层边界"上下文选项卡"绘制"面板中单击"边界线"按钮┗和"拾取线"按钮，在选项栏输入"偏移值"为100，拾取轴线。

（5）修剪轮廓线至无重复和交叉成封闭的边界轮廓，如图3-2-3所示。

（6）单击"完成编辑模式"按钮，基础垫层绘制完成，如图3-2-4所示。

图 3-2-3　拾取轴线后修剪成闭合环

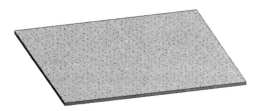

图 3-2-4　基础垫层模型

提示

（1）板的绘制方法有很多种，根据项目实际情况可以灵活选择"绘制"面板中的各种绘制方式，完成绘制任务，最后单击模式"√"按钮，绘制即完成。

（2）如有 CAD 图纸，可导入 CAD 底图进行辅助绘图。

3.2.2　创建条形基础

条形基础是指基础长度大于或等于基础宽度的10倍。条形基础的特点是布置在一条轴线上且与两条以上轴线相交，有时也与独立基础相连，但是截面尺寸和配筋不尽相同，下面介绍条形基础的建模过程。

（1）在"建筑"选项卡"构建"面板"构件"下拉菜单中单击"内建模型"按钮，系统弹出"族类别和族参数"对话框。

（2）在"族类别"选项组中选择"结构基础"选项，单击"确定"按钮，如图3-2-5所示。

（3）在弹出的"名称"对话框中，将"名称"命名为"条形基础"，单击"确定"按钮，如图3-2-6所示。

图 3-2-5　"族类别和族参数"对话框　　　图 3-2-6　条形基础命名

（4）单击"创建"选项卡"形状"面板中的"放样"按钮，切换至"修改 | 放样"上下文选项卡，如图 3-2-7 所示。

图 3-2-7 修改 | 放样选项卡

（5）单击"放样"面板中的"绘制路径"按钮和"直线"按钮，在Ⓐ轴上绘制条形基础持续的路径。

（6）单击"完成编辑模式"按钮。

（7）切换至"修改 | 放样"上下文选项卡，单击"放样"面板中的"编辑轮廓"按钮，在弹出的"转到视图"对话框中选择"立面：东"，单击"打开视图"按钮，在东立面视图中绘制条形基础的轮廓线，如图 3-2-8 所示。

（8）单击三次"完成编辑模式"按钮，Ⓐ轴上的条形基础绘制完成，如图 3-2-9 所示。

（9）选择条形基础，切换至"修改 | 结构基础"上下文选项卡，单击"模型"面板中的"在位编辑"按钮（或者双击模型）。

（10）选择条形基础，切换至"修改 | 结构基础"上下文选项卡，单击"复制"按钮，在选项栏的"约束"和"多个"前打"√"，以此复制，完成其他同类型的条形基础类型绘制。

（11）单击"修改"选项卡"几何图形"面板中的"连接"按钮，连接绘制的各条形基础，三维展示条形基础如图 3-2-10 所示。

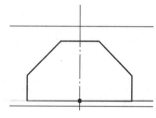
图 3-2-8 条形基础截面草图

图 3-2-9 条形基础模型

图 3-2-10 条形基础三维视图

提示

条形基础绘制方式有两种，一种是用建立族的方式，另一种是用内建模型的方式。本节主要介绍的是内建模型的方式。

3.2.3 创建独立基础

独立基础一般设置在柱下，常用的截面形式有踏步形、锥形、杯形等。独立基础是比较常见的基础形式之一，下面介绍独立基础绘制流程。

（1）单击"结构"选项卡"基础"面板中的"结构基础：独立"按钮，切换至"修改 | 放置独立基础"上下文选项卡，如图 3-2-11 所示。

图 3-2-11　"修改 | 放置独立基础"上下文选项卡和选项栏

1）①放置后旋转：勾选则放置独立基础立即旋转。

2）②在轴网处：用于在选定的轴线交点处创建基础，尤其是多个相同时，可节省时间。

3）③在柱处：用于在选定的结构柱的底部创建基础。

（2）在"属性"面板的类型选择器中选择"独立基础 1800×1200×450mm"，如图 3-2-12 所示。

1）编辑类型：单击即弹出编辑独立基础类型参数的对话框。

2）标高：定义图元的标高。

3）主体：显示选定图元的主体。

4）自标高的高度偏移：指定相对于其标高的图元顶部高度偏移量。

5）随轴网移动：勾选，则该柱随相交的轴网的移动而移动。

6）结构材质：指定要用于分析的结构图元的材质。

图 3-2-12　绘制独立基础属性选项板

7）启用分析模型：在图元中包含结构分析模型以进行结构分析。

8）钢筋保护层 - 顶面：指定与图元外部面之间的钢筋保护层距离。

9）钢筋保护层 - 底面：指定与图元底部面之间的钢筋保护层距离。

10）钢筋保护层 - 其他面：指定与图元其他面之间的钢筋保护层距离。

（3）如果需要载入其他基础形式，单击"属性"面板中的"编辑类型"按钮，弹出"类型属性"对话框。

（4）单击"载入"按钮，系统弹出"打开"对话框，族类型所在位置为 China→结构→基础文件夹，如图 3-2-13 所示。

图 3-2-13　"载入族"对话框

（5）修改基础族类型。在"类型属性"对话框中，单击"复制"按钮，弹出"名称"对话框，修改名称，单击"确定"按钮，然后修改尺寸参数，如图 3-2-14 所示。

（6）修改独立基础名称。单击"类型属性"按钮 ，弹出"类型属性"对话框，单击"重命名"按钮，在"新名称"文本框后输入新的独立基础名称，单击两次"确定"按钮，退出对话框，如图 3-2-15 所示。

图 3-2-14　修改基础族类型　　　　图 3-2-15　修改基础图元名称

（7）单击鼠标左键，放置独立基础，如图 3-2-16 所示。

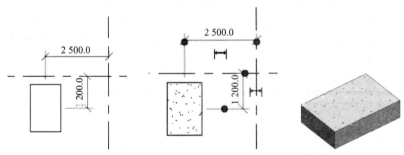

图 3-2-16　单击鼠标放置独立基础

（8）单击"在轴网处"按钮 ，框选轴线，单击"完成"按钮 ，如图 3-2-17 所示。

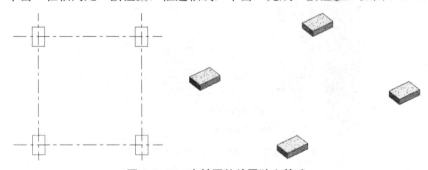

图 3-2-17　在轴网处放置独立基础

（9）单击"在柱处"按钮，选择柱，单击"完成"按钮✔，按 Esc 键退出编辑模式，如图 3-2-18 所示。

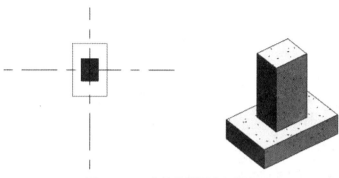

图 3-2-18　在柱处放置独立基础

提示

结构基础构件，建模方式有很多种，并不限定，可以在单击各命令后进行选择，根据自身习惯，选择适合的建模方式。

⁝⁝ 任务实施

1. 创建基础垫层

本项目垫层如图 3-2-19 所示。

（1）打开结构"基础地面"视图，创建结构标高和轴网，导入基础部分 CAD 底图。

（2）在"结构"选项卡"基础"面板"板"下拉列表中选择"结构基础：楼板"选项，切换至"修改 | 创建楼层边界"上下文选项卡和选项栏。

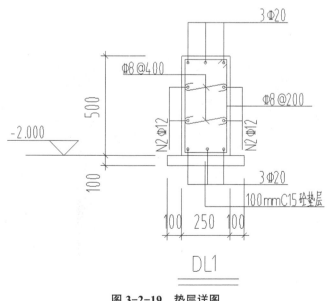

图 3-2-19　垫层详图

模块 1　模块 2　模块 3　模块 4　模块 5　模块 6

（3）在"属性"面板中单击"编辑类型"按钮，弹出"类型属性"对话框，选择族类型为"系统族：基础底板"，单击"复制"按钮，弹出"名称"对话框，将"名称"命名为"基础底板"，编辑厚度为 100 mm，其他参数采用默认的方式，单击"确定"按钮，完成"类型属性"编辑。"属性"面板参数编辑如图 3-2-20 所示。

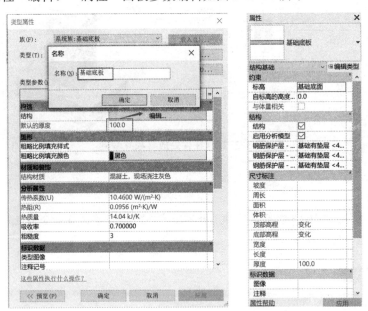

图 3-2-20　基础底板参数设置

（4）在"修改｜创建楼层边界"上下文选项卡"绘制"面板中单击"边界线"按钮和"拾取线"按钮，在选项栏输入"偏移量"100，拾取轴线。

（5）修剪线无重复和交叉。

（6）单击"完成编辑模式"按钮，基础垫板绘制完成，如图 3-2-21 所示。

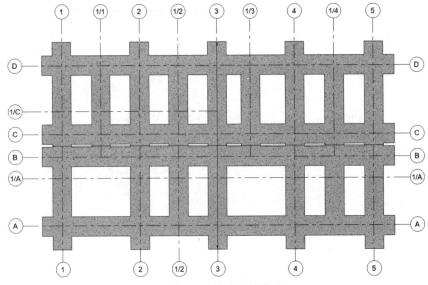

图 3-2-21　基础垫板模型

2. 创建条形基础

本案例采用柱下条形基础形式，采用内建模型的绘制方式在垫层上直接绘制。

（1）打开结构"基础地面"视图，在"建筑"选项卡"构建"面板"构件"下拉列表中单击"内建模型"按钮，弹出"族类别和族参数"对话框。

（2）在"族类别"选项组中选择"结构基础"选项，单击"确定"按钮，如图3-2-22所示。

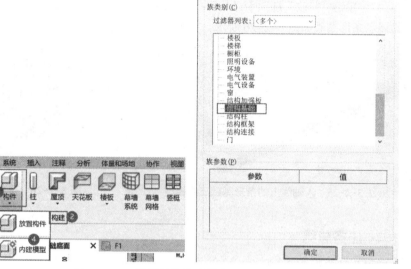

图 3-2-22　选择结构基础操作

（3）在弹出的"名称"对话框中将"名称"命名为"条形基础"，单击"确定"按钮，如图3-2-23所示。

（4）单击"创建"选项卡"形状"面板中的"放样"按钮，切换至"修改 | 放样"上下文选项卡。

（5）单击"绘制路径"按钮，切换至"修改 | 放样 > 绘制路径"上下文选项卡，单击"绘制"面板中的"直线"按钮，在Ⓐ轴上绘制条形基础长度方向的路径。

（6）单击"完成编辑模式"按钮。

（7）切换至"修改 | 放样"上下文选项卡，在"放样"面板中单击"编辑轮廓"按钮，在弹出的"转到视图"对话框中选择"立面：东"，单击"打开视图"按钮，在东立面视图中绘制条形基础的轮廓线，如图3-2-24所示。

图 3-2-23　修改条形基础名称

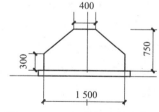

图 3-2-24　条形基础截面草图

（8）单击"完成编辑模式"按钮三次，Ⓐ轴上的条形基础绘制完成，如图3-2-25

所示。

（9）选择条形基础，切换至"修改|结构基础"上下文选项卡，单击"模型"面板中的"在位编辑"按钮🗗（或者双击模型）。

（10）选择条形基础，切换至"修改|结构基础"上下文选项卡，单击"复制"按钮，在选项栏的"约束"和"多个"前打"√"，以此复制，完成其他同类型的条形基础类型绘制。

（11）单击"修改"选项卡"几何图形"面板中的"连接"按钮🗗，连接绘制各条形基础，三维展示条形基础如图 3-2-26 所示。

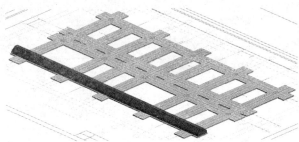

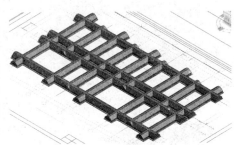

图 3-2-25　Ⓐ轴线上的条形基础三维模型　　　　图 3-2-26　条形基础三维模型

⁘∴ 任务总结

基础构件绘制方式流程基本可以总结为以下 7 点：

（1）单击"结构（或建筑）"选项卡对应面板上的相关按钮，弹出该类型的上下文选项卡和选项栏。

（2）选择族类型，可通过载入族的方式增加选择范围。

（3）对相应的类型进行重命名，确定结束。

（4）修改对应参数。

（5）模型草图建模，单击"完成编辑模式"按钮✔或者按 Esc 键退出编辑。

（6）运用对应的放置方式放置所建模型。

（7）编辑或者更改模型。

⁘∴ 任务拓展

创建独立基础

（1）打开切换至结构"基础地面"视图，单击"结构"选项卡"基础"面板中"结构基础：独立"按钮🗗，切换至"修改|放置独立基础"上下文选项卡。

（2）在"属性"面板类型选择器中选择"独立基础 1800×1200×450 mm"。

（3）在"类型属性"对话框中单击"载入（L）"按钮，选择族类型为"独立基础－三阶"，单击"打开"按钮。

（4）单击"复制"按钮，在弹出的"名称"对话框中修改名称为"独立基础－三阶（DJ1）"，单击"确定"按钮，然后修改尺寸参数，如图 3-2-27 所示。

（5）单击鼠标左键，放置独立基础，按两次 Esc 键退出编辑模式，如图 3-2-28 所示。

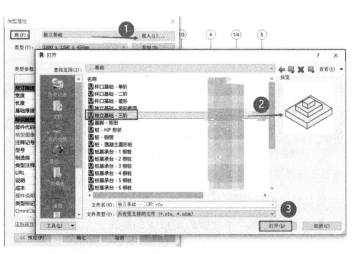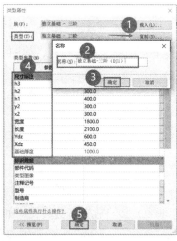

图 3-2-27 三阶独立基础载入族及参数修改

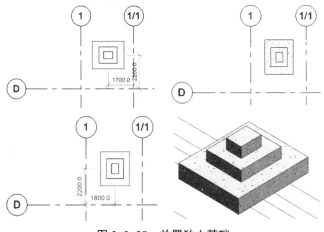

图 3-2-28 放置独立基础

任务 3.3 | 创建结构柱

任务要求

查阅图纸《结施-05》完成员工宿舍楼结构柱的创建。

微课：创建结构柱（一）　微课：创建结构柱（二）

相关知识

结构柱在框架结构中承受来自板、梁传递的荷载，并最终将荷载传递给基础，是主要的竖向受力构件。下面介绍结构柱建模流程。

（1）在"结构"选项卡"结构"面板中单击"柱"按钮，切换至"修改｜放置结构柱"上下文选项卡和选项栏，如图3-3-1所示。

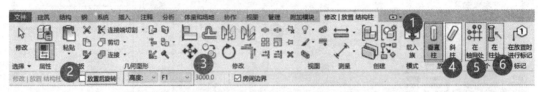

图3-3-1　"修改｜放置结构柱"上下文选项卡和选项栏

1）①"垂直柱"：直接放置垂直的结构柱。

2）②"放置后旋转"：如果勾选此复选框则柱子放置后可以立即旋转。

3）③"深度"：此设置表示从柱子底部向下绘制；"高度"表示从柱子底部向上绘制；"标高｜未连接"选择柱子顶部标高，或选择"未连接"然后指定柱子的高度。

4）④"斜柱"：可以在平面图、立面图或者剖面图中放置斜柱，单击放置的起点和终点，可自行定义位置。

5）⑤"在轴网处"：在选定轴线的交点处布置结构柱。

6）⑥"在柱处"：在选定的建筑柱内布置结构柱。

（2）在"属性"面板的类型选择器中选择"热轧H型钢柱：HN500×200×10×16"，如图3-3-2所示。

（3）如果族类型不满足使用要求，则需要重新载入族。单击"编辑类型"按钮，系统弹出"类型属性"对话框，单击"载入"按钮，弹出"打开"对话框，结构柱族所在位置为"China\结构\柱\混凝土"，根据需求在文件夹里选择柱的类型，单击"打开"按钮，即载入柱族，如图3-3-3所示。

图3-3-2　属性选项板　　　　　　图3-3-3　族文件

（4）在"属性"面板中单击"编辑类型"按钮，弹出"类型属性"对话框，可对柱子类型、尺寸等进行修改，如图3-3-4所示。

（5）设置"属性"面板上的各参数，如图3-3-5所示。单击"材料和装饰"下"结构材质"

后面的 … 按钮，弹出"材质浏览器"对话框。

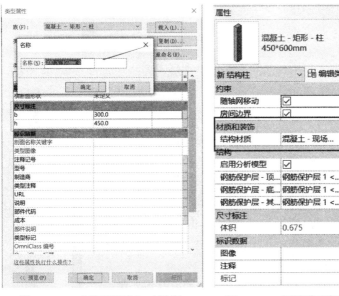

图 3-3-4　"类型属性"对话框　　图 3-3-5　属性选项板

（6）在"材质浏览器"中选择对应材质，单击鼠标右键在弹出的选项中单击"复制"，将复制出的材质重命名。

（7）双击该材质赋予新建柱子的材质属性（或者点选该材质单击"确定"按钮）。

（8）单击"结构"选项卡→"结构"面板→"柱"按钮，系统默认激活"垂直柱"按钮，单击鼠标左键放置柱子，结束结构柱布置，按 Esc 键退出，如图 3-3-6 所示。

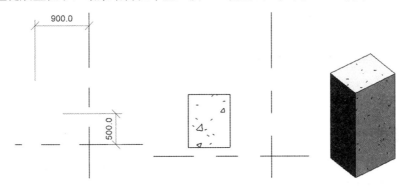

图 3-3-6　垂直放置柱

（9）单击"斜柱"按钮 ，将选项栏中的"第一次单击"设置为"F1""0"，"第二次单击"设置为"F1""2 500"，通过鼠标调整角度单击绘图区域放置柱子。

（10）按两次 Esc 键退出编辑，查看斜柱三维视图如图 3-3-7 所示。

提示

如柱子布置在轴网上可通过按"在轴网处"按钮 ，框选需要布置柱子的轴网范围，单击"完成"按钮将快速在轴网交点处布置柱子，如图 3-3-8 所示。

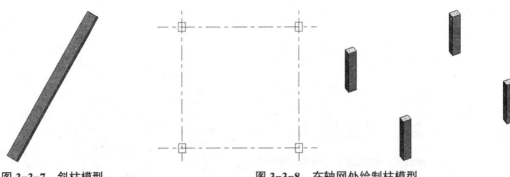

图 3-3-7　斜柱模型　　　　　　　图 3-3-8　在轴网处绘制柱模型

（11）复制柱子到其他楼层。框选 F1 层构件，切换至"修改｜结构柱"上下文选项卡，在"选择"面板中单击"过滤器"按钮🔽，弹出"过滤器"对话框，单击"放弃全部"按钮，勾选"结构柱"复选框，单击"确定"按钮，完成 F1 层柱子选择。

（12）单击"剪贴板"面板中的"复制到剪贴板"按钮📋。

（13）单击剪贴板面板"粘贴"下拉列表中的"与选定的标高对齐"按钮📋。

（14）在弹出的"选择标高"对话框中选择 F2/F3，单击"确定"按钮，完成柱子复制，如图 3-3-9 所示。

图 3-3-9　复制 - 粘贴柱子三维模型

（15）如有柱子属性参数需要修改，则单击该柱修改即可，改后按 Esc 键退出编辑。

提示

1.结构柱建模同样可以采取导入 CAD 底图，进行拾取或放置后，采用对齐命令调整位置等。

2.键盘的空格键在放置柱子时可起到旋转柱方向的作用。

⋮⋮ 任务实施

（1）在"结构"选项卡"结构"面板中单击"柱"按钮，切换至"修改｜放置 结构柱"上下文选项卡和选项栏。

（2）在"属性"面板中单击"编辑类型"按钮，弹出"类型属性"对话框，单击"载入"按钮，在弹出的"打开"对话框中选择"混凝土 - 矩形 - 柱"族，单击"复制"按钮，弹出"名称"对话框，将"名称"命名为"KZ1 550*550"，单击"确定"按钮，完成柱子类型的选择，如图 3-3-10 所示。

（3）在"属性"面板中单击"属性类型"按钮🔳，弹出"类型属性"对话框，对柱子类型、尺寸等进行修改，单击"确定"按钮，完成修改。

（4）设置"属性"面板上的各参数，如图 3-3-11 所示。单击"材料和装饰"下"结构材质"后面的 … 按钮，弹出"材质浏览器"对话框。

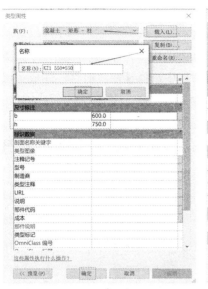

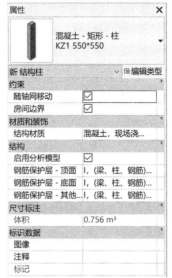

图 3-3-10　"类型属性"对话框　　　图 3-3-11　属性选项板

（5）在"材质浏览器"对话框中选择"混凝土 – 现场浇筑混凝土"，单击鼠标右键选择复制，将复制出的新材质重命名为"混凝土 – 现场浇筑混凝土 C30"，如图 3-3-12 所示。

（6）双击该材质赋予 KZ1 550×550 柱子材质属性（或单击"确定"按钮）。

（7）采用系统默认的"垂直柱"，根据项目实际，在轴线交点处放置柱子，放置后调整柱子与轴网的位置关系。

（8）以此方式布置基础的其他结构柱。

（9）结束结构柱布置按 Esc 键退出，查看基础柱子三维模型如图 3-3-13 所示。

图 3-3-12　材质浏览器　　　　图 3-3-13　基础柱子三维模型

（10）框选基础层构件，单击"过滤器"按钮 🔽，弹出"过滤器"对话框，先单击"放弃全部"按钮，然后勾选"结构柱"复选框，单击"确定"按钮，完成基础层柱子选择，如图 3-3-14

所示。

（11）单击"复制到剪贴板"按钮 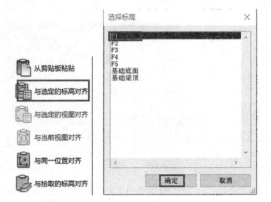。

（12）在"属性浏览器"中选择"结构平面-F1"，单击"粘贴"下拉菜单中的"与选定的标高对齐"按钮，在"选择标高"对话框中选择楼层"F1"，完成一层柱子粘贴，如图 3-3-15 所示。

图 3-3-14　"过滤器"对话框　　　　　　　图 3-3-15　选择标高粘贴

（13）选择 F1 层柱子，调整"底部标高"为"F1"，"偏移值"为"0"，"顶部标高"为"F2"，完成 F1 结构柱建模。

（14）其他层结构柱建模方法同上，如图 3-3-16 所示。

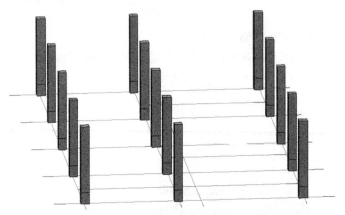

图 3-3-16　结构柱三维模型

⁖· 任务总结

结构柱创建步骤如下：

（1）在"结构"选项卡"结构"面板中选择"柱"工具，切换至"修改|放置|结构柱"上下文选项卡和选项栏。

（2）在"属性"面板中单击"编辑类型"按钮，在弹出的"类型属性"对话框中单击"载入"按钮，选择需要载入的族并选择族，并修改"名称""尺寸"等构件信息。

（3）在"属性"面板上设置"标高""约束""材质"和"结构"等参数信息。

（4）选择放置柱子的方式，根据图纸放置柱。

（5）用过滤器功能选择复制粘贴柱子到其他楼层。

（6）调整柱子的参数，完成结构柱建模。

⋮⋮ 任务拓展

创建构造柱

构造柱具有增强建筑物的整体性和稳定性的作用，主要不是承担竖向荷载，而是抗击剪力、抗震等横向荷载。构造柱通常设置在楼梯间的休息平台处、纵横墙交接处、墙的转角处。从施工角度讲，构造柱要与圈梁地梁、基础梁一起作用形成整体结构，与砖墙体等结构工程有水平拉结筋连接。

下面介绍带马牙槎构造柱的绘制方法。本次绘制马牙槎所在墙体厚度为 240 mm，马牙槎进出为 60 mm，高度为 300 mm，墙体高度为 3 m，如图 3-3-17 所示。

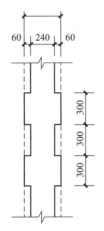

图 3-3-17　马牙槎尺寸与模型

（1）新建族。启动 Revit 软件，在"最近使用的文件"界面中单击"族"选项区域中的"新建"弹出"新族 - 选择样板文件"对话框，选择"公制常规模型"选项，并单击"打开"按钮，如图 3-3-18 所示。

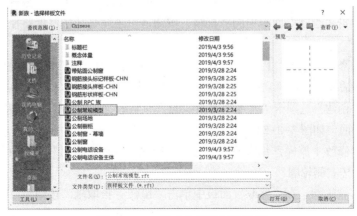

图 3-3-18　新建公制常规模型族

（2）单击"创建"选项卡"基准"面板中的"参照平面"按钮，切换至"修改｜放置参照平面"上下文选项卡和选项栏，如图3-3-19所示。

图3-3-19　修改｜放置参照平面选项卡和选项栏

（3）默认为"参照标高"平面，在"绘制"面板中单击"拾取线"按钮，选项栏中"偏移"输入"120"，按 Enter 键确认，单击水平轴线，绘制水平轴线以上的参照平面，如图3-3-20所示。

图3-3-20　墙体厚度参照平面

（4）单击"创建"选项卡"形状"面板中的"放样"按钮，切换至"修改｜放样"上下文选项卡，如图3-3-21所示。

图3-3-21　修改｜放样选项卡

（5）单击"放样"面板中的"绘制路径"按钮，切换至"修改｜放样＞绘制路径"上下文选项卡，单击"绘制"面板中的"直线"按钮，绘制马牙槎厚度路径，单击"完成编辑模式"按钮。

（6）单击"修改｜放样"上下文选项卡"放样"面板中的"编辑轮廓"按钮，系统弹出"转到视图"对话框，选择"立面：前"，单击"打开视图"按钮，如图3-3-22所示。

（7）单击"创建"选项卡"基准"面板中的"参照平面"按钮，按照步骤（3）在前视图中创建参照平面，如图3-3-23所示。

（8）回到"修改｜放样＞编辑轮廓"上下文选项卡，在"绘制"面板中单击"直线"按钮，绘制马牙槎右侧轮廓。

（9）选择右侧轮廓，在"修改"面板中单击"镜像-拾取轴"按钮，拾取轮廓中线进行镜像单击"完成编辑模式"按钮，完成整个马牙槎轮廓编辑，如图3-3-24所示。

图 3-3-22   "转到视图"对话框

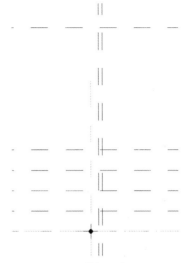

图 3-3-23   前视图参照平面

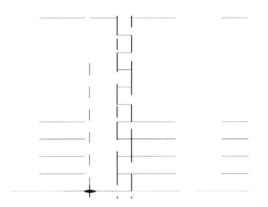

图 3-3-24   绘制马牙槎轮廓

（10）单击族"属性"面板下"材质"栏后面的 … 按钮，给马牙槎构造柱赋予材质，如图 3-3-25 所示。

（11）查看马牙槎构造柱三维模型如图 3-3-26 所示。

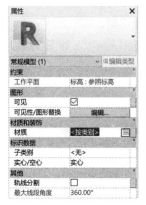

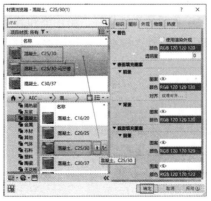

图 3-3-25   给马牙槎构造柱赋予材质属性   图 3-3-26   马牙槎构造柱三维模型

任务 3.4　创建结构梁

:: 任务要求

查阅图纸《结施-06》《结施-07》《结施-08》《结施-09》完成员工宿舍楼结构梁的创建。

微课：创建结构梁（一）　微课：创建结构梁（二）

:: 相关知识

结构梁构件由支座支撑，承受的外力形式主要以弯矩和剪力为主，主要承受弯曲变形；梁承托着建筑物上部构架中的构件及屋面的全部质量，是建筑上部构架中最重要的部分。依据梁的具体位置、详细形状、具体作用不同有不同的名称。下面介绍结构梁建模的过程。

1. 创建一层结构梁

（1）单击"结构"选项卡"结构"面板中的"梁"按钮，切换至"修改｜放置梁"上下文选项卡，如图 3-4-1 所示。

图 3-4-1　修改｜放置梁选项卡和选项栏

①放置平面：选择当前绘制平面的标高。

②结构用途：可以选择"自动""大梁""水平支撑""托梁""其他""檩条"等，可根据实际情况进行选择。

③载入族：将 Revit 族载入当前文件。

④绘制：多种绘制工具可供选择。

⑤在轴网上：选择轴网线，便于将梁放于结构柱、结构墙和其他梁之间。

（2）在"属性"面板类型选择器中选择"混凝土 – 矩形梁：300×600 mm"，如图 3-4-2 所示。

①参照标高：绘制图元的参照平面。

②YZ 轴对正：指定对齐调整如何应用于梁，可选"统一"和"独立"。

③Y/Z 轴对正：指定图形相对于 Y/Z 方向上的定位线位置，Y 下拉菜单可选"原点""左侧""中心"和"右侧"，Z 下拉菜单可选"原点""顶部""中心"和"底部"。

④Y/Z 轴偏移值：指定几何图形在 Y/Z 方向上的偏移距离。

⑤结构材质：指定要用于结构分析的图元材质。

⑥剪切长度：指定梁的物理长度。

⑦启用分析模型：在图元中包含分析模型，以进行结构分析。

⑧钢筋保护层 – 顶面 / 底面 / 其他面：设置梁顶面 / 底面 / 其他面与钢筋间的保护层厚度。

（3）如果族类型不满足使用要求，则需要重新载入族。在"属性"面板单击"编辑类型"按钮，在弹出的"类型属性"对话框中单击"载入"按钮，系统弹出"打开"对话框，结构梁族所在位置为"China"→"结构"→"框架"，可根据需求在文件夹里选择梁类型文件夹，单击"打开"按钮即载入梁族，如图 3-4-3 所示。

图 3-4-2　梁属性选项板

图 3-4-3　梁族文件夹

（4）可通过单击"属性"面板中的"属性类型"按钮，系统弹出"类型属性"对话框，对梁类型、尺寸等进行修改，如图 3-4-4 所示。

（5）设置"属性"面板上的各参数，单击"材料和装饰"下"结构材质"后的按钮，弹出"材质浏览器"对话框，如图 3-4-5 所示。

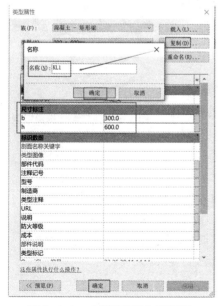

图 3-4-4　"类型属性"对话框

图 3-4-5　"材质浏览器"对话框

（6）在"材质浏览器"对话框中新建或复制某材料后重命名，单击"确定"按钮给梁构件赋予材料属性。

（7）单击"修改 | 放置梁"上下文选项卡"绘制"面板中的"线"按钮，绘制梁，结束结构梁布置，按 Esc 键退出，如图 3-4-6 所示。

（8）也可采用"绘制"面板上的其他命令进行绘制，按 Esc 键退出，结束放置梁命令，查看三维结构梁模型如图 3-4-7 所示。

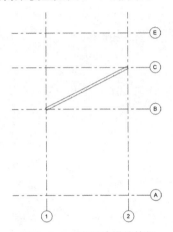 

图 3-4-6　绘制放置结构梁　　　图 3-4-7　结构梁三维模型

2. 创建其他楼层结构梁

（1）框选 F1 层构件，切换至"修改 | 结构框架"上下文选项卡在"选择"面板中单击"过滤器"按钮，弹出"过滤器"对话框，先单击"放弃全部"按钮，然后勾选"结构框梁（分析）"和"分析梁"复选框，单击"确定"按钮，完成一层结构梁选择。

（2）单击"复制到剪贴板"按钮。

（3）单击"粘贴"下拉列表中的"与选定的标高对齐"按钮，弹出"选择标高"对话框。

（4）选择目标标高结构面，完成其他楼层结构梁的复制创建。

（5）修改对应构件的属性参数，构建的三维结构梁模型如图 3-4-8 所示。

图 3-4-8　三维结构梁模型

> **提示**
>
> （1）不使用底图的情况下，需要在临时尺寸标注处输入距离的方式定点绘制。
>
> （2）绘制过程中，如果出现创建构件不显示的情况，则在"属性"面板→"视图范围"选项后的"编辑"按钮，弹出"视图范围"对话框，即可调整偏移量。
>
> （3）屋顶梁绘制：先绘制好坡屋顶，然后再绘制梁，绘制梁时要从低标高到顶标高进行绘制。

3. 结构梁和结构柱构件连接与切割

梁和柱的连接是"梁 / 柱连接"工具通过删除或利用梁的缩进调整连接。

（1）单击"修改"选项卡"几何图形"面板中的"梁/柱连接"按钮 ，显示相应选项栏，如图3-4-9所示。

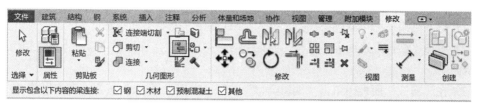

图3-4-9　修改选项卡和选项栏

（2）视图在梁和柱（或者柱和梁、梁与梁等，视具体情况而定）端点连接处显示缩进箭头控制柄，如图3-4-10所示。

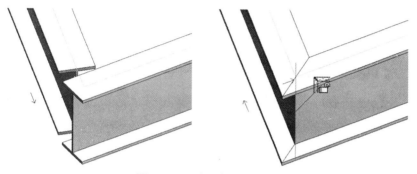

图3-4-10　梁/柱构件连接

（3）单击箭头控制柄，构件有效连接在一起，长梁从端梁处缩进。

（4）单击"修改"选项卡"几何图形"面板中的"连接端切割"按钮 ，显示相应"修改"选项卡和选项栏，如图3-4-11所示。

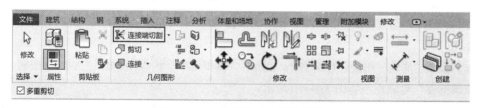

图3-4-11　修改选项卡和选项栏

（5）点选一个构件后，预点选另一个构件会出现连接图标，点选则构件完成连接处切割，如图3-4-12所示。

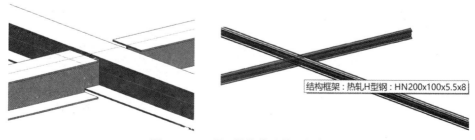

图3-4-12　梁/柱构件连接处切割

∴ 任务实施

1．创建基础梁

（1）打开结构平面"基础梁顶"，导入 CAD 底图 – 基础平面布置。

（2）单击"结构"选项卡"结构"面板中的"梁"命令，切换至"修改｜放置结构梁柱"选项卡。

（3）在"属性"面板中单击"编辑类型"按钮，单击"载入"按钮，在弹出的"打开"对话框中选择一个"类型"，单击"打开"按钮，完成载入族操作，如图 3-4-13 所示。

（4）单击"复制"按钮，重命名柱类型为"JL1（2B）400*500"，单击"确定"按钮，返回到"类型属性"对话框，在对话框的"尺寸标注"中修改柱截面尺寸，单击"确定"按钮，完成基础梁类型的创建，如图 3-4-14 所示。

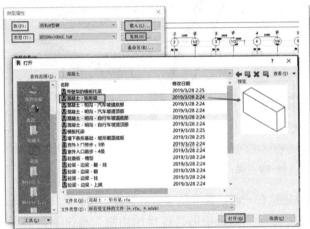

图 3-4-13　载入族操作

图 3-4-14　名称、尺寸修改操作

（5）"属性"面板中的"约束""几何图形位置"和"结构"均打开，按项目具体设置如图 3-4-15 所示。

（6）设置"属性"面板上的各参数，单击"材料和装饰"下"结构材质"后的 … 按钮，弹出"材质浏览器"对话框，如图 3-4-16 所示。

图 3-4-15　基础梁属性参数设置

图 3-4-16　基础梁材料设置

（7）选择"混凝土－现场浇筑混凝土C30"，单击"确定"按钮给基础梁构件赋予材料属性。

（8）利用系统默认的"修改｜放置梁"上下文选项卡"绘制"面板中的"直线"按钮，绘制梁，结束结构梁布置，按 Esc 键退出。

（9）同样的方法绘制其他基础梁，如图 3-4-17 所示。

图 3-4-17　基础梁三维模型

2．其他楼层结构梁建模

（1）绘制一层梁，绘制方法与上一节绘制基础梁相同，需要定义梁类型并对应修改其参数，如图 3-4-18 所示。

（2）采用绘制方式"拾取线"，根据底图拾取一层结构梁，绘制完成如图 3-4-19 所示。

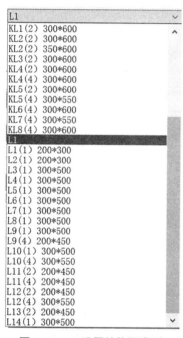

L1
KL1(2) 300*600
KL2(2) 300*600
KL2(2) 350*600
KL3(2) 300*600
KL4(2) 300*600
KL4(4) 300*600
KL5(2) 300*600
KL5(4) 300*550
KL6(4) 300*600
KL7(4) 300*550
KL8(4) 300*600
L1
L1(1) 200*300
L2(1) 200*300
L3(1) 300*500
L4(1) 300*500
L5(1) 300*500
L6(1) 300*500
L7(1) 300*500
L8(1) 300*500
L9(1) 300*500
L9(4) 200*450
L10(1) 300*500
L10(4) 300*550
L11(2) 200*450
L11(4) 200*450
L12(2) 200*450
L12(4) 300*500
L13(2) 200*450
L14(1) 300*500

图 3-4-18　设置结构梁类型

结构框架：混凝土－矩形梁：KL6(4) 300*600

图 3-4-19　一层结构梁模型

（3）二层梁绘制：框选 F2 层构件（一层从地面到屋顶），切换至"修改｜选择多个"上下文选项卡，在"选择"面板中单击"过滤器"按钮，弹出"过滤器"对话框，先单击"放弃全部"按钮，然后勾选"结构框架（大梁）""结构框架（托梁）""结构框架（其他）"复选框，单击"确定"按钮，完成一层结构梁选择。

（4）单击"复制到剪贴板"按钮。

（5）在浏览器中选择"结构平面－F3"，单击"粘贴"下拉列表中的"与同一位置对齐"，完成一层梁构件粘贴。

（6）根据二层梁参数的不同，选择对应梁，调整参数。

（7）屋顶梁绘制：先绘制好坡屋顶，然后再绘制梁，绘制梁时要从低标高到顶标高进行绘制。

（8）项目结构梁建模整体如图3-4-20所示。

:··: 任务总结

（1）在"结构"选项卡"结构"面板中单击
"梁"按钮，切换至"修改｜放置 梁"上下文选
项卡和选项栏。

（2）在"属性"面板中单击"编辑类型"按钮，
单击"载入"并选择族，创建、修改"名称""尺
寸"等构件信息。

（3）设置"属性"面板中"标高""约束""材
质"和"结构"等各参数信息。

图 3-4-20　整体结构梁三维模型

（4）根据项目实际，选择各种方式放置梁。

（5）按两次 Esc 键退出。

（6）以此方式放置基础的其他结构梁构件。

（7）创建一层结构梁模型。

（8）用过滤器功能选择复制粘贴梁到其他楼层。

（9）对应需求调整各个梁构件的参数。

（10）绘制顶层结构梁。

（11）完成结构梁建模。

:··: 任务拓展

1. 圈梁

在砌体结构房屋中，砌体内沿水平方向设置封闭的钢筋混凝土梁，以提高房屋空间刚
度、增加建筑物的整体性、提高砖石砌体的抗剪强度和抗拉强度，防止由于地基不均匀沉
降、地震或其他较大振动荷载对房屋的破坏。在房屋的基础上部的连续钢筋混凝土梁叫作基
础圈梁，也叫作地圈梁（DQL）；而在墙体上部，紧挨楼板的钢筋混凝土梁叫作上圈梁。

本节以女儿墙上部压顶圈梁为例介绍圈梁建模：圈梁位于女儿墙顶部，女儿墙厚度为
100 mm，高度为 900 mm，圈梁截面为 200 mm×200 mm，创建圈梁构件。

（1）切换至屋面层。

（2）单击"结构"选项卡"结构"面板中的"梁"按钮。

（3）在"属性"面板中单击"编辑类型"按钮，弹出"类型属性"对话框。

（4）单击"载入"按钮，在弹出的"打开"对话框中选择"钢筋混凝土－矩形－梁"族，
单击"复制"按钮，在弹出的"名称"对话框中将"名称"命名为"圈梁屋顶"。

（5）修改圈梁尺寸 b=200 mm，h=200 mm，单击"确定"按钮，完成设置。

（6）选项栏"放置平面"选择"F4"，即屋顶，其他参数默认。

（7）单击"直线"按钮绘制，弹出"创建图元在视图中不可见"警示框。

（8）按两次 Esc 键退出绘制，"属性"面板回到楼层平面，单击"视图范围"后"编辑"按钮，

修改"视图范围"对话框中的"底部（B）"和"相关标高（L）"为 -1 000，如图 3-4-21 所示。

（9）重复放置梁操作，在"修改｜放置 梁"上下文选项卡"绘制"面板中单击"直线"按钮进行绘制，按两次 Esc 键退出绘制命令模型，如图 3-4-22 所示，位于墙底部。

图 3-4-21　编辑"视图范围"对话框

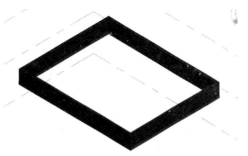

图 3-4-22　圈梁绘制未调整高度前模型

（10）选中圈梁，在"属性"面板"几何图形位置"中调整"Z 轴偏移值"为"1100"。

（11）女儿墙顶部圈梁绘制完成，如图 3-4-23 所示。

2. 过梁

当墙体上开设门窗洞口且墙体洞口大于 23 300 mm 时，为了支撑洞口上部砌体所传来的各种荷载，并将这些荷载传递给门窗等洞口两边的墙，常在门窗洞口上设置横梁，该梁称为过梁。

图 3-4-23　女儿墙上部圈梁三维模型

在 Revit 中建立过梁模型的关键在于能够在实际项目图纸中找到过梁的相关信息，如过梁位置、尺寸、材质及相应的要求，所以，识读结构图纸往往是关键的一环，绘制的过程与圈梁绘制方法相同。

任务 3.5 ▏创建结构墙

:::: 任务要求

在熟悉结构梁建模流程的基础上，根据设计图纸要求，探索具体结构墙体建模流程。

:::: 相关知识

结构墙是房屋建筑物或构筑物中主要承受水平荷载（主要包括风和地震作用引起的荷载）和竖向荷载（重力）的墙体，防止结构剪切破坏，又称剪力墙，一般用钢筋混凝土材料制成。

1. 墙体绘制

通过单击"结构"选项卡"结构"面板中的"墙：结构"按钮，编辑选择墙体类型，并将该类型墙体放置在平面或三维视图中，则可以将墙体添加到模型中。绘制工具可以在功能区进行选择，墙相对于所绘制路径或所选现有图元的位置，由墙的某个实例属性的值来确定，即"定位线"。

具体操作步骤如下：

（1）单击"结构"选项卡"结构"面板中的"墙：结构"按钮，切换至"修改 | 放置结构墙"选项卡和选项栏，如图 3-5-1 所示。

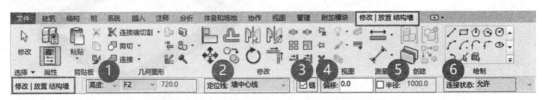

图 3-5-1 修改 | 放置结构墙选项卡和选项栏

1）①深度 / 高度：墙构件向下绘制为深度，向上绘制为高度，无论深度 | 高度后面都可以选择连接到的平面位置。

2）②定位线：指定使用墙的哪一个垂直平面相对于所绘制的路径或在绘图区域中指定的路径来定位墙，包括："墙中心线（默认）""核心层中心线""面层面：外部""面层面：内部""核心面：外部""核心面：内部"等。

3）③链：勾选此复选框，以绘制一系列在端点处连接的墙分段。

4）④偏移：输入一个距离，则可以指定墙的定位线与鼠标指针位置或选定的线或面之间的偏移距离。

5）⑤半径：如果勾选此复选框，则墙体交界处按相应的数字进行倒角。

6）⑥连接状态：选择"允许"选项，以在墙相交位置自动创建对接（默认），选择"不允许"则墙体相交时不连接，状态的选择会在对话框关闭前保持不变。

（2）单击"属性"面板中的"编辑类型"按钮，弹出"类型属性"对话框，在对话框中选择"基本墙：常规 –300"，然后修改约束、结构、尺寸等参数，其他采用默认设置，如图 3-5-2 所示。

1）①底部约束：指定墙底部标高。

2）②底部偏移：指定墙底部距离，其指定的底部标高的距离，向上为正，向下为负。

3）③已附着底部 / 顶部：是指墙底部 / 顶部是否附着另一个构件，如结构楼板。

4）④底部 / 顶部延伸距离：指明墙底部 / 顶部移动的距离。

5）⑤顶部约束：指定墙顶部的参照标高。

6）⑥无连接高度：如果顶部约束定义为不连接，则需要输入墙的无连接高度，如果设置了顶部约束，则此数值是固定的。

7）⑦顶部偏移：指定墙顶部距离其墙顶定位标高的偏移，只有顶部约束定义为标高时，此选项才可用。

8）⑧房间边界：指明墙是否是房间边界的一部分，放置墙后可启用此选项。

9）⑨结构：指定墙为结构图元能够获得一个分析模型。

10）⑩结构用途：指定墙的结构用途，如承重、剪力或复合结构。

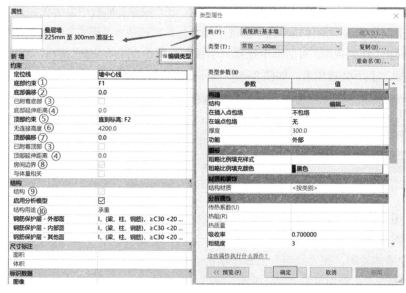

图 3-5-2　属性参数编辑

（3）在视图中捕捉轴网或构件的交点为墙绘制起点，移动鼠标光标到终点位置单击，绘制墙体完成，如图 3-5-3 所示。

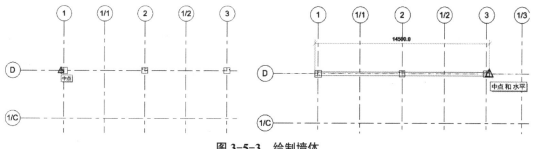

图 3-5-3　绘制墙体

（4）按两次 Esc 键退出墙绘制。

提示

绘制墙体的三种方式。

（1）绘制墙：可以通过单击起点、终点的方式，或者起点、方向、距离的绘制方式。

（2）拾取线：通过选择线进行墙体绘制。

（3）拾取面：将墙放置在现有的体量面或常规面上。

（5）切换三维视图，查看已绘制墙体，如图 3-5-4 所示。

图 3-5-4　已绘制墙体模型

2. 墙体修改

（1）选中已建墙体，在"属性"面板中可以对其参数进行修改。

（2）选中墙体，通过拖拽墙体上的造型操作柄，在"属性"面板中会出现参数的变化情况。

（3）选中需要修改的墙体，单击"修改｜墙"上下文选项卡"模式"面板中的"编辑轮廓"按钮 ，在弹出"转到视图"对话框中选择一个视图，单击"打开视图"按钮，切换至"修改｜墙＞编辑轮廓"上下文选项卡，如图3-5-5所示。

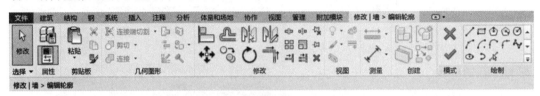

图 3-5-5　修改｜墙＞编辑轮廓

（4）使用"修改"和"绘制"面板上的命令可以对该墙体轮廓进行调整。

下面举例说明：

1）选中墙体轮廓，在"绘制"面板中单击"矩形"按钮 ，在墙体上绘制洞口。

2）在"修改"面板中单击"拆分图元"按钮 ，打断一边，在此边上绘制需要的洞口形状。

3）在"修改"面板中单击"修剪/延伸为角"按钮 ，剪掉多余线条。

4）选择"拆分图元"→"起点/终点半径弧"命令，绘制向外延伸的形状。

5）单击"模式"面板中的"完成编辑模式"按钮 ，三维视图查看完成编辑后的墙体如图3-5-6所示。

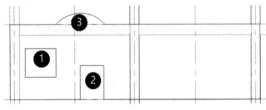

图 3-5-6　编辑墙体轮廓

（5）复制上述编辑后的墙体并选中，单击"修改｜墙"上下文选项卡"模式"面板中的"重设轮廓"按钮 ，墙体恢复到编辑前的墙体，如图3-5-7所示。

（6）选中墙体，在"属性"面板类型选择器中选择墙体类型，更改墙体类型，也是新建

图 3-5-7　恢复墙体原貌

墙体的一种方法；也可以在"属性"面板中单击"编辑类型"按钮，在弹出的"类型属性"对话框中修改墙体结构、功能等属性参数，如图3-5-8所示。

1）①结构：指定墙层，单击"编辑"按钮，系统弹出"编辑部件"对话框，添加、修改或者删除墙层。

2）②在插入点包络：插入点的条件可设定为"不包络""外部""内部"或"两者"。

3）③在端点包络：墙的端点可设定为"内部"或"外部"，以控制材质将包络到墙的哪

一侧，如果对墙体不包络，则端点的条件应设置为"无"。

4）④厚度：指定墙体厚度。

5）⑤功能：指定表示特定属性的功能，包括"内墙""外墙""基础墙""挡土墙""檐底板墙"和"核心竖井"，可以通过视图中的墙显示，以便仅显示/隐藏那些提供特定功能的墙。

6）⑥粗略比例填充样式：指定粗略比例视图中图元的填充样式。

7）⑦粗略比例填充颜色：为粗略比例视图中的图元指定填充样式的颜色。

8）⑧结构材质：为图元结构指定材质。

（7）单击"类型属性"对话框中的"复制"按钮，弹出"名称"对话框，输入"名称"为"挡土墙 – 混凝土"，单击"确定"按钮，新建"挡土墙 – 混凝土"类型，如图 3-5-9 所示。

（8）单击"类型属性"对话框"构造"后的"编辑"按钮，弹出"编辑部件"对话框。

（9）单击"编辑部件"对话框中的"插入"按钮，插入一个构造层，选择功能为"涂抹层"，单击确定按钮如图 3-5-10 所示。

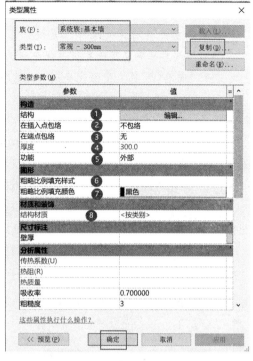

图 3-5-8　"类型属性"对话框

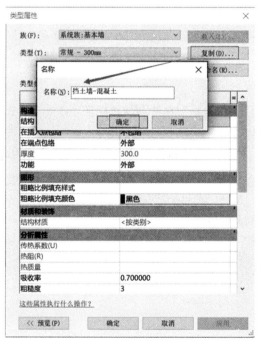

图 3-5-9　修改墙体类型

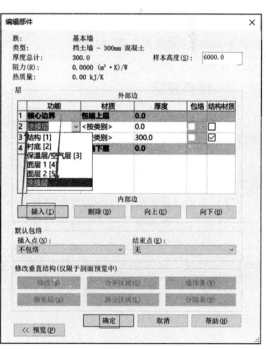

图 3-5-10　"编辑部件"对话框

099

提示

各层的功能具有优先顺序，常规如下：

（1）结构层具有最高优先级（优先级为Ⅰ）。

（2）"面层2"具有最低优先级（优先级为Ⅴ）。

（3）Revit首先连接优先级高的层，然后连接优先级低的层直到优先级最低的层。

（10）单击"编辑部件"对话框中"结构材质"后的"浏览器"按钮 **…**，弹出"材质浏览器"对话框，如图3-5-11所示，选择对应的材料，其他属性默认。

（11）单击"确定"按钮，返回"编辑部件"对话框。

（12）可单击"向上（U）"或"向下（O）"调整当前层所在的位置，单击"预览"按钮，可以查看设置的层的情况，如图3-5-12所示。

（13）连续单击"确定"按钮，完成对所选墙体的修改。

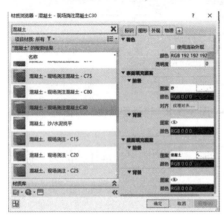

图3-5-11 "材质浏览器"对话框

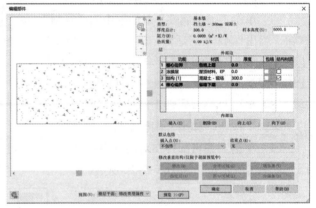

图3-5-12 "编辑部件"对话框

任务总结

（1）单击"结构"选项卡"结构"面板中的"墙：结构"按钮 ◻，切换至"修改 | 放置结构墙"上下文选项卡和选项栏。

（2）在"属性"面板中单击"编辑类型"按钮，选择一个墙体类型，然后修改约束、结构、尺寸等参数，其他采用默认设置。

（3）采用绘制面板中的命令进行墙体绘制。

（4）选中已建墙体，在"属性"面板中可以对其参数进行修改。

（5）选中需要修改的墙体，单击"修改 | 墙"上下文选项卡"模式"面板中的"编辑轮廓"按钮 ◪，切换至"修改 | 墙 > 编辑轮廓"上下文选项卡。

（6）使用"修改"和"绘制"面板上的命令可以对该墙体轮廓进行调整。

任务 3.6 创建结构板

⫶· 任务要求

根据施工图《结施 –10》《结施 –11》《结施 –12》的要求，完成员工宿舍楼结构板的创建。

⫶· 相关知识

微课：创建结构板

结构板是一种分隔称重构件，是工程建筑中作为楼地面使用的水平结构构件，主要承担人、家具及楼板自重通过墙体、梁、柱传递给基础。

绘制结构板要先选择支撑构件墙体、梁或绘制楼板范围来创建构件。

（1）在 F1 结构平面视图中，单击"结构"选项卡"结构"面板"楼板"下拉列表中的"楼板：结构"按钮 ，切换至"修改 | 创建楼层边界"上下文选项卡和选项栏，如图 3-6-1 所示。

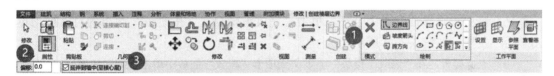

图 3-6-1 修改 | 创建楼层边界选项卡和选项栏

1）①绘图区：包括绘图命令，编辑模式的完成和取消，绘图指令包括"边界线""坡度箭头"和"跨方向"三种方式。

2）②偏移：用于设定楼板轮廓线的偏移值。

3）③延伸到墙中（至核心层）：测量到核心层的偏移距离。

（2）在"属性"面板类型选择器中选择"楼板：现场浇筑混凝土 225 mm"，其他均为默认值。

（3）可以通过单击"编辑类型"按钮对"族"进行更改，结构板绘制只对应有一个"系统族：楼板"，没有其他族类型可载入。

（4）如果修改板构件名称和板厚度等，可以在"类型属性"对话框中，修改"名称"和编辑"尺寸"参数，如图 3-6-2 所示。

（5）完成上述步骤后，单击"确定"按钮，返回绘制界面，单击"修改 | 创建楼层边界"上下文选项卡"绘制"面板中的"拾取墙"按钮，依次拾取一层外墙体，在拾取过程中，可以通过翻转箭头改变墙体的内外边线，如图 3-6-3 所示。

图 3-6-2　编辑结构板类参数

图 3-6-3　绘制墙体草图模式

提示

创建板时要求轮廓是首位相连的封闭且不重叠的轮廓线。

（6）修剪边线保证形成闭合环，单击"完成编辑模式"按钮✔，弹出的对话框均单击"否"按钮，如图 3-6-4 所示。

（7）点选楼板，在"修改 | 楼板"上下文选项卡"模式"面板中单击"编辑边界"按钮，进入楼板编辑界面，修改轮廓线，采用手动绘制✏形式，连接楼梯间墙体，打断楼梯间外墙体轮廓线，修剪板边缘线，单击"完成编辑模式"按钮✔，弹出的对话框均单击"否"按钮，如图 3-6-5 所示。

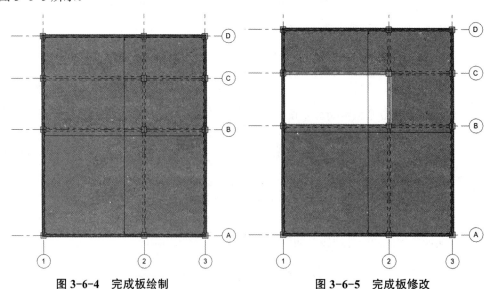

图 3-6-4　完成板绘制　　　　　　图 3-6-5　完成板修改

任务实施

（1）在 F1 结构平面视图中，单击"结构"选项卡"结构"面板"楼板"下拉列表中的"楼板：结构"按钮，切换至"修改 | 创建楼层边界"上下文选项卡和选项栏。

（2）在"属性"面板类型选择器中选择板的类型为"楼板：现场浇筑混凝土 225mm"，单击"类型属性"按钮，在弹出的"类型属性"对话框中单击"复制"按钮，在弹出的"名称"对话框中将"名称"命名为"现场浇注混凝土 100mm"，单击"确定"按钮，如图 3-6-6 所示。

（3）在"类型属性"对话框中单击"结构"后的"编辑"按钮，弹出"编辑部件"对话框，修改"结构"层厚度为 100 mm，其他层默认为 0，单击"确定"按钮后设置完成。

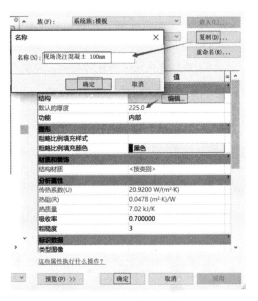

图 3-6-6　修改参数

（4）绘制一层楼地板，单击"拾取墙"按钮，依次拾取一层外墙体。

（5）修剪边线保证形成闭合环，单击"完成编辑模式"按钮，如图 3-6-7 所示。

（6）楼梯间板需要开洞：点选一层楼板，在"修改 | 墙"上下文选项卡中单击"编辑边界"按钮，进入楼板编辑界面，修改轮廓线，采用手动绘制形式。

（7）沿楼梯间墙体绘制楼板轮廓线，将楼梯间外墙轮廓线打断，修剪板轮廓线，单击"完成编辑模式"按钮，如图 3-6-8 所示。

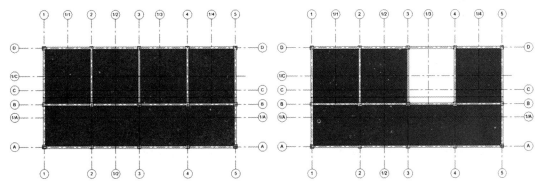

图 3-6-7　完成项目 F1 结构层板绘制　　　图 3-6-8　完成项目 F1 结构层板修改

任务总结

（1）在结构平面视图中，单击"结构"选项卡"结构"面板"楼板"下拉列表中的"楼板：结构"按钮，切换至"修改 | 创建楼层边界"上下文选项卡和选项栏。

（2）在"属性"面板类型选择器下拉菜单中选择楼板类型，其他均为默认值。

（3）结构板绘制只对应一个"系统族：楼板"，没有其他族类型可载入。

（4）如果修改板构件名称和板厚度等，可以单击"编辑类型"按钮 🔳，在弹出的"类型属性"对话框中修改"名称"和"尺寸"参数。

（5）单击"拾取墙"按钮，依次拾取一层外墙体，在拾取过程中，可以通过翻转箭头改变墙体的内外边线。

（6）修剪边线保证形成闭合环，单击"完成编辑模式"按钮 ✅，弹出的对话框均单击"否"。

（7）点选楼板，在"修改 | 楼板"上下文选项卡"模板"面板中单击"编辑边界"按钮 🔳，进入楼板编辑界面，修改轮廓线，采用手动绘制形式，连接楼梯间墙体，打断楼梯间外墙体轮廓线，修剪板边缘线，单击"完成编辑模式"按钮 ✅，弹出来的对话框均单击"否"按钮，完成墙体绘制。

⁝⁝· 任务拓展

其他楼层板可以采用"复制到剪贴板"→"粘贴"→"与选定的标高对齐"快速创建。

绘制斜楼板，斜楼板是带有坡度的，所以绘制过程中会用到"坡度箭头"。

（1）在 F5 结构平面视图中，单击"结构"选项卡"结构"面板"楼板"下拉列表中的"楼板：结构"按钮 ⌒，切换至"修改 | 创建楼层边界"上下文选项卡和选项栏。

（2）在"属性"面板类型选择器中选择板的类型为"楼板：现场浇筑混凝土 100 mm"，其他采用默认设置。

（3）在"绘制"面板中，单击"绘制边界线"按钮 ⺆，选择绘制方式为"矩形"按钮 ▭。

（4）单击"绘制"面板中的"坡度箭头"按钮 ◢ 和"直线"按钮 ✎，捕捉边界线的终点绘制坡度箭头如图 3-6-9 所示，坡度箭头必须始于现有的绘制线。

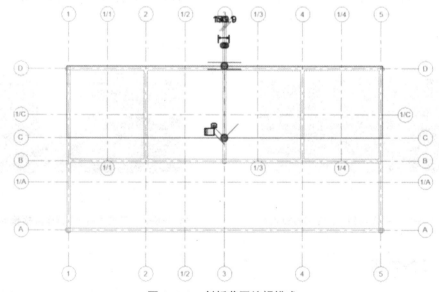

图 3-6-9　斜板草图编辑模式

（5）在"属性"面板中调整相关参数，如图 3-6-10 所示。

1）①指定：选择用来定义坡度的办法，包括"坡度"和"尾高"。"坡度"即通过坡度值定义楼板坡度;"尾高"即通过指定坡度箭头的头和尾的高度值定义坡度,不同选择对应的属性选项板如图3-6-11所示。选用指定"尾高"后,"坡度"和"长度"默认自动计算;选用指定"坡度"后,"最高处标高""头高度偏移"和"长度"均自动计算。

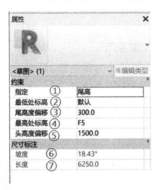 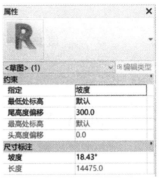

图 3-6-10　指定尾高绘制方试　　图 3-6-11　指定坡度绘制方式

2)②最低处标高:指定与坡度箭头的尾部关联的标高。

3)③尾高度偏移:指定倾斜表面相对于"最低处标高"的起始高度,如果其起点在标高之下,需要输入负值。

4)④最高处标高:指定与坡度箭头的头部关联的标高。

5)⑤头高度偏移:指定倾斜表面相对于"最高处标高"的终止高度,如果在标高之下终止,需要输入负值。

6)⑥坡度:指定斜表面的斜率(高/长),在指定尾高方式后坡度默认。

7)⑦长度:指定该线的实际长度,在指定尾高方式后长度默认。

(6)单击"完成编辑模式"按钮，弹出提示单击"否"按钮,完成对楼板的添加,如图3-6-12所示。

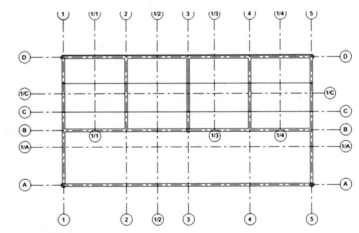

图 3-6-12　询问对话框及绘制斜板图

(7)切换到东立面视图如图3-6-13(a)所示。

(8)重复步骤(1)～(7)绘制另一半的屋面楼板,此次选用"75 mm 金属屋顶板","坡度箭头"采用"坡度"为15°的方式绘制,最终绘制的立面图如图3-6-13(b)所示。

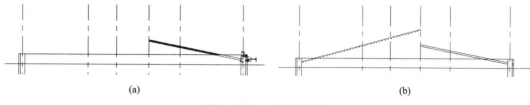

(a)　　　　　　　　　　　　　　　(b)

图 3-6-13　东立面视图

任务 3.7　创建楼梯

∷ 任务要求

查阅图纸《结施-14》完成员工宿舍楼楼梯的创建。

∷ 相关知识

楼梯在建筑物中作为楼层间垂直交通用的构件，用于楼层之间和高差较大时的交通联系，在设有电梯、自动梯作为主要垂直交通手段的多层和高层建筑中也要设置楼梯供火灾时逃生。楼梯设计要结合使用环境、用途和防火标准等相关规范进行。

楼梯构件编辑模式在平面图或三维图中进行均可，楼梯编辑包括"梯段""平台"和"支座"。梯段：包含直梯、全踏步螺旋、圆心-端点螺旋、L形转角、U形转角、草图模式；平台：拾取两个梯段创建或者自定义创建的两种方式；支座：通过拾取各梯段或平台的边创建支座。

楼梯绘制步骤如下：

（1）在"项目浏览器"中双击"结构平面"下的 F1，切换视图为一层结构平面图。

（2）单击"建筑"选项卡 "楼梯坡道"面板中的"楼梯" 按钮，切换至"修改|创建楼梯"选项卡和选项栏。

（3）设置定位线选项为"梯段：中心"。"偏移量"为 0，实际梯段宽度为"1000"，勾选"自动平台"复选框。

（4）在"属性"面板单击"编辑类型"按钮，系统弹出"类型属性"对话框，修改楼梯参数值，如图 3-7-1 所示。

图 3-7-1　楼梯"类型属性"对话框

1）最大梯面高度：即指定楼梯每一级踏步的最大高度。

2）最小踏板深度：即指定楼梯每一级踏面的最小宽度。

3）最小梯段宽度：设置常用梯段的宽度初始值，此参数不影响创建绘制的梯段。

4）梯段类型：定义楼梯构件图元中所有梯段的类型。

5）平台类型：定义楼梯构件图元中所有平台的类型。

6）功能：指定楼梯是"内部"或者"外部"楼梯。

7）右侧/左侧/中部支撑：是否在楼梯中应用右侧/左侧/中部支撑，是否连同楼梯一起创建右侧/左侧梯边梁（闭合）、支撑梁（开放）。

8）右侧/左侧/中部支撑类型：定义用于楼梯右侧/左侧/中部支撑的类型。

9）右侧/左侧侧向偏移（中部支撑数量）：将楼梯右侧/左侧支撑从梯段边缘以水平方向偏移（定义用于楼梯中部支撑的数量）。

（5）单击"编辑类型"按钮，系统弹出"类型属性"对话框，将族选择为"系统族：现场浇筑楼梯"，单击"平台类型"栏后的按钮，如图3-7-2所示，在弹出的对话框中单击"复制"按钮，弹出"名称"对话框，将名称修改为"平台100mm厚度"，单击"确定"按钮，再修改整体厚度为"100"，单击"确定"按钮，返回原来的"类型属性"对话框，再次单击"确定"按钮，完成楼梯属性修改。

（6）楼梯"属性"面板设置如图3-7-3所示。

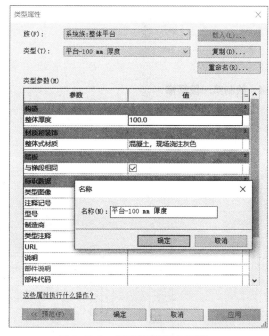

图3-7-2 设置楼梯平台属性

图3-7-3 属性参数设置

1）底部标高：设置楼梯的基面，即楼梯起始地面所在的标高。

2）底部偏移：设置楼梯相对于底部标高偏移的高度值。

3）顶部标高：设置楼梯的顶部高度，以及该层楼梯终止地面的高度。

4）顶部偏移：设置楼梯相对于顶部标高偏移的高度值。

107

5）所需的楼梯高度：会根据楼梯设置的底部标高和顶部标高计算为默认值。

6）所需踢面数：踢面数是基于标高间的高度计算出来的。

7）实际踢面数：通常此值与所需踢面数相同，如果没有给楼梯设置完整的正确的踢面数会造成两值不同。

8）实际踢面高度：显示设置下的实际踢面的高度值。

9）实际踏板深度：设置此值以修改踏板深度，不用创建新的楼梯类型。

（7）应用"梯段"和"直梯"按钮绘制楼梯路径，如图 3-7-4、图 3-7-5 所示，默认情况下创建梯段时会自动创建栏杆扶手。

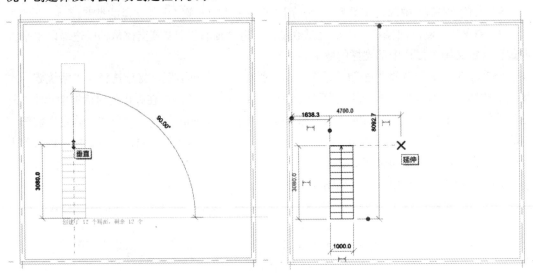

图 3-7-4　绘制第一段楼梯

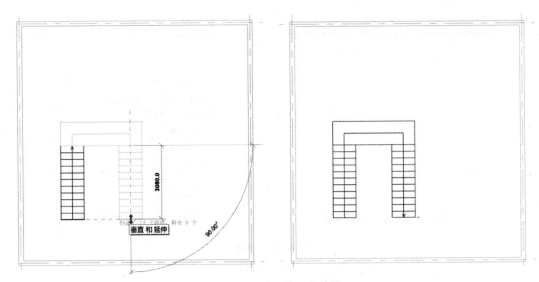

图 3-7-5　绘制第二段楼梯

（8）选择第二梯段，拖拽增加两个踏步，如图 3-7-6 所示。

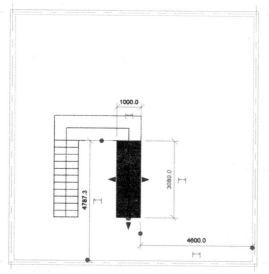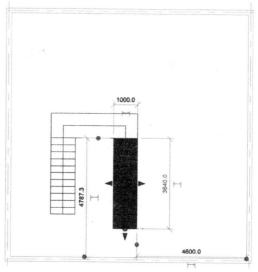

图 3-7-6　拖拽修改楼梯

（9）单击"完成编辑模式"按钮，完成楼梯创建，如图 3-7-7 所示。

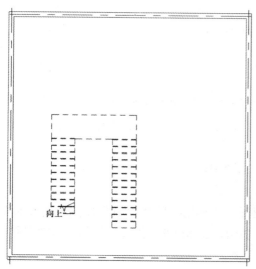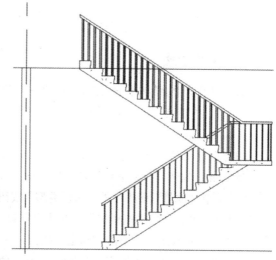

图 3-7-7　修改后的楼梯三维视图

（10）在 F1 平面，选择平台，更改尺寸，改变平台宽度，如图 3-7-8 所示。

（11）如果需要楼梯与墙对齐，则在平面中选中楼梯，单击"对齐"按钮，使得墙体与楼梯边缘对齐，单击墙体与楼梯接触边缘的锁，将其锁定，再将平台边缘与对应墙体对齐、锁定，如图 3-7-9 所示。

（12）按 Esc 键退出编辑模式，完成直楼梯整体编辑。

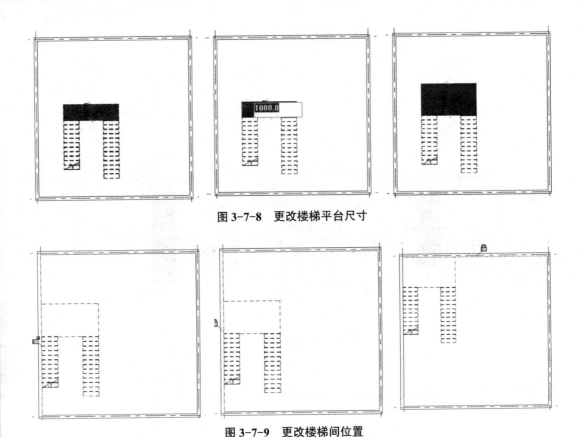

图 3-7-8　更改楼梯平台尺寸

图 3-7-9　更改楼梯间位置

∴ 任务实施

（1）打开 F1 层结构平面视图，导入"一层建筑平面图"CAD 底图并锁定。

（2）单击"建筑"选项卡"楼梯坡道"面板中的"楼梯"按钮 ◎，切换至"修改 | 创建楼梯"上下文选项卡和选项栏。

（3）在选项栏中设置定位线为"楼梯：中心"，"偏移"量为 0，楼梯"实际梯段宽度"为 1 350 mm，勾选"自动平台"复选框。

（4）单击"属性"面板中的"编辑类型"按钮 ，在弹出的"类型属性"对话框中将"族"选择为"系统族：现场浇筑楼梯"，单击"复制"按钮，在弹出的"名称"对话框中将"名称"命名为"楼梯 - 双跑"，单击"确定"按钮，如图 3-7-10 所示。

（5）修改"最小梯段宽度"为 1350，其他值默认，单击"确定"按钮。

（6）"属性"面板设置如图 3-7-11 所示。

（7）在"属性"面板类型选择器中选择"现场浇筑楼梯：楼梯 - 双跑"，单击"编辑类型"按钮，在弹出的"类型属性"对话框中单击"复制"按钮，在弹出的"名称"对话框中将"名称"命名为"100mm 厚度"，单击"确定"按钮。

（8）修改整体厚度为 100，对话框中均单击"确定"按钮，完成楼梯属性修改。

（9）单击"梯段"按钮 ◎ 和"直梯"按钮 ▥ 绘制楼梯路径，如图 3-7-12 所示，默认情况下创建梯段时会自动创建栏杆扶手。

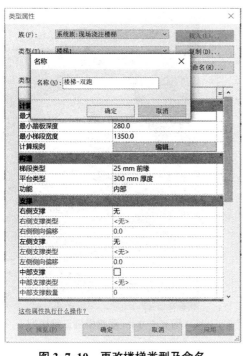

图 3-7-10　更改楼梯类型及命名　　　　图 3-7-11　双跑楼梯属性参数设置

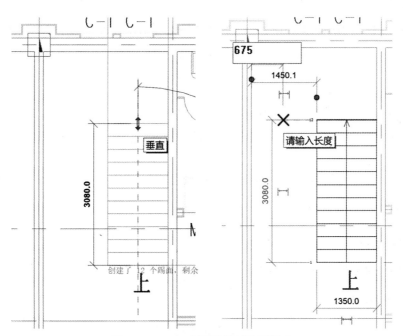

图 3-7-12　双跑楼梯绘制草图模式

（10）点选平台，修改尺寸为 1 500，如图 3-7-13 所示。

（11）单击"修改"面板中的"对齐"按钮，使平台板与墙体对齐并将其锁定。

（12）单击"完成编辑模式"按钮，完成楼梯创建。

（13）按 Esc 键退出编辑模式，完成直楼梯整体编辑，楼梯三维模型如图 3-7-14 所示。

模块 1　模块 2　模块 3　模块 4　模块 5　模块 6

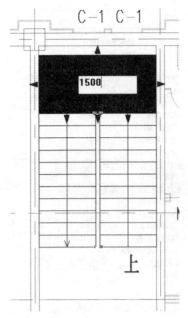

图 3-7-13　修改楼梯休息平台宽度

图 3-7-14　双跑楼梯三维模型

:∴ 任务总结

（1）在 F1 层结构平面视图中单击"建筑"选项卡"楼梯坡道"面板中的"楼梯"按钮，切换至"修改|创建楼梯"上下文选项卡和选项栏。

（2）设置定位线为"楼梯：中心"，设置"偏移量"和楼梯"实际梯段宽度"，勾选"自动平台"复选框。

（3）在"属性"面板的类型选择器中选择楼梯类型。

（4）单击"属性"面板中的"编辑类型"按钮，在弹出的"类型属性"对话框中修改"类型参数"。

（5）单击"梯段"按钮 和"直梯"按钮 绘制楼梯路径，默认情况下创建梯段时会自动创建栏杆扶手。

（6）点选平台，修改尺寸。

（7）调整楼梯构件位置与图纸一致。

（8）单击"完成编辑模式"按钮 ，完成楼梯创建。

:∴ 任务拓展

全踏步螺旋梯绘制

（1）打开结构层 F1 平面视图，单击"建筑"选项卡"楼梯坡道"面板中的"楼梯"按钮，切换至"修改|创建楼梯"上下文选项卡，在"构件"面板中单击"全踏步旋转"按钮 ，在选项栏中"实际楼梯宽度"设置为 2 000，勾选"自动平台"复选框，指定旋转中心，移动鼠标光标确定半径，如图 3-7-15 所示。

（2）"属性"面板相关参数设置如图 3-7-16 所示。

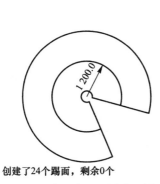

创建了24个踢面，剩余0个

图 3-7-15 全踏步螺旋梯草图模式

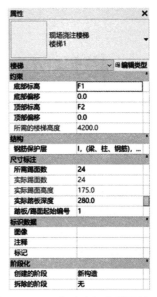

属性	✕
	现场浇注楼梯 楼梯1
楼梯	▼ ⊞编辑类型
约束	
底部标高	F1
底部偏移	0.0
顶部标高	F2
顶部偏移	0.0
所属的楼梯高度	4200.0
结构	
钢筋保护层	I, (梁、柱、钢筋), …
尺寸标注	
所需踢面数	24
实际踢面数	24
实际踢面高度	175.0
实际踏板深度	280.0
踏板/踢面起始编号	1
标识数据	
图像	
注释	
标记	
阶段化	
创建的阶段	新构造
拆除的阶段	无

图 3-7-16 全踏步螺旋梯属性设置

（3）单击"完成编辑模式"按钮✔。

（4）双击楼梯，在"修改｜创建楼梯"上下文选项卡"工具"面板中单击"翻转"按钮▦，可改变楼梯方向，单击"完成编辑模式"按钮✔，如图 3-7-17 所示。

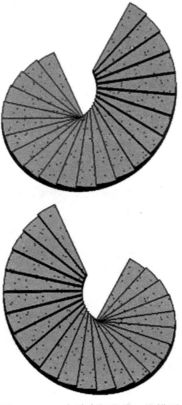

图 3-7-17 全踏步螺旋梯三维模型

模块 4　建筑专业建模

教学目标

本模块主要介绍建筑专业建模，熟悉建筑模型创建的工作流程；掌握建筑墙体、门窗、族、幕墙、屋顶、室外附属、栏杆扶手、概念体量创建的方法。

教学要求

任务点	知识要点	能力目标	素质目标
建筑模型创建流程	BIM 建筑建模创建流程及工作特点	具有规划建筑专业建模工作流程的能力	具备团队协作精神、工作流程规范化意识
创建建筑墙	1. 墙体的属性参数设置； 2. 墙体的编辑； 3. 复合墙的绘制； 4. 墙体的附着和分离	1. 具备创建与编辑案例项目墙体的能力； 2. 具备创建与编辑其他项目墙体的迁移能力	
创建门窗	1. 门窗的族类型； 2. 门窗的参数设置； 3. 门窗的绘制与编辑	1. 具备创建与编辑案例项目门窗的能力； 2. 具备创建与编辑其他项目门窗的迁移能力	
创建族	1. 族的创建方法； 2. 族参数设置； 3. 族编辑与应用	1. 具备创建与编辑族的能力； 2. 能够设置族材质、尺寸等参数，设置其在不同视图的可见性	1. 具备干一行爱一行，做一行，精一行的工匠精神； 2. 具备遵循标准和规范的意识； 3 具备严谨细致的工作作风； 4. 具备团队协作精神和创新思维
创建幕墙	1. 幕墙的创建与编辑； 2. 幕墙网格的划分与编辑、幕墙竖梃的添加与修改； 3. 幕墙嵌板的替换	1. 具备创建常见线型幕墙的能力； 2. 具备创建弧形幕墙、体量幕墙系统的迁移能力	
创建屋顶	迹线屋顶、拉伸屋顶、面屋顶、屋檐底板、檐沟等的创建与编辑方法	1. 具备创建屋顶的能力； 2. 具备编辑屋顶及创建拉伸屋顶、面屋顶的迁移能力	
室外附属工程	1. 台阶的绘制方法； 2. 散水的创建与编辑方法； 3. 坡道的创建方法	1. 具备创建与编辑台阶、坡道、散水的能力； 2. 具备创建其他室外附属构件的迁移能力	
创建栏杆扶手	1. 栏杆扶手的创建； 2. 栏杆扶手的定义及编辑方法	1. 具备创建简单栏杆扶手的能力； 2. 具备编辑复杂栏杆扶手的迁移能力	
建筑概念体量	1. 体量的应用场景； 2. 一般体量的创建方法	1. 具备创建与编辑体量的能力； 2. 具备创建与编辑其他项目体量的迁移能力	

任务 4.1 建筑模型创建流程

任务要求

熟悉 BIM 建筑建模的创建流程。

相关知识

4.1.1 建筑选项卡功能

建筑工程由基本的建筑构件组成，建筑建模对应在 Revit 软件的建筑样板中，因此，建模前首先了解对应项目中涉及的构件，然后熟悉对应构件建模的命令。

启动 Revit 2020，单击"建筑"选项卡，如图 4-1-1 所示，建筑建模包含"构建""楼梯坡道""模型""房间面积""洞口""基准""工作平面"七个面板，涵盖所有建筑建模的命令，根据建模需要进行选择。

图 4-1-1 "建筑"选项卡

4.1.2 BIM 建筑建模流程

基于本案例员工宿舍楼项目的建筑模型创建，首先需要找到对应的图纸，识别图纸中的有效信息；其次根据建筑模型搭建的流程，分别创建墙、门、窗、屋顶、室外附属构件、室内装修等建筑构件。

1. 建筑图纸解读

（1）《建施 -01》关注建筑楼层信息表。

（2）《建施 -02》《建施 -03》关注门窗表及门窗详图信息与了解室内装修做法表。

（3）《建施 -04》关注一层内外墙的平面定位、墙厚、标高信息，以及门、窗、台阶、散水定位信息。

（4）《建施 -05》关注二层内外墙的平面定位、墙厚、标高信息，以及门、窗定位信息。

（5）《建施 -06》关注三层内外墙的平面定位、墙厚、标高信息，以及门、窗定位信息。

（6）《建施 -07》关注屋顶层平面定位信息。

（7）《建施 -08》关注员工宿舍楼标高体系，各立面图的构件数量及构件定位关系。

（8）《建施 -10》关注各层楼梯剖面、挑檐天沟信息、卫生间大样图信息。

115

2. Revit 建筑功能解读

（1）可使用"墙：建筑""对齐""复制到剪贴板""粘贴"等命令创建全楼墙。

（2）可使用"门""嵌板门""复制到剪贴板""粘贴"等命令创建全楼门。

（3）可使用"窗""复制到剪贴板""粘贴"等命令创建全楼窗。

（4）可使用"栏杆扶手"等命令创建楼梯护栏。

（5）可使用"编辑轮廓""参照平面""拆分图元""修剪/延伸为角"等命令创建全楼洞口。

（6）可使用"楼板：建筑"等命令创建室外台阶。

（7）可使用"轮廓族"命令创建散水轮廓。

（8）可使用"墙：饰条""修改转角""连接几何图形"等命令创建及修剪散水。

（9）可使用"楼板：建筑""坡度箭头""栏杆扶手""栏杆扶手－放置在主体上"等命令创建栏杆。

3. 建筑模型创建流程

通过查阅《建施–02》项目概况，了解员工宿舍楼结构类型为框架结构。根据图纸信息结合 Revit 软件的建模工具，归纳出本模块建筑模型创建的流程，如图 4-1-2 所示。下面将按照构件类型依据此建筑建模流程进行员工宿舍楼整体建筑模型的搭建。

创建建筑墙 ➤ 创建门、窗、洞口 ➤ 创建零星构件 ➤ 创建室内外装修

图 4-1-2　BIM 建筑建模流程

∷· 任务总结

建筑模型创建注意基于样板文件统一项目基点，便于后期各专业模型的整合。也可以在结构模型完成后，链接结构模型进行创建。总体来说，建筑模型可按照先主体后零星、先下后上的顺序建模。

任务 4.2　创建建筑墙

∷· 任务要求

在熟悉建筑建模流程的基础上，完成员工宿舍楼项目内外墙的创建。

∷· 相关知识

微课：创建建筑墙

4.2.1　墙体简介

墙体是建筑的重要组成部分，根据需求不同，设计时会综合考虑墙体外观、材质、功

能、是否承重等，因此就有了很多种类型的墙体，如隔墙、幕墙、防火墙、叠层墙、复合墙、异形墙体等。

在"建筑"选项卡"构建"面板中单击"墙"下拉按钮，打开墙类型下拉列表，Revit提供了"墙：建筑""墙：结构""面墙"三种创建方式供选择，如图4-2-1所示。

（1）"墙：建筑"：非承重墙体，一般用来创建填充墙、隔墙。

（2）"墙：结构"：承重墙体如剪力墙，使用该工具创建的墙体可以在结构专业中为墙图元指定结构受力计算模型，绘制方法与建筑墙完全相同。

（3）"面墙"：根据体量或常规模型表面生成墙体图元。

图 4-2-1　建筑墙工具

4.2.2　创建墙体类型

（1）单击"建筑"选项卡"构件"面板"墙"下拉列表中的"墙：建筑"按钮，注意在平面视图中，"墙：饰条"和"墙：分隔条"选项不可以使用。

（2）在"属性"面板类型选择器中选择"常规–200 mm"选项，如图4-2-2所示。单击"编辑类型"按钮，弹出"类型属性"对话框。

（3）在"类型属性"对话框中单击"复制"按钮，弹出"名称"对话框输入墙体名称，如图4-2-3所示。

图4-2-2　墙类型属性

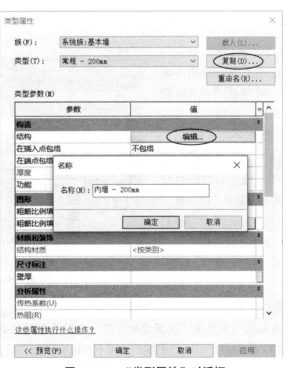

图4-2-3　"类型属性"对话框

117

（4）单击"类型属性"对话框"结构"后的"编辑"按钮，弹出"编辑部件"对话框，单击"插入"按钮，添加两个结构层，通过"向上""向下"按钮调整两个结构层的位置，并选择"面层1［4］"选项作为功能名称，如图4-2-4所示。

（5）选择"面层1［4］"，单击材质列＜按类别＞后的浏览按钮，在弹出的"材质浏览器"对话框上方搜索框内输入"涂料"。在搜索结果中选择"涂料－黄色"，单击鼠标右键复制该材质，产生名称为"涂料－黄色（1）"的材质副本，修改其名称为"别墅－内墙－200 mm－涂料－白色"，如图4-2-5所示。

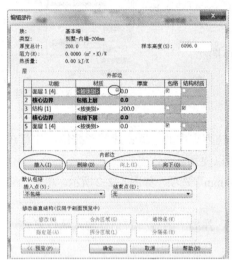

图4-2-4　"编辑部件"对话框

图4-2-5　复制并修改材质名称

如果"材质浏览器"对话框左下方的材质库未打开，可单击"显示／隐藏材质库"按钮使其显示出来，如图4-2-6所示。

（6）单击"着色"选项下"颜色"后面的色块条，弹出"颜色"对话框，选择"白色"，单击"确定"按钮，返回"材质浏览器"对话框。

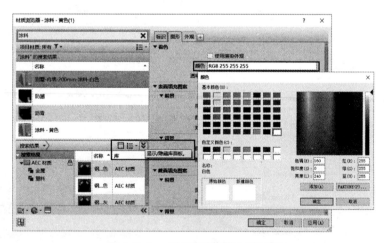

图4-2-6　"材质浏览器"对话框

提示

着色选项下勾选"使用渲染外观"，则着色颜色会自动选用渲染材质的颜色。

（7）单击"表面填充图案"选项下"填充图案"后面的"无"，弹出"填充样式"对话框，选择"沙"，单击"编辑"按钮，弹出"修改填充图案属性"对话框，可进一步修改填充图案，如图4-2-7、图4-2-8所示。修改完成后，单击"确定"按钮，返回"材质浏览器"对话框。

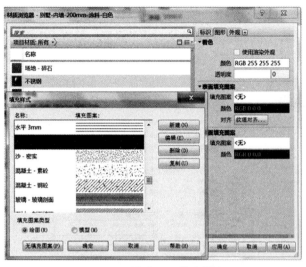

图 4-2-7　设置表面"填充样式"　　　　图 4-2-8　　"修改填充图案属性"对话框

提示

　　表面填充图案有"模型"和"绘图"两种。区别在于当前视图比例更改时，模型填充图案对于模型保持固定尺寸，看上去会产生实物感官的变化，而绘图填充图案相对于图纸保持固定尺寸，不随视图比例的变化而变化。

　　（8）单击"截面填充图案"选项下"截面填充图案"后面的"无"，弹出"填充样式"对话框，选择"三角形"选项，如图 4-2-9 所示。单击"确定"按钮，返回"材质浏览器"对话框。

图 4-2-9　设置截面填充样式

　　（9）切换至"外观"选项卡，可以进一步设置渲染材质。单击右上角"替换此资源"按钮，弹出"资源浏览器"对话框，在搜索框中输入"白色"，选择合适材质，单击后面的"使用此资源替换编辑器中的当前资源"按钮🔁，完成面层材料渲染材质的设置，如图 4-2-10、图 4-2-11 所示。

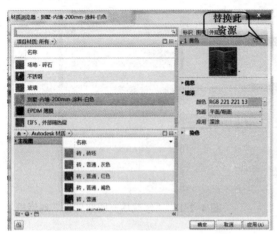

图 4-2-10　"材质浏览器"对话框　　　　　图 4-2-11　"资源浏览器"对话框

（10）另一面的面层材质相同，因此可以将设置好的材质复制，在材质列表下，选择设置好的材质名称按快捷键"Ctrl+C"，单击另一面材质的 < 按类别 > 按快捷键"Ctrl+V"，完成另一面材质的设置。

（11）设置结构层的材质。选择"结构 [1]"，单击材质列 < 按类别 > 后的浏览按钮，在弹出的"材质浏览器"对话框上方搜索框中输入"混凝土"。在搜索结果中选择"混凝土砌块"，单击鼠标右键复制该材质，修改材质名称为"别墅 – 内墙 -200 mm- 混凝土砌块"，如图 4-2-12 所示。单击"确定"按钮，返回"编辑部件"对话框。

（12）最后在厚度列设置两个面层的厚度为 10 mm，结构层为 200 mm。这样建筑内墙的材质设置完成，结果如图 4-2-13 所示。

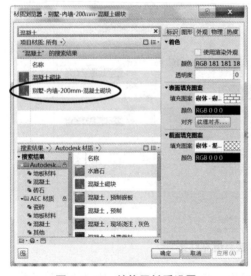

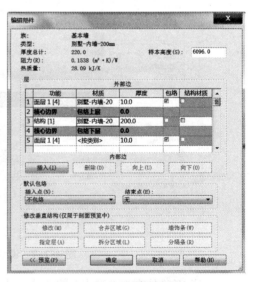

图 4-2-12　结构层材质设置　　　　　　　图 4-2-13　设置面层厚度

（13）编辑部件对话框中默认有"插入点"和"结束点"两种包络方式。

1）"插入点"包络用于控制墙体中插入门窗洞口时，非核心构造层在墙断点处的处理方法。图 4-2-14 所示为不同类型墙体插入窗的四种包络效果。

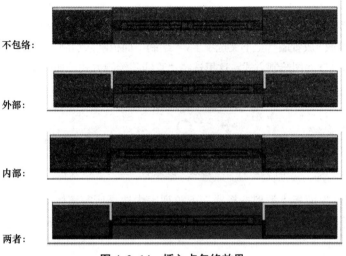

图 4-2-14　插入点包络效果

2）"结束点"包络用于控制墙在端点非核心构造层的处理方式，可分为"内部""外部"和"无"三个选项。图 4-2-15 所示为不同类型墙在端点处的三种包络效果的对比。

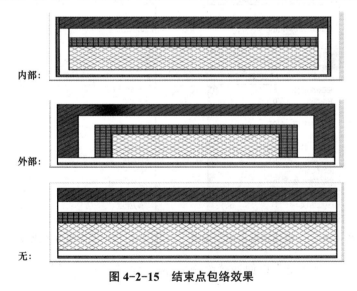

图 4-2-15　结束点包络效果

4.2.3　墙体绘制

（1）本节绘制墙体采用链接 CAD 底图的方式，按照模块 2 任务 2.3 创建轴网介绍的 CAD 底图链接的方法，将 CAD 底图一层平面图链接到 F1 楼层平面视图中。

提示

CAD底图轴网应与项目轴网对齐，CAD底图对齐轴网建议将底图锁定，避免无意选中底图移动位置。

（2）在"建筑"选项卡"构件"面板中单击"墙"下拉按钮，在下拉列表中单击"墙：建筑"按钮，切换至"修改|放置墙"上下文选项卡，"绘制"面板默认绘制方式为"直线"，也可选择"拾取线"拾取CAD底图绘制方式，这里选择"直线"绘制方式，如图4-2-16所示。

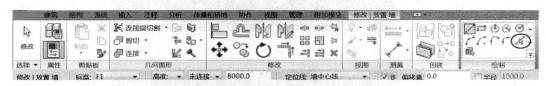

图4-2-16　"修改|放置墙"上下文选项卡

（3）在"属性"面板"类型选择器"下拉列表中选择所需墙体类型，并设置墙高度限制条件，底部限制条件为F1，顶部限制条件为F2，如图4-2-17所示，则将按一层层高绘制墙体。

如需不按层高绘制墙体，如女儿墙，可将顶部约束设置为"未连接"，无连接高度设置为所需墙高值，如"1200.0"，如图4-2-18所示。

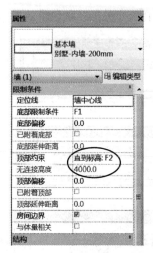

图4-2-17　墙体按层高属性设置　　图4-2-18　墙体高度修改设置

（4）在选项栏勾选"链"以便连续绘制墙体，定位线选择"墙中心线"。绘制结果如图4-2-19所示。

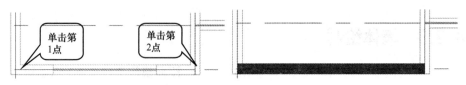

图4-2-19　按墙中心线定位墙体示意

定位线用于绘制墙体时定位墙体位置，Revit 提供了 6 种选项，通过单击"选项栏"定位线后面小三角按钮可展开选择，如图 4-2-20 所示，显示了不同定位线设置的结果。

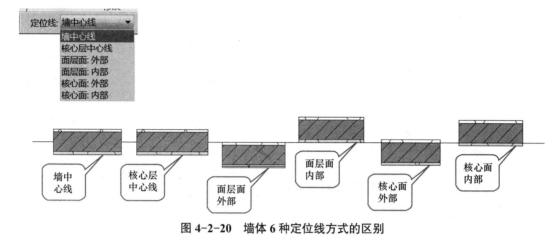

图 4-2-20　墙体 6 种定位线方式的区别

提示

墙体绘制时按顺时针方向绘制则正确显示内外构造层，如果内外构造层反向了，可选择墙体按空格键反转。

4.2.4　墙体编辑

1. 编辑墙体轮廓

一般绘制的墙体轮廓为矩形，如果想设计成其他轮廓形状或墙中开洞，则需要在立面视图或剖面视图中对墙体轮廓进行编辑。操作方法如下：

（1）修改已绘制的墙体轮廓可选择墙体后隔离墙体，切换至立面视图中。

选中墙体后，在"修改｜墙"上下文选项卡"模式"面板中单击"编辑轮廓"按钮，如图 4-2-21 所示。在弹出的"转到视图"对话框中选择一个立面视图，单击"打开视图"按钮，切换至立面视图，此时绘图区域墙体轮廓线呈亮红色显示，其他图元灰显。在"修改｜墙＞编辑轮廓"上下文选项卡"绘制"面板中选择"直线"绘制方式。绘制轮廓如图 4-2-22 所示。

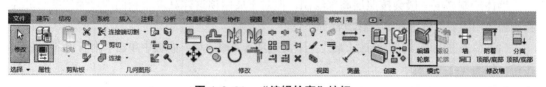

图 4-2-21　"编辑轮廓"按钮

（2）单击"修改"面板"拆分图元"按钮，在墙体下边线上单击一点，使用"修剪｜延伸为角"按钮修改墙体轮廓，如图 4-2-23 所示。

（3）选择绘制的轮廓线，修改临时尺寸标注值调整轮廓值位置，单击"完成编辑模式"按钮，如图 4-2-24 所示，完成墙体轮廓编辑，效果如图 4-2-25 所示。

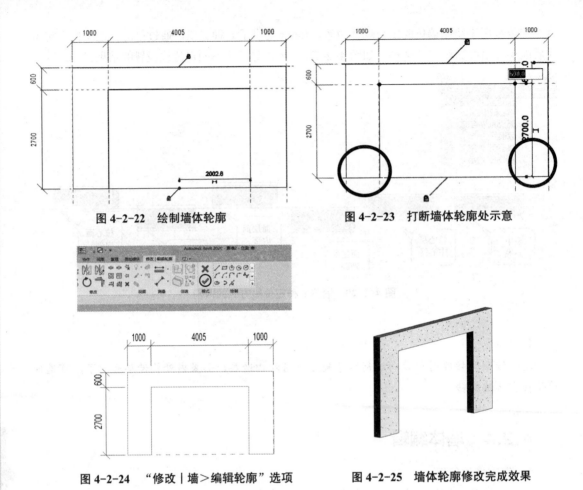

图 4-2-22　绘制墙体轮廓　　　　　　　图 4-2-23　打断墙体轮廓处示意

图 4-2-24　"修改｜墙＞编辑轮廓"选项　　图 4-2-25　墙体轮廓修改完成效果

提示

　　编辑墙体轮廓线后单击"√"按钮，如弹出警示提示时，一般可根据轮廓线橙色高亮显示部位检查是否线条有重复，或是相　线条是否未闭合保证轮廓线尾相连成闭合状态。

2. 附着/分离墙体

　　墙体绘制高度一般会按照层高来绘制，但对于坡屋顶这样高度不相同的，墙体要与之连接则需要用附着墙体方式。操作方法如下：

　　（1）单击选中墙，在"修改｜墙"上下文选项卡"修改墙"面板中单击"附着顶部/底部"按钮，如图 4-2-26 所示。

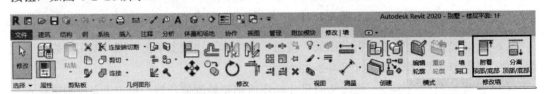

图 4-2-26　"修改｜墙"上下文选项卡

（2）单击选择屋顶，则墙体会自动与屋顶连接，结果如图 4-2-27 所示。

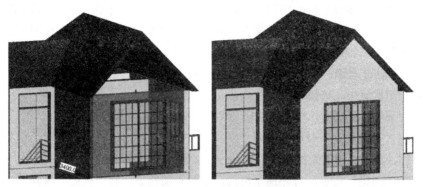

图 4-2-27　墙体附着屋顶效果

（3）如需取消墙体与屋顶的连接，则选择墙体后，选择"分离顶部 / 底部"选项，再选择要与之分离的屋顶即可。

3. 复制墙体

当前楼层的复制可在选择墙体后单击"修改｜墙"上下文选项卡"修改"面板中的"复制"按钮完成，在此不再赘述。对于不同楼层墙体相同时（如标准层墙体），则可采用以下操作方法：

（1）在当前层选择需要复制的墙体，在"修改｜墙"上下文选项卡"剪贴板"面板中单击"复制到剪贴板"按钮，如图 4-2-28 所示。

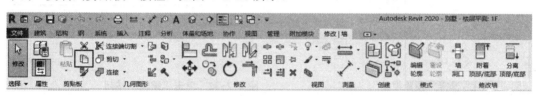

图 4-2-28　"复制到剪贴板"按钮

（2）在"修改｜墙"上下文选项卡"剪贴板"面板中单击"粘贴"按钮，在下拉列表中选择"与选定的标高对齐"选项，如图 4-2-29 所示。

（3）在弹出的"选择标高"对话框中选中所需复制墙体的楼层，单击"确定"按钮，完成墙体的层间复制，如图 4-2-30 所示。

图 4-2-29　"粘贴"下拉列表　　图 4-2-30　"选择标高"对话框

4. 复合墙

复合墙指的是由多种平行的层构成的墙。其既可以由单一材质的连续平面构成（如胶合板），也可以由多重材质组成（如石膏板、龙骨、隔热层、气密层、砖和壁板）。另外，构件内的每个层都有其特殊的用途。例如，有些层用于结构支座，而另一些层则用于隔热。可采用以下步骤创建复合墙：

（1）在绘图区域中，选择墙。

（2）在"属性"面板上，单击"编辑类型"按钮，弹出"类型属性"对话框。

（3）单击"类型属性"对话框中的"复制"按钮，在弹出的"名称"对话框中输入自定义的墙体名称，单击"确定"按钮。

（4）单击"预览"按钮，打开预览窗口，在预览窗格下，将"视图"选择为"剖面：修改类型属性"作为"预览视图"，如图4-2-31所示。

（5）单击"结构"参数后的"编辑"按钮，如图4-2-32所示，弹出"编辑部件"对话框。

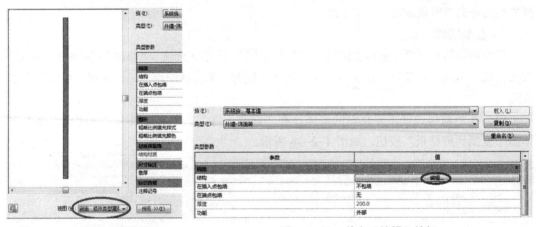

图 4-2-31　选择"预览视图"　　　　　图 4-2-32　单击"编辑"按钮

单击"插入"按钮增加新的层，修改插入层的功能，选择各层的材质，指定层的厚度，如图4-2-33所示。

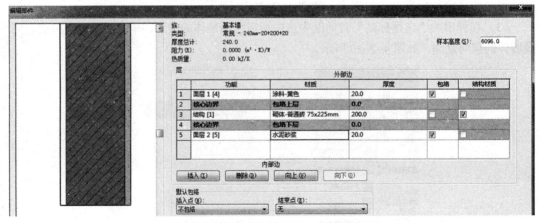

图 4-2-33　"编辑部件"对话框

默认情况下，每个墙体类型都有两个名为"核心边界"的层，这些层不可修改，也没有厚度。它们一般包拢着结构层，是尺寸标注的参照。如图 4-2-34 所示为核心边界显示为红色的复合几何图形。

（6）面层多材质复合墙。设置面层后，单击"拆分区域"按钮，如图 4-2-35 所示，移动光标到左侧预览框中，在墙左侧面层上捕捉一点，单击鼠标左键，会发现面层在该点处拆分为上下两部分。注意此时右侧栏中该面层的"厚度"值变为"可变"。

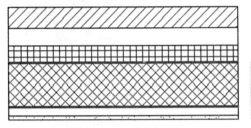

图 4-2-34　核心边界

图 4-2-35　"拆分区域"按钮

提示

单击"修改"按钮，单击选择拆分边界，编辑蓝色临时尺寸可以调整拆分位置。

在右侧栏中插入一个面层，移动至被拆分面层的上方，设置其"材质"，"厚度"值设为"0"，如图 4-2-36 所示。

层	功能	材质	厚度	包络	结构材质
			外部边		
1	面层 2 [5]	涂料-白色	0.0		
2	面层 1 [4]	涂料-黄色	20.0	☑	☐
3	**核心边界**	包络上层	**0.0**		
4	结构 [1]	砌体-普通砖 75x225mm	200.0	☐	☑
5	**核心边界**	包络下层	**0.0**		
6	面层 2 [5]	水泥砂浆	20.0	☑	☐

图 4-2-36　新加面层

再次单击新创建的面层，单击"指定层"按钮，移动光标到左侧预览框中，在拆分的面上单击鼠标左键，会将该新建的面层材质指定给拆分的面。注意刚创建的面层和原来的面层"厚度"都变为"20mm"，如图 4-2-37 所示。

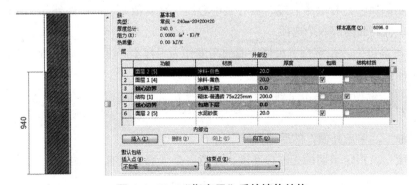

图 4-2-37　"指定层"后的墙体结构

单击"确定"按钮关闭所有对话框后，选择的墙变成了外涂层有两种材质的复合墙类型。

5. 叠层墙

Revit 包括用于为墙建模的"叠层墙"系统族，这些墙包含一面接一面叠放在一起的两面或多面子墙。子墙在不同的高度可以具有不同的墙厚度。叠层墙中的所有子墙都被附着，其几何图形相互连接，如图 4-2-38 所示。

图 4-2-38　叠层墙

要定义叠层墙的结构，可执行下列步骤：

（1）设置墙的类型属性。

若第一次定义叠层墙，可以在项目浏览器的"族"→"墙"→"叠层墙"下，在某个叠层墙类型上单击鼠标右键，然后选择"创建实例"选项，如图 4-2-39 所示。然后在"属性"面上，单击"编辑类型"按钮。

若已将叠层墙放置在项目中，可在绘图区域中选择该叠层墙，然后在"属性"面板上，单击"编辑类型"按钮。

（2）在弹出的"类型属性"对话框中，单击"预览"按钮，打开预览视窗，用以显示选定墙类型的剖面视图。对墙所做的所有修改都会显示在预览视窗中。

（3）单击"结构"参数后的"编辑"按钮，弹出"编辑部件"对话框。在对话框中，需要输入"偏移""样板高度""类型"选项组中的"名称""高度""偏移""顶""底部""翻转"值，如图 4-2-40 所示。

图 4-2-39　创建叠层墙实例

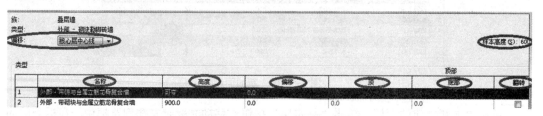

图 4-2-40　"编辑部件"对话框

1）"偏移"。选择将用来对齐子墙的平面作为"偏移"值，该值将用于每面子墙的"定位线"实例属性，有墙中心线、核心层中心线（默认值）、面层面外部、面层面内部、核心面外部、核心面内部六个选项。

2）"样本高度"。指定预览窗格中墙的高度作为"样本高度"，如果所插入子墙的无连接高度大于样本高度，则该值将改变。

3）"类型"选项组。单击左列中的编号以选择定义子墙的行，或单击"插入"添加新的子墙。

①"名称"。单击其值，然后选择所需的子墙类型。

②"高度"。指定子墙的无连接高度。注意一个子墙必须有一个相对于其他子墙高度而改变的可变且不可编辑的高度。要修改可变子墙的高度，可通过选择其他子墙的行并单击"可

变"，将其他子墙修改为可变的墙。

③"偏移"。指定子墙的定位线与主墙的参照线之间的偏移距离（偏移量）。正值会使子墙向主墙外侧（预览窗格左侧）移动。

④如果子墙在顶部或底部未锁定，可以在"顶"或"底部"列中输入正值来指定一个可升高墙的距离，或者输入负值来降低墙的高度。这些值分别决定着子墙的"顶部延伸距离"和"底部延伸距离"实例属性。

∷· 任务实施

在进行员工宿舍楼建筑墙的创建前，先根据员工宿舍楼图纸查阅建筑墙的尺寸、定位、属性等信息，保证内外墙模型布置的正确性。下面将学习使用"墙：建筑""对齐""不允许连接""过滤器""复制到剪贴板""粘贴""与选定的标高对齐"等命令快速创建员工宿舍楼的内外墙。

在《建施-02》中第5项墙体工程里面找到墙体的材质和厚度，正负零以上均为加气混凝土砌块，厚度为200 mm或100 mm，正负零以下采用的是标准实心砖，从《建施-04》一层平面图、《建施-05》二层平面图、《建施-06》三层平面图中可以找到墙体的平面定位，需要根据这些信息先来创建墙体的类型，然后再进行绘制。

（1）单击"建筑"选项卡"构建"面板"墙"下拉按钮，在下拉列表中选择"墙：建筑"，单击"属性"面板的"编辑类型"按钮，系统弹出"类型属性"对话框，Revit软件中包含基本墙、叠层墙、幕墙三种系统族，选用"基本墙"族，"类型"选择"常规-200mm"，单击"复制"按钮，在弹出的"名称"对话框中输入名称为"A-建筑墙-外-200"（"A"表示建筑，"外"表示墙的功能为外部，厚度为200），单击"确定"按钮，如图4-2-41、图4-2-42所示。

图4-2-41　建筑墙工具

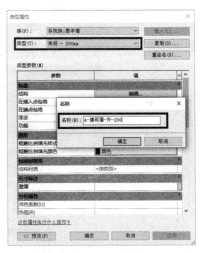

图4-2-42　新建墙体类型

（2）单击"结构"后的"编辑"按钮，在弹出的"编辑构件"对话框中修改厚度为"200"，复制"混凝土砌块"修改材质为"加气混凝土砌块"，表面填充图案可以设置为砖图案，砖红色，如图4-2-43、图4-2-44所示。

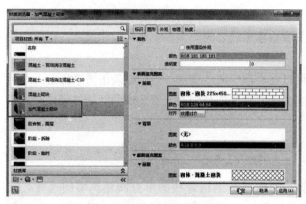
图 4-2-43　设置墙体材质

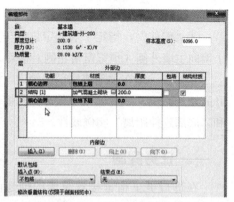
图 4-2-44　设置墙体厚度

同样的方式用户可复制建立其他两种类型的墙体"A-建筑墙-内-200""A-建筑墙-内-100"，注意这里的"功能"要修改为"内部"，如图 4-2-45 所示。

（3）完成内外墙类型创建之后，再绘制墙体，有两种绘制方法，一种是无底图参照绘制；另一种是基于 CAD 底图参照进行绘制。

1）介绍无底图时的绘制方法。

①激活首层楼层平面，隐藏部分结构图元。从左上角框选整个绘图区域里面的构件，单击"修改|选择多个"上下文选项卡"选择"面板中的"过滤器"按钮，在弹出的"过滤器"对话框中取消勾选"轴网"和"结构柱"，单击"确定"按钮，选择"视图控制栏""临时隐藏/隔离"里的"隐藏图元"命令，将选中的构件暂时隐藏，让绘图区域简洁化，现在开始绘制墙体构件，如图 4-2-46～图 4-2-48 所示。

图 4-2-45　修改墙体功能

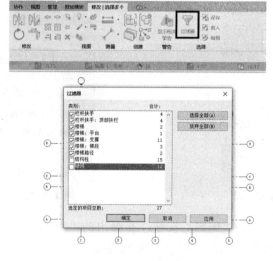
图 4-2-46　过滤器选择

130

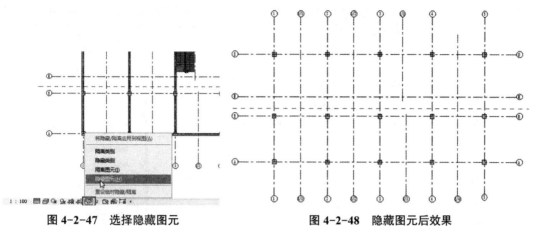

图 4-2-47 选择隐藏图元　　　　　图 4-2-48 隐藏图元后效果

②单击"建筑"选项卡"构件"面板"墙"下拉列表中的"墙：建筑"按钮，在"属性"面板类型选择器下拉列表中找到之前新建的 200 厚的外墙，默认绘制方式为"直线"，选项栏中的"高度"选择 F2，勾选"链"。在"属性"面板中设置"底部限制条件"为"F1"，"顶部约束"为"直到标高：F2"，如图 4-2-49 所示。

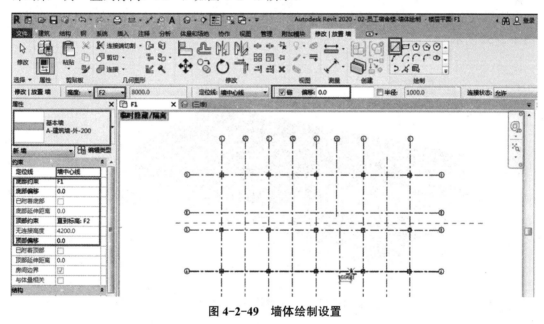

图 4-2-49 墙体绘制设置

③以①、Ⓐ轴交点为绘制起点向上开始绘制，至Ⓓ与①轴的交点结束，查阅一层平面图，墙的外边线与结构柱的外边线平齐，单击"修改 | 放置墙""修改"面板的"对齐"按钮进行修改，或输入快捷键"AL"，选中参照对齐的柱外边线，然后再选中要对齐的墙外边线即可完成对齐修改，如图 4-2-50 所示。

注意：如果是要对一整段墙里面的一小段墙的位置进行修改，需要先提前将墙打断，选中墙后可以单击"修改 | 墙"上下文选项卡"修改"面板中的"拆分图元"按钮，打断后右键单击蓝色拖拽点选择"不允许连接"可实现单独修改，如图 4-2-51 所示。

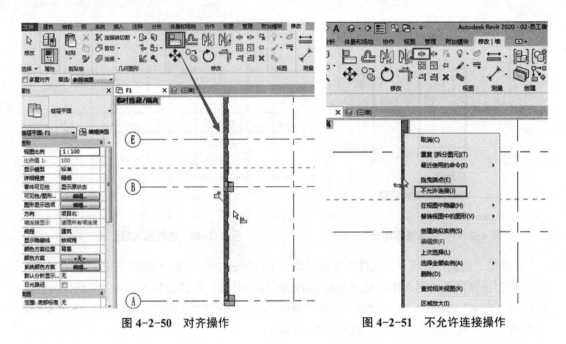

| 图 4-2-50　对齐操作 | 图 4-2-51　不允许连接操作 |

按照以上操作方法将一层内外墙绘制完毕，包括墙垛和柱包络部分的墙体，效果如图 4-2-52 所示。

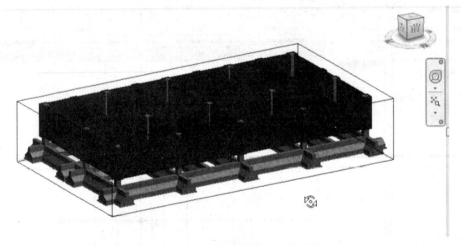

图 4-2-52　一层墙体绘制完成效果

2）对于二层的绘制，选用第二种参照底图绘制的方法。切换楼层平面至 F2，通过链接 CAD 工具链接二层平面图，对齐项目基点后捕捉底图参照绘制，这里注意选项栏中将"高度"调整为"F3"，"定位线"设置为"墙中心线"，采用"直线"绘制方式。在"属性"面板中将"底部约束"设置为"F2"，"顶部约束"设置为"直到标高：F3"，将鼠标光标放置在靠近墙中心线的位置会自动识别墙中心线，当墙中心线预显时选择柱边中点为绘制起点一直拉到Ⓓ轴与①轴交点处的柱边为结束点，如图 4-2-53 所示。

（4）对于"墙垛"的绘制，绘制方法同一般墙体，这里需要注意的是墙垛有三个外立面。单击"属性"面板中的"编辑类型"按钮，弹出"类型属性"对话框，单击"结构"后的"编辑"按钮，弹出"编辑部件"对话框，单击"结构［1］""材质"后的三点扩展项，弹出"材质浏览器"对话框，对"表面填充图案"进行修改，确认图案与外立面"砖纹"图案一致（以保证三个立面墙显示效果一致），如图4-2-54、图4-2-55所示。

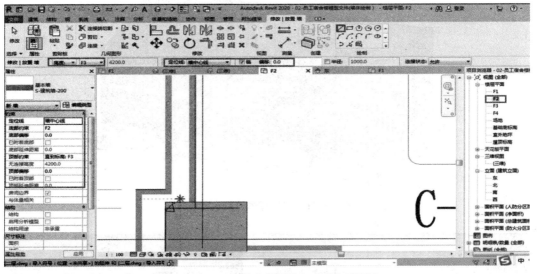

图4-2-53　"修改｜放置墙"上下文选项卡

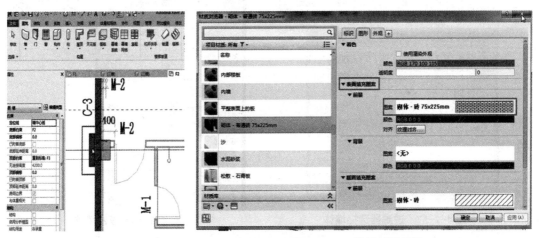

图4-2-54　墙垛位置示意　　　　　　　图4-2-55　墙垛材质设置

按照此方法可以将二层的内外墙都绘制完成，参照底图对墙体位置进行精确修改会比较方便。二层绘制完成后的效果图如图4-2-56所示。

（5）第三层的墙体绘制方式，除手动绘制和参照底图绘制外，还有一种方式是复制墙体后修改绘制，具体的操作方法是激活F2层楼层平面后，框选二层所有构件，单击"选择"面板中的"过滤器"按钮，在弹出的"过滤器"对话框中单击"放弃全部"按钮，然后勾选"墙体"，单击"确定"按钮退出对话框，如图4-2-57所示。单击"剪贴板"面板中的"复制到剪贴板"按钮，将二层墙体完成复制，单击"粘贴"下拉列表中的"与选定的标高对齐"按钮，在"选择标高"对话框中选择F3，如图4-2-58所示。注意：在"属性"面板中要核对检查墙体标高，然后对照二、三层的墙体不同处进行增加和删除修改：如在①/③到⑤轴交ⓒ、ⓓ轴处的墙体不一致，手动补绘这几道墙就可以完成三层墙体的绘制。最后绘制完墙体的效果图如图4-2-59所示。

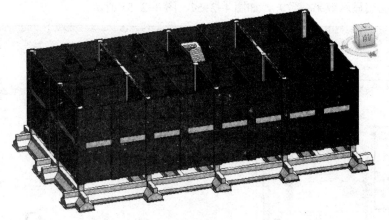

图 4-2-56　二层墙体绘制完成效果

图 4-2-57　过滤器选择墙体

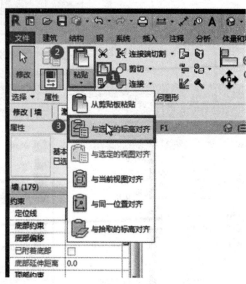

图 4-2-58　复制墙体

图 4-2-59　三层墙体绘制完成效果

∴· 任务拓展

1. 墙饰条与分隔条

（1）墙饰条。单击"建筑"选项卡"构建"面板"墙"下拉列表中的"墙：饰条"按钮向墙中添加踢脚板、冠顶饰或其他类型的装饰用水平或垂直投影，如图 4-2-60 所示。可以在三维视图或立面视图中为墙添加墙饰条。要为某种类型的所有墙添加墙饰条，可以在墙的类型属性中修改墙结构。

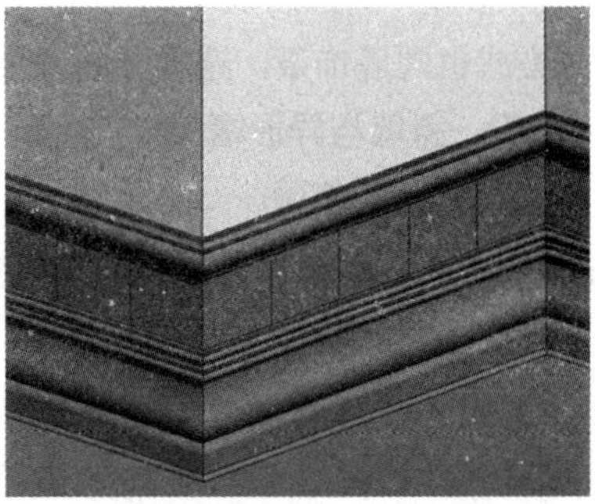

添加墙饰条的步骤如下：

1）打开一个三维视图或立面视图，单击"建筑"选项卡"构建"面板"墙"下拉列表中的"墙：饰条"按钮。

图 4-2-60　墙饰条

2）在"属性"面板类型选择器中，选择所需的墙饰条类型。

3）在"修改｜放置墙饰条"上下文选项卡"放置"面板，选择墙饰条的方向："水平"或"垂直"。

4）将光标放在墙上以高亮显示墙饰条位置，单击以放置墙饰条，如图 4-2-61 所示。

修改墙饰条的方法：选择墙饰条后，有两种修改方法，第一种方法是在"属性"面板上进行修改，可单击"编辑类型"按钮，在弹出的"类型属性"对话框中进行修改；第二种方法是在"修改｜墙饰条"上下文选项卡中进行修改，可单击"添加/删除墙"按钮，在附加的墙上继续创建放样或从现有放样中删除放样段，如图 4-2-62 所示。单击"修改转角"按钮，将墙饰条或分隔条的一端转角回墙或应用直线剪切，如图 4-2-63 所示。

图 4-2-61　放置墙饰条

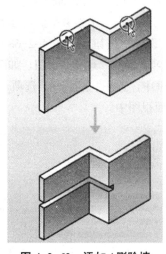

图 4-2-62　添加/删除墙

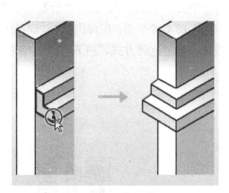

图 4-2-63　修改转角

（2）分隔条。"分隔条"工具将装饰用水平或垂直剪切添加到立面视图或三维视图中的墙，如图 4-2-64 所示。

分隔条的放置与墙饰条相同，单击"建筑"选项卡"构建"面板中墙"下拉列表中的"墙：分隔条"按钮，进行设置。修改方式也同墙饰条，选择分隔条后进行修改。

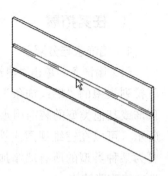

图 4-2-64　分隔条

2. 斜墙与异形墙

（1）绘制斜墙。

1）方式一：通过内建模型创建斜墙，族类别选择"墙"。

单击"建筑"选项卡"构建"面板"构件"下拉列表中的"内建模型"按钮，如图 4-2-65 所示。在弹出的"族类别和族参数"对话框中选择"墙"选项，单击"确定"按钮，将族类别定义为墙，如图 4-2-66 所示。在弹出的"名称"对话框中输入自定义的墙体名称，如"斜墙"。

图 4-2-65　内建模型工具　　图 4-2-66　选择族类别为墙

为保证绘制的规范性，以墙的东侧面为工作平面，步骤如下：在平面视图中，单击"创建"选项卡"基准"面板中的"参照平面"按钮，自上向下绘制一个参考平面，如图 4-2-67 所示；再单击"创建"选项卡"工作平面"面板中的"设置"按钮，如图 4-2-68 所示，在弹出的"工作平面"对话框中，选择"拾取一个平面"选项，单击"确定"按钮，如图 4-2-69 所示，拾取绘制的参考平面；在弹出的"转到视图"对话框中，选择"立面：东"选项，单击"打开视图"按钮。通过这种方式，进入待绘制墙体的东立面视图中。

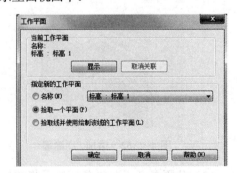

图 4-2-67　参考平面　　图 4-2-68　设置工作平面　　　　图 4-2-69　拾取工作平面

在"创建"选项卡"形状"面板中单击"拉伸"按钮，如图 4-2-70 所示，绘制斜墙的东立面轮廓，如图 4-2-71 所示，单击"模式"面板中的"完成编辑模式"按钮，斜墙绘制完毕。

图 4-2-70　拉伸工具

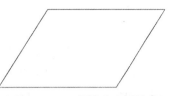

图 4-2-71　斜墙东立面轮廓

2）方式二：通过内建模型创建斜墙，族类别选择"常规模型"。

同样用内建模型来绘制，区别是将族类型和类别定义为"常规模型"，如图 4-2-72 所示。同样，先定义工作平面，使用拉伸命令的直线命令绘制斜墙的东立面轮廓，完成斜墙绘制。需要注意的是，这种方法是用"常规模型"的族类别来进行创建的，所以，系统在统计的时候不会将此"斜墙"统计为墙，因此，用户需要赋予它墙体的内容。

单击"体量和场地"选项卡"面模型"面板中的"墙"按钮，在"属性"面板中修改墙属性，在"修改｜放置墙"上下文选项卡中选择"拾取面"的方法，选择常规模型的东立面，如图 4-2-73 所示，即在常规模型的东立面生成"面墙"。最后将常规模型删除。

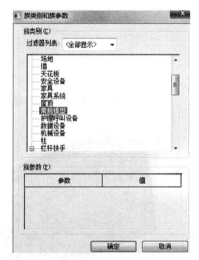

图 4-2-72　选择族类别为常规模型

图 4-2-73　拾取常规模型立面

（2）绘制异形墙。以上方法创建的是有固定厚度的墙体，对一些没有固定厚度的异形墙，如古城墙，则需要用"实心拉伸（融合、旋转、放样、放样融合）"和"空心拉伸（融合、旋转、放样、放样融合）"工具创建内建族。本节仅以古城墙为例说明异形墙体的创建方法。

1）新建墙类别。建立 F1、F2 两层标高，在 F1 平面视图中，单击"建筑"选项卡"构建"面板"构件"下拉列表中的"内建模型"按钮。

在弹出的"族类别与族参数"对话框中，选择族类别"墙"，并单击"确定"按钮。在弹出的"名称"对话框中输入"古城墙"为墙体名称，单击"确定"按钮，打开族编辑器进入内建模型模式。

2）绘制定位线。单击"基准"面板中的"参照平面"按钮，绘制一条水平和一条垂直的参照平面，如图 4-2-74 所示。

3）拉伸墙体。单击"创建"选项卡"形状"面板中的"拉伸"工具，切换至"修改 | 创建拉伸"上下文选项卡。

①设置工作平面：城墙的拉伸轮廓需要到立面视图中绘制，所以，需要先选择一个绘制轮廓线的工作平面。单击"工作平面"面板中的"设置"按钮。

在"工作平面"对话框中选择"拾取一个平面"，单击"确定"按钮。单击拾取垂直的参照平面。在"转到视图"对话框中选择"立面：东"，单击"打开视图"按钮进入东立面视图。

②绘制轮廓：在"绘制"面板中单击"直线"按钮，以参照平面为中心，按图 4-2-75 所示尺寸绘制封闭的城墙轮廓线。

图 4-2-74　参照平面

③拉伸属性设置：在"属性"面板中，设置参数"拉伸终点"值为 10 000 mm，"拉伸起点"值为 –10 000（城墙总长为 20 m，从中心向两边各拉伸 10 m）。单击参数"材质"右侧的"〈按类别〉"，右侧出现▢按钮，单击该按钮在弹出的"材质浏览器"中选择"砖"，单击"确定"按钮。

单击功能区"模式"面板中的"完成编辑模式"按钮，完成城墙的创建。其三维视图如图 4-2-76 所示。

4）剪切墙垛。切换窗口到 F1 平面视图。单击"创建"选项卡"形状"面板中的"空心形状"按钮，在下拉列表中单击"空心拉伸"按钮，切换至"修改 | 创建空心拉伸"上下文选项卡。

①设置工作平面：同样方法单击"工作平面"面板中的"设置"按钮，拾取水平参照平面为工作平面，选择"立面：南"为绘制轮廓视图。

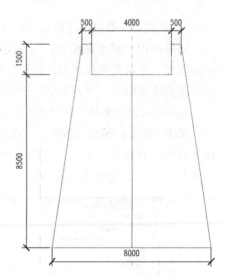

图 4-2-75　城墙轮廓线

图 4-2-76　墙体拉伸完成效果

②绘制轮廓：首先在"绘制"面板中选择"矩形"绘制工具，以参照平面为中心绘制一个 500 mm×500 mm 的正方形。然后选择绘制的正方形，用"复制"工具向右侧复制 6 个正方形，间距为 1 500。最后选择右侧复制所有正方形，单击"镜像–拾取轴"按钮，拾取垂直参照平面镜像左侧正方形，如图 4-2-77 所示。

③拉伸属性设置：同样方法在左侧"属性"面板中，设置参数"拉伸终点"值为 4 000，"拉伸起点"值为 –4 000，单击"应用"按钮。

④单击功能区"模式"面板中的"完成编辑模式"按钮，刚刚绘制的空心拉伸模型自动剪切了城墙，形成垛口。

5）单击"修改"选项卡"在位编辑器"面板中的"完成模型"按钮，关闭族编辑器。

古城墙创建完毕，其三维视图如图 4-2-78 所示。

图 4-2-77　墙垛轮廓

图 4-2-78　古城墙效果

提示

选择古城墙，单击"修改│墙"子选项卡"模型"面板中的"在位编辑"按钮，可以返回族编辑器中重新编辑修改城墙模型，或拖拽蓝色三角控制柄控制。

⦂⦂⦂ 任务总结

创建建筑墙的流程：

（1）首先学会识图，收集建筑墙信息：建筑墙材质、层高、内外墙厚度。

（2）创建建筑墙的类型：在"建筑"选项卡"构建"面板"墙"下拉列表中选择"墙：建筑"，通过选择建筑墙类型以及"编辑类型"来修改创建建筑墙属性。

（3）布置建筑墙：选择对应楼层平面视图，调整墙体顶部和底部约束标高，再选择合适的"定位线"进行绘制，有 CAD 图纸时建议链接底图绘制或借助插件进行识别以提高效率。

（4）检查修改：如果是通过复制功能创建非标准层墙体，那么就需要参照图纸对复制的墙体进行校核，进行删减补全的操作。

任务 4.3　创建门窗

⦂⦂⦂ 任务要求

查阅员工宿舍楼图纸，完成该项目门窗的创建。

⦂⦂⦂ 相关知识

微课：创建门（一）

微课：创建门（二）

微课：创建窗

4.3.1　门窗概述

门窗是建筑物的重要组成部分。Revit 中的门窗图元属于"基于主体的构件"，因此，必

139

需依附于墙、屋顶等主体图元放置，当主体图元删除时依附的门、窗图元也随之删除。门窗图元属于可载入族，在放置前必需先选择或绘制合适的门窗族载入到项目中才可以使用。

4.3.2 创建简介

1. 载入门窗

单击"插入"选项卡"从库中载入"面板中的"载入族"按钮，如图4-3-1所示，弹出"载入族"对话框，选择"建筑"文件夹\"门"或"窗"文件夹中某一类型的门或窗载入到项目中，如图4-3-2～图4-3-4所示。

图 4-3-1　启用"载入族"

图 4-3-2　选择"建筑"文件夹

图 4-3-3　选择"门"文件夹

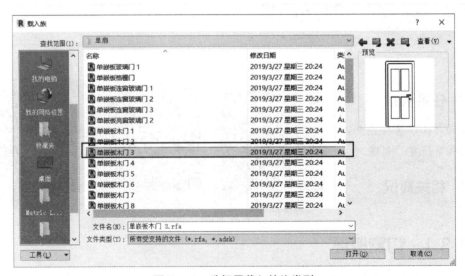

图 4-3-4　选择需载入的族类型

2. 复制门窗类型

在"建筑"选项卡"构建"面板中单击"门"按钮，在"属性"面板中单击"类型选择器"按钮，打开族类型列表，选择载入的门族或窗族，单击"编辑类型"按钮，弹出"类型属性"对话框，单击"复制"按钮，在弹出的"名称"对话框中输入新的门、窗名称。修改"粗略宽度""粗略高度"值与名称规格一致。还可以进一步对门窗材质进行修改，修改完成后单击"确定"按钮，便可创建出新的门、窗类型，如图4-3-5、图4-3-6所示。

图 4-3-5　选择族类型

图 4-3-6　修改类型属性

提示

"类型选择器"打开的族类型列表最下面显示最近使用的类型，可方便查找最近载入和使用的族。

3. 放置门窗

打开一个平面、剖面、立面或三维视图，单击"建筑"选项卡"构建"面板中的"门"按钮或"窗"按钮，如图4-3-7所示。在"属性"面板"类型选择器"下拉列表中选择新创建的门或窗类型。将光标移动到墙上以显示门窗的预览图像，单击放置门或窗，如图4-3-8所示。

图 4-3-7　启用"门"工具绘制门

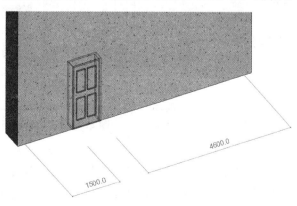

图 4-3-8　放置门预览

141

4．门窗编辑

（1）通过"属性"面板修改门窗。选择门窗，在"属性"面板"类型选择器"中修改门窗类型；在"实例属性"中修改"底高度""顶高度"等值，如图 4-3-9 所示。

（2）修改门窗位置及开启方向。选择门窗，通过单击左右箭头、上下箭头可以修改门的方向，通过单击临时尺寸标注并输入新值，以修改门的定位，如图 4-3-10 所示。

（3）将门窗移动到另一面墙内。选择门窗，单击"修改｜门"上下文选项卡"主体"面板中的"拾取新主体"按钮，根据状态栏提示，将光标移动到另一面墙上，单击以放置门，如图 4-3-11 所示。

图 4-3-9 实例属性

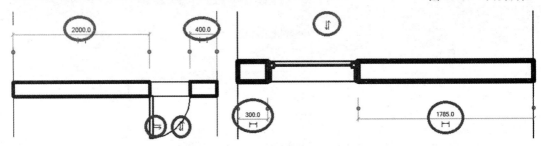

图 4-3-10 修改门窗位置及开启方向

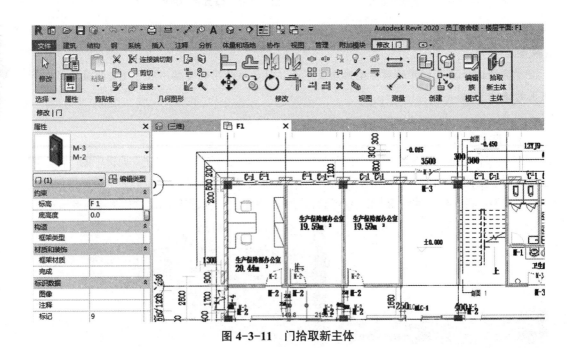

图 4-3-11 门拾取新主体

（4）门标记。在放置门窗时，单击"修改｜放置门"上下文选项卡"标记"面板中的"在放置时进行标记"按钮，可以指定在放置门窗时自动标记门窗，也可以在放置门窗后，单击"注释"选项卡"标记"面板中的"按类别标记"按钮，对门窗逐个标记，或单击"全部标记"

按钮，对门窗一次性全部标记，如图 4-3-12、图 4-3-13 所示。

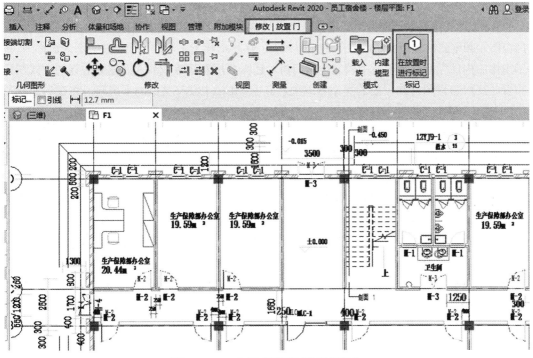

图 4-3-12　启用"放置时进行标记"

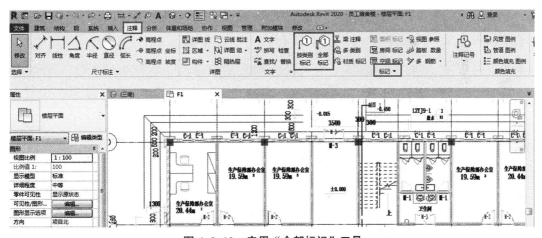

图 4-3-13　启用"全部标记"工具

❖ 任务实施

1. 创建门

查阅图纸《建施-04》《建施-05》《建施-06》，了解一到三层平面图门布置的具体位置，查阅《建施-08》立面图和《建施-02》《建施-03》设计说明，在设计说明的门窗表及大样图中可以找到门的尺寸及数量信息。有了这些信息，用户就可以进入 Revit 软件中进行普通门的创建。

在 Revit "建筑" 选项卡下，软件提供了门窗工具用于在项目中添加门窗，但要注意的是门窗图元必须要放置于墙、屋顶等主体图元上，这种依赖于主体构件而存在的图元被称为 "基于主体的构件"；对于项目中较复杂的门窗，还需要用新建族或载入已建好的族的方式创建布置。从门窗详图得知，门的类型有五种，其中 MLC-1 没有类似的系统族，将在后面章节作出介绍，本节主要介绍 M-1、M-2、M-3、M-4 的创建。

（1）门定义。单击 "建筑" 选项卡 "构建" 面板中的 "门" 按钮，在 "属性" 面板中单击 "编辑类型" 按钮，弹出 "类型属性" 对话框，单击 "载入" 按钮，选择 "建筑" → "门" → |"普通门" → "单扇门" → "单嵌板木门 1"，单击 "复制" 按钮，在弹出的 "名称" 对话框中，将 "名称" 命名为 "A-M1-800*2100"，修改门的 "宽度" "高度" 等信息，注意修改 "类型标记" 为 M-1，如图 4-3-14 ～图 4-3-16 所示。

同理创建名为 "A-M2-1000*2100" 的门，并修改 "尺寸标注" 信息，如图 4-3-17 所示。接着载入 "双扇门" （平开门不带亮子），以此为基础创建名为 "A-M3-1 500*2 100" 的门，类型属性设置如图 4-3-18 所示；载入 "子母门"，如图 4-3-19 所示，修改名称为 "A-M4-1 200*2 100"，同时设置 M4 类型属性，如图 4-3-20 所示；最后载入创建好的门联窗族，将名称修改为 "A-MLC1-2200*2400"，核对尺寸标注信息等是否正确，"类型标记" 修改为 MLC-1，如图 4-3-21 所示。

图 4-3-14　载入 "普通门" 族类型

图 4-3-15　M1 类型属性设置

图 4-3-16　类型标记设置

图 4-3-17　M2 类型属性设置

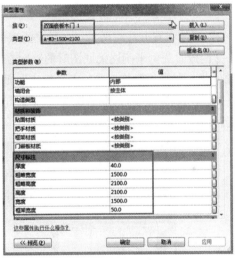

图 4-3-18　M3 类型属性设置

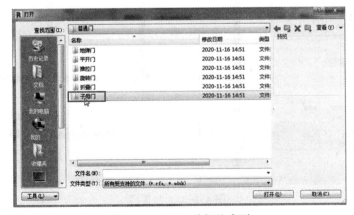

图 4-3-19　M4 选择族类型

图 4-3-20 M4 类型属性设置

图 4-3-21 MLC-1 类型属性设置

（2）门的布置方法有两种，一种是无底图参照绘制；另一种是基于底图参照进行绘制。以 M-2 门放置为例来阐述无底图时的绘制方法。

第一步，单击"建筑"选项卡"构建"面板中的"门"按钮，在"属性"类型选择器里找到 M-2，单击"修改 | 门"上下文选项卡"标记"面板中的"在放置时进行标记"按钮，找到 M-2 的位置是在①-1/①轴交ⓒ轴之间，在墙上单击鼠标左键完成门放置，如图 4-3-22 所示。

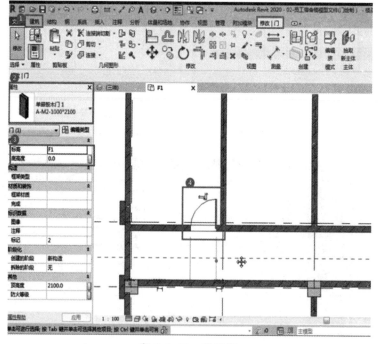

图 4-3-22 放置门

提示

　　如果放置后看不到门的位置和开启方向，需要对"视图范围"进行调整，将"剖切面"的距离设置为门高度之间的一个值，这里设置为1 200，这时候就可以看到刚刚布置的门的开启方向了。

　　其他的M-2可以通过"镜像"或单独绘制完成，通过镜像完成的M-2的操作方法：先选中要镜像的门，然后单击"镜像－拾取轴"按钮，再选择一根镜像轴左键单击即可完成门的镜像绘制，如图4-3-23所示。

　　第二步，对照图纸调整门的开启方向，可以通过"空格"键或是单击门旁边的"左右上下箭头"按钮，进行左右内外方向调整，或是在预布置时通过鼠标在墙上下左右移动来找到正确开启方向和位置。

　　第三步，位置调整，用户看到图纸上门边距离轴线是250，选中刚刚布置的门后，会出现临时尺寸标注，

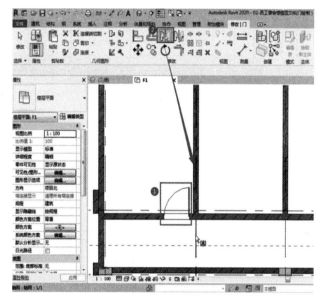

图4-3-23　镜像门

选中要修改的临时尺寸标注，将与轴线的距离改为250，这样此处的M-2就放置好了，如图4-3-24所示。对于其他的M-2的放置可以单独布置也可以采用镜像对称的方式，或是采用复制的方式进行布置。采用复制的方法来绘制的操作：单击"复制"按钮，勾选选项栏的"约束"和"多个"，选择一个基点进行放置即可。

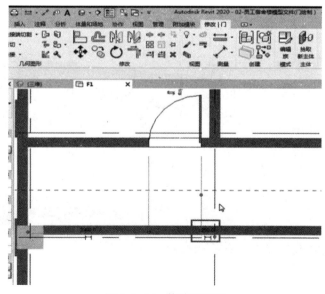

图4-3-24　修改门位置

147

提示

注意通过复制布置的门没有门标记，需要用户补充标记，方法是单击"注释"选项卡"标记"面板中的"全部标记"按钮，在弹出的"标记所有未标记的对象"对话框中选择"门标记"，单击"应用"及"确定"后，生成复制的门构件标记，如果想要一次将所有未标记的门全部标记而不仅是当前视图所选对象，则还需要注意勾选上方"仅当前视图中的所选对象"，如图 4-3-25 所示。

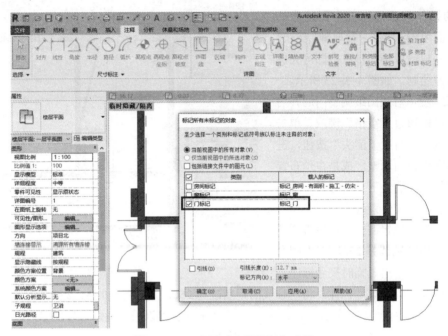

图 4-3-25 启用"全部标记"功能

同样的方法可以把其他类型的门进行布置。一层门创建后的效果如图 4-3-26 所示。

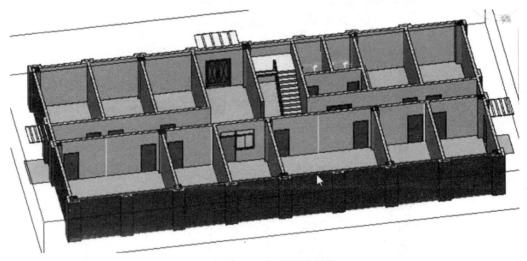

图 4-3-26 一层门创建效果

（3）对于有底图参照的门的布置方法，其实与无底图参照的布置方法类似，只是有了参照，对于门的位置修改可以通过使用"对齐"命令来修改将更方便快速。步骤就是链接好图纸后，创建门类型方法同前面所述，后续则可以对照底图门的类型和位置布置进行对齐等修改。灵活采用两种方式将二层的门创建好，效果如图4-3-27所示。如果需要结合三维效果来修改门构件，则可以通过单击"视图"选项卡"窗口"面板中的"平铺视图"按钮来完成，如图4-3-28所示。

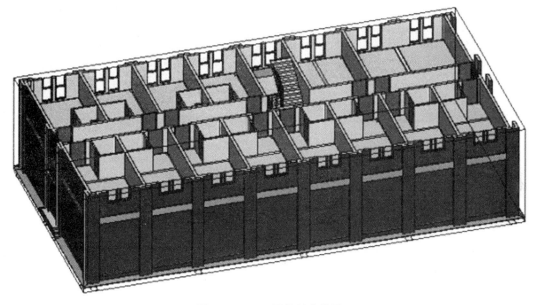

图 4-3-27　二层门创建效果

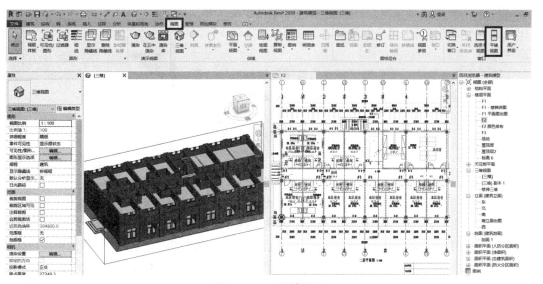

图 4-3-28　平铺窗口

（4）通过《建施 05》和《建施 06》的比较发现，由于三层的门与二层的门大致相同，只有在①/3～⑤交Ⓒ～Ⓓ轴间有不同，用户则可以通过复制二层门到三层，具体步骤：选中二层门后单击鼠标右键选择"选择全部实例"→"在视图中可见"，这样门构件就被全部选中，或者通过过滤器也可以完成该操作，框选后操作步骤如图 4-3-29 所示，然后单击"复制到剪贴板"按钮，再单击"粘贴"按钮，在下拉列表中单击"与选定标高对齐"按钮，在弹出的选择"标高"对话框中选择"3F"，则可完成二层门复制，如图 4-3-30、图 4-3-31 所示。然后针对不同于二层的区域补全修改完成三层门的快速创建。

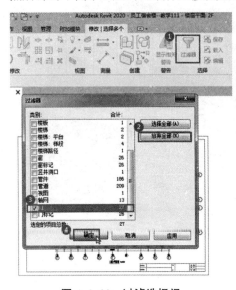

图 4-3-29　过滤选择门

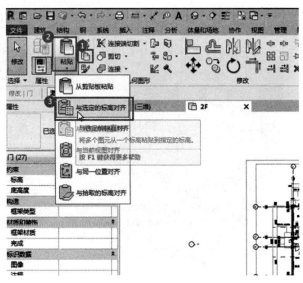

图 4-3-30　与选定的标高对齐

2. 创建窗

需查阅的图纸为《建施-02》《建施-03》《建施-04》《建施-05》《建施-06》《建施-08》。在学习创建窗的过程中，用户会学习使用"窗"命令创建窗、"全部标记"命令标记窗构件等。

通过查阅一到三层平面图了解窗的具体位置和型号，通过立面图《建施-08》可以查看窗的离地高度和布置效果，通过《建施-02》《建施-03》设计说明里面的窗表及图样可以知道窗的尺寸和详图信息。有了这些信息，用户就可以进入 Revit 软件中进行窗的创建。

图 4-3-31　复制门至 3F

（1）单击"建筑"选项卡"构建"面板中的"窗"按钮，在"属性"面板中单击"编辑类型"按钮，弹出"类型属性"对话框，单击"载入"按钮，载入窗族，如图 4-3-32 所示；选择"建筑"→"窗"→"普通窗"→"推拉窗"→"上下拉窗"，单击"复制"按钮，在弹出的"名称"对话框中，将"名称"命名为"A-C1-700*1800"，修改参数如图 4-3-33 所示；创建 C-2，载入"组合窗"中的"双层三列（平开＋固定＋平开）"的窗族，复制并重命名为 A-C2-1600*1800，修改参数如图 4-3-34、图 4-3-35 所示；同样的载入"组合窗"里面的"双层两列（固定＋平开）"，以此为基础复制创建重命名为 A-C3-1200*1800，修改参数如图 4-3-36 所示。

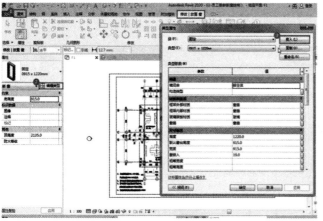

图 4-3-32　载入窗族

图 4-3-33　设置 C1 类型属性

图 4-3-34　选择窗族类型

图 4-3-35　设置 C2 类型属性

图 4-3-36　设置 C3 类型属性

（2）放置窗。窗的布置与门的布置方法类似。单击"建筑"选项卡"构建"面板中的"窗"按钮，在"属性"面板类型选择器下拉列表中选择 C-1，设置"底高度"为 900，单击"修改｜放置窗"上下文选项卡"标记"面板中的"在放置时进行标记"按钮，找到 C-1 的位置在①～⑪轴交Ⓓ轴之间，在墙体上单击完成窗的放置，如图 4-3-37 所示。

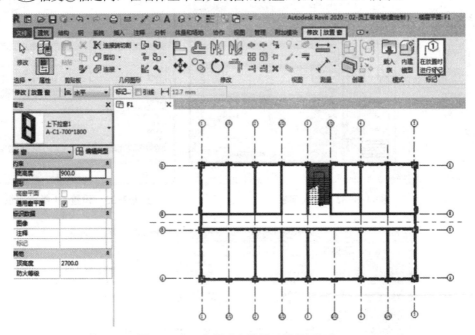

图 4-3-37　启用"在放置时进行标记"

如果放置后看不到窗，需要对"视图范围"进行调整，将"剖切面"的距离设置为窗高度之间的一个值，这里剖切面偏移值设置为 1 200，就可以看到布置的窗，如图 4-3-38 所示。窗位置调整方法与门类似，在此不再赘述。

通过《建施 04》和《建施 05》的比较发现二层窗与一层窗大致相同，只有在①轴交Ⓒ-B轴间有不同，可以通过复制一层窗到二层，具体步骤与门复制类似。复制完成后可借助"镜像""复制"功能完成窗的创建。窗的绘制效果如图 4-3-39 所示。

图 4-3-38　修改视图范围

图 4-3-39　窗绘制效果

任务总结

创建门窗的流程总结为以下几点：

（1）首先学会识图，从门窗表上读取门和窗的尺寸及数量等信息，从平面图上找准门窗的位置信息。

（2）创建门窗的类型：在"建筑"选项卡"构建"面板中单击"门"或"窗"按钮，通过选择门或窗类型，单击"属性"面板中的"编辑类型"按钮，在弹出的"类型属性"对话框中修改门窗属性。

（3）布置门窗：选择要放置的楼层平面，在"属性"面板中注意设置窗放置的底标高，布置完成后注意检查门的开启方向和安装位置是否正确。如果是通过复制功能创建的非标准层门窗，那么需要根据图纸进行校核，进行删减补全门窗的操作。

任务 4.4　创建族

任务要求

根据员工宿舍楼项目门窗详图，完成该项目门联窗族（MLC-1）的创建。

相关知识

4.4.1　族的分类

Autodesk Revit 中的所有图元都是基于族的。"族"是 Revit 中使用的一个功能强大的概念，有助于使用者更轻松地管理数据和进行修改。每个族图元能够在其内定义多种类型，根据族创建者的设计，每种类型可以具有不同的尺寸、形状、材质设置或其他参数变量。

Revit 中族类型可分为三类，即系统族、可载入族和内建族。在项目中创建的大多数图元都是系统族或可载入族。可以组合可载入族来创建嵌套和共享族，另外，非标准图元或自定义图元可使用内建族创建。

1. 系统族

系统族可以创建要在建筑现场装配的基本图元，如墙、屋顶、楼板、风管、管道。能够影响项目环境且包含标高、轴网、图纸和视口类型的系统设置也是系统族。系统族是在 Revit 中预定义的。不能将其从外部文件中载入到项目中，也不能将其保存到项目之外的位置。

2. 可载入族

可载入族是用于创建下列构件的族：安装在建筑内和建筑周围的建筑构件，如窗、门、橱柜、装置、家具和植物；安装在建筑内和建筑周围的系统构件，如锅炉、热水器、空气处理设备和卫浴装置；常规自定义的一些注释图元，如符号和标题栏。

由于它们具有高度可自定义的特征，因此可载入的族是在 Revit 中最经常创建和修改的族。与系统族不同，可载入的族是在外部 RFA 文件中创建的，并可导入或载入到项目中。对于包含许多类型的可载入族，可以创建和使用类型目录，以便仅载入项目所需的类型。

3. 内建族

内建图元是需要创建当前项目专有的独特构件时所创建的独特图元。可以创建内建几何图形，以便可参照其他项目几何图形，使其在所参照的几何图形发生变化时进行相应大小调整和其他调整。创建内建图元时，Revit 将为该内建图元创建一个族，该族包含单个族类型。创建内建图元涉及许多与创建可载入族相同的族编辑器工具。

4.4.2　族绘制参照

（1）参照平面：设定参照平面后才可以对该族进行尺寸标注或对齐该族。

（2）是参照："是参照"属性指定在族的创建期间绘制的参照平面是否为项目的一个参照。所以，可以对该族进行尺寸标注或对齐该族。几何图形参照可设置为强参照或弱参照。强参照的尺寸标注和捕捉的优先级最高。弱参照的尺寸标注优先级最低。因为强参照首先预高亮显示，将族放置到项目中并对其进行尺寸标注时，可能需要按 Tab 键选择弱参照。

（3）定义原点："定义原点"属性指定正在放置的对象上的光标位置。例如，放置矩形柱时，鼠标光标放置于该柱造型的中心线。"定义原点"可以只指定一个参照平面，如"公制窗 .rft"的样板。只要是墙就能插入窗户，不需要定义交点。

4.4.3　族样板

创建族时，软件会提示选择一个与该族所要创建的图元类型相对应的族样板。该样板相当于一个构件块，其中包含在开始创建族时及 Revit 在项目中放置族时所需要的信息。尽管大多数族样板都是根据其所要创建的图元族的类型进行命名，但也有一些样板在族名称之后包含下列描述符之一：

（1）基于墙的样板。

（2）基于天花板的样板。

（3）基于楼板的样板。

（4）基于屋顶的样板。

（5）基于线的样板。

（6）基于面。

基于墙的样板、基于天花板的样板、基于楼板的样板和基于屋顶的样板被称为基于主体的样板。对于基于主体的族而言，只有存在其主体类型的图元时，才能放置在项目中。

4.4.4　族创建

1．族文件的创建和编辑

使用族编辑器可以对现有族进行修改或创建新的族。用于打开族编辑器的方法取决于要执行的操作。可以使用族编辑器来创建和编辑可载入族及内建图元。选项卡和面板因所需要编辑的族类型而异。不能使用族编辑器来编辑系统族。

（1）通过项目编辑现有族。

1）在绘图区域中选择一个族实例，并单击"修改 | ＜图元＞"上下文选项卡"模式"面板中的"编辑族"按钮。

2）双击绘图区域中的族实例。

（2）在项目外部编辑可载入族。

1）执行"文件"→"打开"→"族"命令。

2）在"打开"对话框中选择要载入的族，单击"打开"按钮。

（3）使用样板文件创建可载入族。

1）执行"文件"→"新建"→"族"命令。

2）在打开的"新族 - 选择样板文件"对话框中选择需要的样板文件，单击"打开"按钮。

（4）创建与编辑内建族。

1）在功能区，单击"内建模型"按钮。

①"建筑"选项卡→"构建"面板→"构件"下拉列表→"内建模型"按钮。

②"结构"选项卡→"模型"面板→"构件"下拉列表→"内建模型"按钮。

③"系统"选项卡→"模型"面板→"构件"下拉列表→"内建模型"按钮。

2）在"族类别和族参数"对话框中，选择相应的族类别，然后单击"确定"按钮。

3）在弹出的"名称"对话框中输入内建图元族的名称，然后单击"确定"按钮。

4）编辑内建族。在图形中选择内建族后单击"修改 | ＜图元＞"上下文选项卡"模式"面板中的"编辑族"按钮（可编辑内建图元）。

2．创建族形体的基本方法

创建族形体的方法同体量的创建方法一样，包含拉伸、融合、旋转、放样及放样融合五种基本方法，可以创建实心和空心形状，如图 4-4-1 所示。

图 4-4-1　创建族面板

（1）拉伸。基本步骤如下：

1）在族编辑器界面，"创建"选项卡"形状"面板中单击"拉伸"按钮。

2）在"修改 | 创建拉伸"上下文选项卡"绘制"面板选择一种绘制方式，在绘图区域绘制想要创建的拉伸轮廓，如图 4-4-2 所示。

3）在"属性"面板里设置好拉伸的起点和终点。

155

4）在"模式"面板单击"完成编辑模式"按钮完成拉伸的创建，如图4-4-3所示。

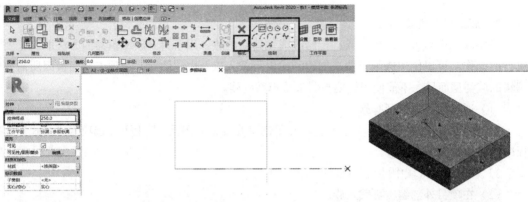

图 4-4-2　绘制面板　　　　　　　　　图 4-4-3　完成拉伸族

（2）融合。基本步骤如下：

1）在族编辑器界面，"创建"选项卡"形状"面板中单击"融合"按钮。

2）在"修改｜创建融合底部边界"上下文选项卡"绘制"面板中选择一种绘制方式，在绘图区域绘制想要创建的融合底部轮廓，如图4-4-4所示。

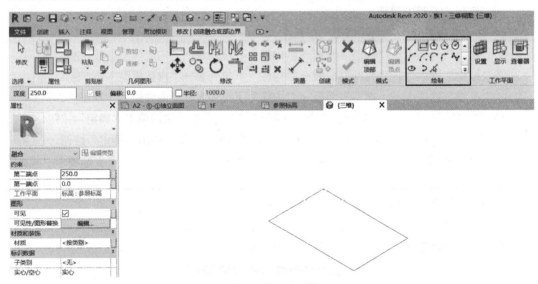

图 4-4-4　绘制轮廓

3）绘制完底部轮廓后，在"模式"面板中单击"编辑顶部"按钮，进行融合顶部轮廓的创建，如图4-4-5所示。

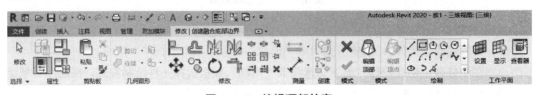

图 4-4-5　编辑顶部轮廓

4）在"属性"面板中设置好融合的端点高度。

5）在"模式"面板中单击"完成编辑模式"按钮，完成融合的创建，如图 4-4-6、图 4-4-7 所示。

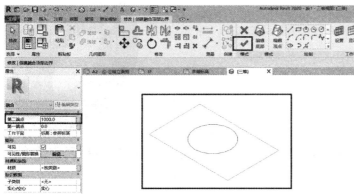

图 4-4-6　绘制轮廓图

图 4-4-7　完成融合创建

（3）旋转。基本步骤如下：

1）在族编辑器界面，"创建"选项卡"形状"面板中单击"旋转"按钮。

2）在"修改｜创建旋转"上下文选项卡"绘制"面板中单击"轴线"按钮，再单击"直线"按钮，在绘图区域绘制旋转轴线，如图 4-4-8 所示。

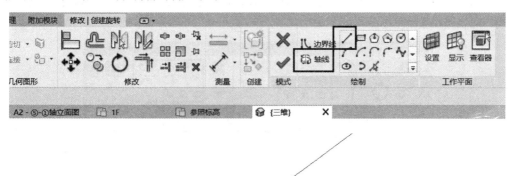

图 4-4-8　绘制面板

3）在"绘制"面板单击"边界线"按钮，再选择一种绘制方式，在绘图区域绘制旋转轮廓的边界线，如图 4-4-9 所示。

4）在"属性"面板设置旋转的起始和结束角度。

5）在"模式"面板中单击"完成编辑模式"按钮完成旋转的创建，如图 4-4-10 所示。

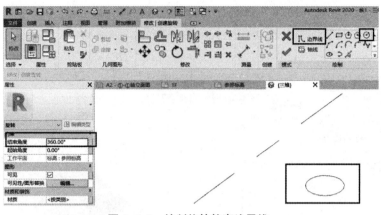

图 4-4-9　绘制旋转轮廓边界线

图 4-4-10　完成旋转创建

（4）放样。基本步骤如下：

1）在"族编辑器"界面，"创建"选项卡"形状"面板中单击"放样"按钮。

2）在"修改｜放样"上下文选项卡"放样"面板中单击"绘制路径"或"拾取路径"按钮。

①采用"绘制路径"。单击"绘制路径"按钮，再在"绘制"面板选择相应的绘制方式，在绘图区域绘制放样的路径线，完成路径绘制草图模式，如图 4-4-11 所示。

②采用"拾取路径"。单击"拾取路径"按钮，拾取导入的线、图元轮廓线或绘制的模型线，完成路径绘制草图模式。

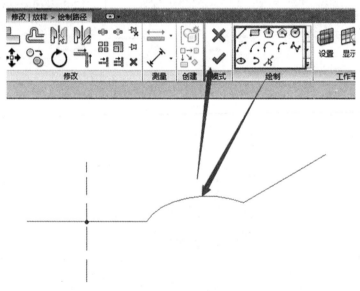

图 4-4-11　绘制路径并完成

3）在"放样"面板中，单击"编辑轮廓"按钮，进入轮廓编辑草图模式，如图 4-4-12 所示。

4）在"绘制"面板选择一种绘制方式，在绘图区域绘制旋转轮廓的边界线，完成轮廓编辑草图模式，如图 4-4-13 所示。

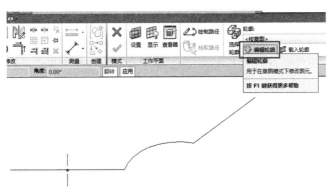

图 4-4-12　编辑轮廓

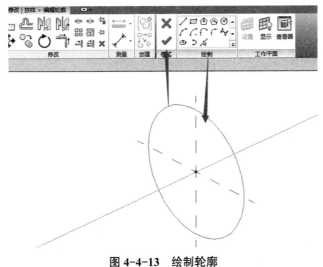

图 4-4-13　绘制轮廓

提示

绘制轮廓是所在的视图，可以是三维视图，或者打开查看器进行轮廓绘制。

5）在"模式"面板中单击"完成编辑模式"按钮，完成放样的创建，如图 4-4-14、图 4-4-15 所示。

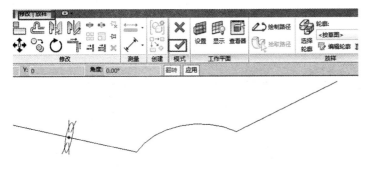

图 4-4-14　单击完成放样

图 4-4-15　完成放样

（5）放样融合。基本步骤如下：

1）在族编辑器界面，"创建"选项卡"形状"面板中单击"放样融合"按钮。

2）在"修改｜放样融合"上下文选项卡"放样融合"面板中单击"绘制路径"或"拾取路径"按钮。

①采用"绘制路径"。单击"绘制路径"按钮，再在"绘制"面板选择相应的绘制方式，在绘图区域绘制放样的路径线，完成路径绘制草图模式，如图 4-4-16 所示。

②采用"拾取路径"。单击"拾取路径"按钮拾取导入的线、图元轮廓线或绘制的模型线，完成路径绘制草图模式。

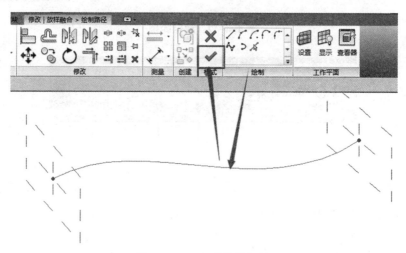

图 4-4-16　完成草图绘制

3）在"放样融合"面板中单击"编辑轮廓"按钮，进入轮廓编辑草图模式。分别选择两个轮廓，进行轮廓编辑，如图 4-4-17 所示。

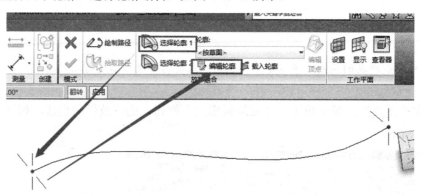

图 4-4-17　编辑轮廓

4）在"绘制"面板选择一种绘制方式，再在绘图区域绘制旋转轮廓的边界线，完成轮廓编辑草图模式。

注意：绘制轮廓是所在的视图，可以是三维视图，或者打开查看器进行轮廓绘制，如图 4-4-18 所示。

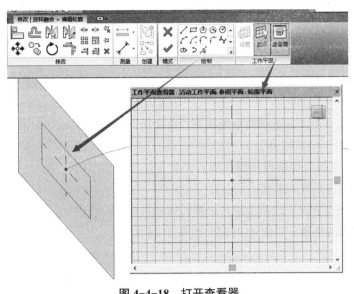

图 4-4-18　打开查看器

5）重复步骤 4）完成轮廓 2 的创建。

6）在"模式"面板中单击"完成编辑模式"按钮完成放样融合的创建，如图 4-4-19、图 4-4-20 所示。

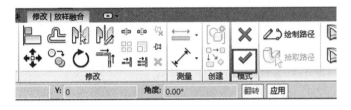

图 4-4-19　单击放样融合

图 4-4-20　完成放样融合

　　空心形状的创建方法与实心形状的创建方法相同。空心形状用于剪切实心形状，得到想要的形体。空心形状的创建方法参考前面的实心形状的创建，如图 4-4-21 所示。

3. 族与项目的交互

（1）系统族与项目。系统族已预定义且保存在样板和项目中，而不是从外部文件中载入到样板和项目中。可以复制并修改系统族中的类型，也可以创建自定义系统族类型。

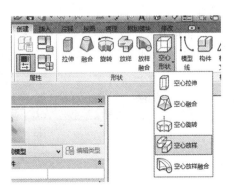

图 4-4-21　生成空心形状

161

要载入系统族类型，可以执行的操作：一是将一个或多个选定类型从一个项目或样板中复制并粘贴到另一个项目或样板中；二是将选定系统族或族的所有系统族类型从一个项目中传递到另一个项目中。

1）如果在项目或样板之间只有几个系统族类型需要载入，请复制并粘贴这些系统族类型。

基本步骤：选中要进行复制的系统族在"剪切板"面板中进行复制和粘贴，如图4-4-22所示。

2）如果要创建新的样板或项目，或者需要传递所有类型的系统族或族，请传递系统族类型。

基本步骤：在"管理"选项卡中，选择传递项目标准，进行系统族在项目之间的传递，如图4-4-23、图4-4-24所示。

图 4-4-22　选择剪贴板工具

图 4-4-23　选择管理选项板

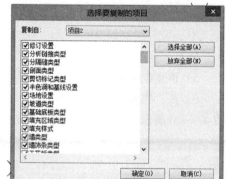

图 4-4-24　选择要复制的项目

（2）可载入族与项目。与系统族不同，可载入族是在外部 RFA 文件中创建的，并可导入（载入）到项目中。

创建可载入族时，使用软件中提供的样板，该样板包含所要创建的族的相关信息。绘制族的几何图形，使用参数建立族构件之间的关系，创建其包含的变体或族类型，确定其在不同视图中的可见性和详细程度。完成族后，先在示例项目中对其进行测试，然后使用它在项目中创建图元。

Revit 中包含一个内容库，可以用来访问软件提供的可载入族，也可以在其中保存创建的族。

将可载入族载入项目的方法步骤如下：

1）在"插入"选项卡"从库中载入"面板中单击"载入族"按钮，如图4-4-25所示。

图 4-4-25　选择载入族

2）在弹出的"载入族"对话框中选择要载入的族文件载入即可，如图4-4-26所示。

图 4-4-26　选择要载入族文件

修改项目中现有族的方法步骤如下：

1）在项目中选中需要编辑修改的族，在"修改｜〈图元〉"上下文选项卡"模式"面板中单击"编辑族"按钮，即可打开族编辑器进行族文件的修改编辑，如图 4-4-27、图 4-4-28所示。

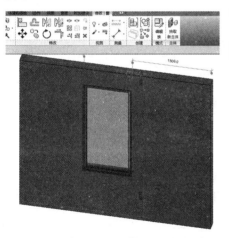

图 4-4-27　载入族

图 4-4-28　编辑族

2）修改编辑完成族之后，执行族编辑器界面的"载入到项目中"，然后在项目文件中选择"覆盖现有版本及其参数值"或"覆盖现有版本"。完成族文件的更新，如图 4-4-29所示。

（3）内建族与项目。如果项目需要不想重复使用的特殊几何图形，或需要必须与其他项目几何图形保持一种或多种关系的几何图形，请创建内建图元，如图 4-4-30 所示。

可以在项目中创建多个内建图元，并且可以将同一内建

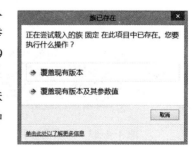

图 4-4-29　完成族文件更新

163

图元的多个副本放置在项目中。但是，与系统族和可载入族不同，内建族不能通过复制内建族类型来创建多种类型。

尽管可以在项目之间传递或复制内建图元，但只有在必要时才应执行此操作，因为内建图元会增大文件大小并使软件性能降低。

创建内建图元与创建可载入族使用相同的族编辑器工具。

内建族的创建和编辑基本步骤如下：

1）在"建筑""结构"或"系统"选项卡"构件"下拉列表中选择"内建模型"，选择需要创建的"族类别"，进入族编辑器界面，创建内建族模型，如图 4-4-31、图 4-4-32 所示。

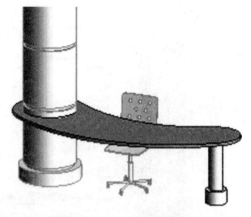

图 4-4-30　创建内建图元

图 4-4-31　创建内建族模型

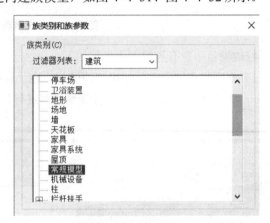

图 4-4-32　选择族类别

2）内建族创建后，在"在位编辑"面板中单击"完成模型"按钮，即可完成内建族的创建，如图 4-4-33 所示。

3）若需要再次对已建好的内建族进行修改编辑，选中内建族，在"修改 ｜〈图元〉"上下文选项卡"模型"面板中单击"在位编辑"按钮，重新进入"族编辑器界面"进行修改编辑族，编辑完成后，重复步骤 2）完成修改编辑，如图 4-4-34 所示。

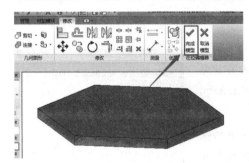

图 4-4-33　完成模型创建

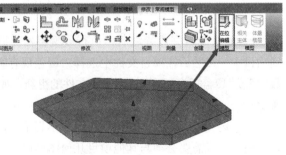

图 4-4-34　进行在位编辑

4．族参数的添加

（1）族参数的种类和层次。族的"参数类型"，见表4-4-1。

表 4-4-1　族的参数类型

名称	说明
文字	完全自定义。可用于收集唯一性的数据
整数	始终表示为整数的值
数目	用于收集各种数字数据，可通过公式定义，也可以是实数
长度	可用于设置图元或子构件的长度，可通过公式定义，这是默认的类型
区域	可用于设置图元或子构件的面积，可将公式用于此字段
体积	可用于设置图元或子构件的长度，可将公式用于此字段
角度	可用于设置图元或子构件的角度，可将公式用于此字段
坡度	可用于创建定义坡度的参数
货币	可用于创建货币参数
URL	提供指向用户定义的 URL 的网络链接
材质	建立可在其中指定特定材质的参数
图像	建立可在其中指定特定光栅图像的参数
是 / 否	使用"是"或"否"定义参数，最常用于实例属性
族类型	用于嵌套构件，可在族载入到项目中后替换构件
分割的表面类型	建立可驱动分割表面构件（如面板和图案）的参数。可将公式用于此字段

族参数的层次包含实例参数和类型参数两类。通过添加新参数，就可以对包含于每个族实例或类型中的信息进行更多的控制。可以创建动态的族类型以增加模型中的灵活性。

（2）族参数的添加。

1）族参数的创建。在族编辑器中，单击"创建"选项卡"属性"面板中的"族类型"按钮。

2）在"族类型"对话框中，单击"新建"并输入新类型的名称。创建一个新的族类型，将其载入到项目中后将出现在"类型选择器"中，如图4-4-35所示。

3）单击"参数"选项的"添加"按钮，在弹出的"参数属性"对话框的"参数类型"选项组下，选择"族参数"，如图4-4-36所示。

4）在"参数数据"选项组中输入参数的名称，选择"实例"或"类型"。可以定义参数是"实例"参数还是"类型"参数，如图4-4-36所示。

5）选择"规程""参数类型"，"参数分组方式"选择一个值，单击"确定"按钮。在族载入到项目中后，此值确定参数在"属性"选项板中显示在哪一组标题下。

模块 1　模块 2　模块 3　模块 4　模块 5　模块 6

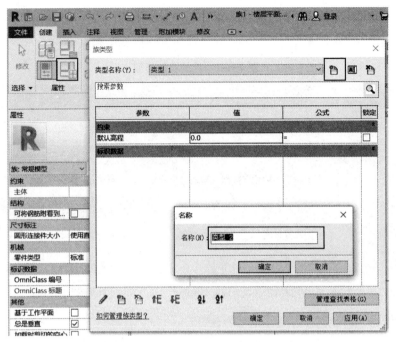

图 4-4-35　新建族类型

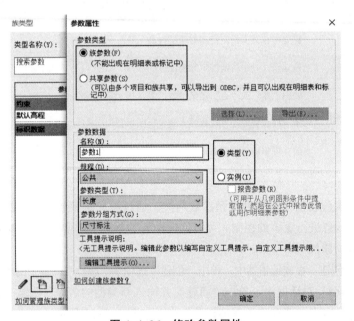

图 4-4-36　修改参数属性

默认情况下，新参数会按字母顺序升序排列添加到参数列表中创建参数时的选定组。

（可选）使用任一"排序顺序"按钮（"升序"或"降序"）根据参数名称在参数组内对其进行字母顺序排列。

（可选）在"族类型"对话框中，选择一个参数并使用"上移"和"下移"按钮来手动更改组中参数的顺序，如图 4-4-37 所示。

图 4-4-37　编辑族类型

提示

在编辑"钢筋形状"族参数时，"排序顺序""上移"和"下移"按钮不可用。

（3）指定族类别和族参数。"族类别和族参数"工具可以将预定义的族类别属性指定给要创建的构件。此工具只能用在族编辑器中。

族参数定义应用于该族中所有类型的行为或标识数据。不同的类别具有不同的族参数，具体取决于 Revit 希望以何种方式使用构件。控制族行为的一些常见族参数示例包括以下几项：

1）总是垂直：选中该选项时，该族总是显示为垂直，即 90°，即使该族位于倾斜的主体上，如楼板。

2）基于工作平面：选中该选项时，族以活动工作平面为主体。可以使任一无主体的族成为基于工作平面的族。

3）共享：仅当族嵌套到另一族内并载入到项目中时才适用此参数。如果嵌套族是共享的，则可以从主体族独立选择、标记嵌套族和将其添加到明细表。如果嵌套族不共享，则主体族和嵌套族创建的构件作为一个单位。

指定族参数的步骤如下（图 4-4-38）：

1）在族编辑器中，单击"创建"选项卡（或"修改"选项卡），"属性"面板中的"族类别和族参数"按钮。

2）在"族类别和族参数"对话框中选择要将其属性导入到当前族中的族类别。

3）指定族参数。族参数选项根据族类别而有所不同。

167

4）单击"确定"按钮。

对族框架进行尺寸标注后，需为尺寸标注添加标签，以创建参数。

例如，下面的尺寸标注已添加了长度和宽度参数的标签，如图4-4-39所示。

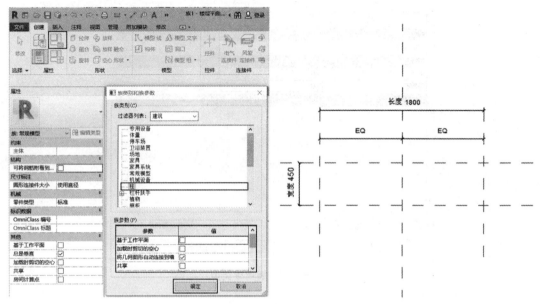

图4-4-38　为尺寸标注添加标签以创建参数　　　　图4-4-39　为尺寸标注添加参数标签

带标签的尺寸标注将成为族的可修改参数。可以使用族编辑器中的"族类型"对话框修改它们的值。在将族载入到项目中之后，可以在"属性"面板上修改任何实例参数，或者弹出"类型属性"对话框修改类型参数值。

如果族中存在该标注类型的参数，可以选择它作为标签；否则，必须创建该参数，以指定它是实例参数还是类型参数。

为尺寸标注添加标签并创建参数步骤如下：

1）在族编辑器中，选择尺寸标注。

2）在选项栏上，选择一个参数或选择"< 添加参数 ...>"，并创建一个参数作为"标签"，如图4-4-40所示

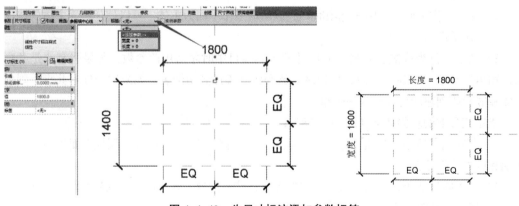

图4-4-40　为尺寸标注添加参数标签

在创建参数之后，可以使用"属性"面板中的"族类型"工具来修改默认值，或根据需要指定一个公式。

（4）在族编辑器中使用公式。在族类型参数中使用公式来计算值和控制族几何图形。

1）在族编辑器中，布局参照平面。

2）根据需要，添加尺寸标注。

3）为尺寸标注添加标签。

4）添加几何图形，并将该几何图形锁定到参照平面。

5）在"属性"面板中单击"族类型"按钮。

6）在"族类型"对话框的相应参数旁的"公式"列中，输入参数的公式如图4-4-41所示。

图 4-4-41　"族类型"窗口

公式支持标准的算术运算和三角函数；公式支持加、减、乘、除、指数、对数和平方根运算操作；公式还支持以下三角函数运算：正弦、余弦、正切、反正弦、反余弦和反正切。

算术运算和三角函数的有效公式缩写见表4-4-2。

表 4-4-2　算术运算和三角函数

加：+　减：-　乘：×　除：/	反正弦：asin
对数：log	反余弦：acos
平方根：sqrt：sqrt（16）	反正切：atan
正弦：sin	10 的 x 方：exp（x）
余弦：cos	绝对值：abs
指数：^，x^y，x 的 y 次方	

使用标准数学语法，可以在公式中输入整数值、小数值和分数值，如下例所示：

长度 = 高度 + 宽度 +sqrt（高度 × 宽度）

长度 = 墙 1（11 000 mm）+ 墙 2（15 000 mm）

面积 = 长度（500 mm）× 宽度（1 800 mm）

面积 =pi（）× 半径 ^ 2

体积 = 长度（500 mm）× 宽度（1 800 mm）× 高度（800 mm）

宽度 = 100 m×cos（角度）

x=2×abs（a）+ abs（b/2）

阵列数 = 长度 / 间距

（5）族参数的驱动。添加完成族参数之后，直接修改参数的值，即可实现驱动修改参照平面的尺寸。

将族形状轮廓与参照平面对齐锁定时，使形状轮廓随参照平面移动而移动，即可实现参数驱动参照平面位置变动，修改形状轮廓，如图 4-4-42 所示。

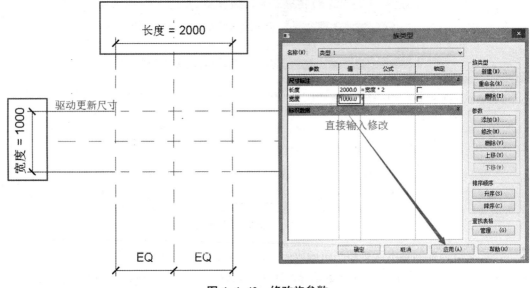

图 4-4-42　修改族参数

任务实施

创建 MLC 族需查阅的图纸为《建施-03》《建施-04》。在学习创建窗族的过程中，学会使用"参照平面"来绘制参照线，使用"创建拉伸"命令来绘制实体，使用"族类型"命令新建参数，使用"标签"命令关联参数，使用"放置构件"放置相应族构件等。

（1）通过查阅《建施-03》可知，门联窗总宽度为 2 200，总高度为 2 400，窗高为 1 500，窗台高为 900，窗宽为 1 200，门宽为 1 000，亮子高为 400。

（2）单击"文件"→"新建"→"族"按钮，弹出"新族 – 选择样板文件"对话框，选择"公制门"为族样板文件，单击"确定"按钮，如图 4-4-43、图 4-4-44 所示。默认样板文件中已绘制好"门框"和"门洞"，单击项目浏览器"楼层平面"下的"参照标高"按钮将默认门框删除，单击"立面"中的"外部"删除模型线及翻转符号，准备工作完成之后用户可以开始绘制门联窗族了。

图 4-4-43　新建族

图 4-4-44　选择族样板文件

（3）首先绘制门联窗族的外框架。这里需要借助"参照平面"线来定位，单击"创建"选项卡"基准"面板中的"参照平面"按钮或者使用快捷键"RP"，按 Enter 键进入参照平面绘制界面，如图 4-4-45 所示。由于图纸上有关框架宽度的定义未给出，用户按照习惯定为 50 mm。如果要对绘制好的参照平面线的位置进行修改，则可以选中它，通过修改临时尺寸标注数值即可更改位置。如需绘制多条参照平面线时，则可以使用"复制"或快捷键"CC"命令来快速绘制，选中已经绘制的一根参照线，然后单击"复制"按钮，在要复制的方向移动鼠标，当预显数值输入框时输入相对于原位置参照线的数值，按 Enter 键则绘制好新的参照线，如图 4-4-46 所示。

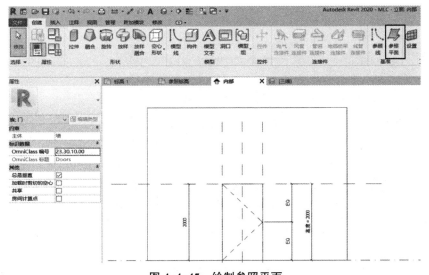

图 4-4-45　绘制参照平面

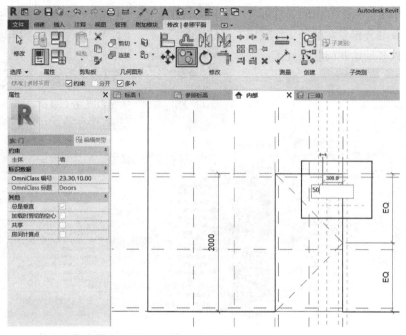

图 4-4-46　复制参照平面

（4）为了保证绘制后的族构件能够参照中心线对称联动，用户需要等分尺寸标注。首先给参照线标注尺寸，单击"注释"选项卡"尺寸标注"面板中的"对齐"按钮或快捷键"DI"进入尺寸标注操作界面。连续标注两个尺寸，则下方会出现"EQ"符号，用鼠标左键单击该符号，则可以实现尺寸等分的设置，对照图纸进行临时尺寸标注完后，如图 4-4-47 所示。绘制好的参照线，如图 4-4-48 所示。

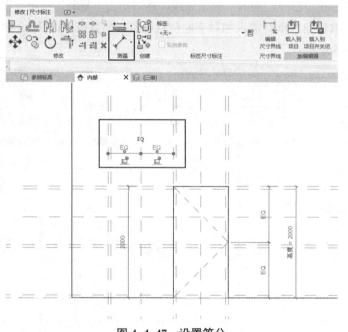

图 4-4-47　设置等分

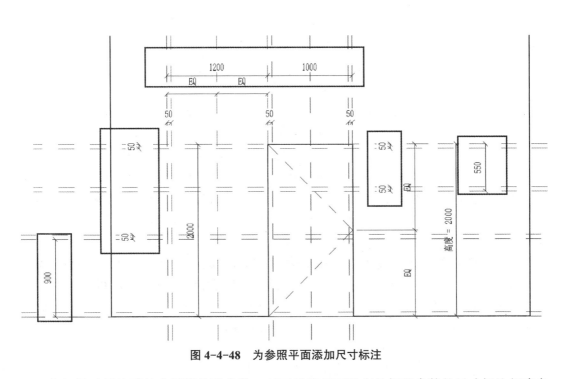

图 4-4-48　为参照平面添加尺寸标注

（5）尺寸标注后给参照线关联参数。对于系统里面没有的标签参数的尺寸标注新建参数，以"门联窗总高度"为例，首先选择门联窗总高度的尺寸标注线，然后单击"属性"面板中的"族类型"按钮，弹出"族类型"对话框，单击"新建参数"按钮，弹出"参数属性"对话框，对要设置的参数属性进行设置，"参数类型"设置为"族参数"，在参数数据下的"名称"一栏输入"门联窗总高度"，设置"规程"为"公共"，"参数类型"为"长度"，"参数分组方式"为"尺寸标注"，右边参数类型选择"类型"，参数设置完成后，单击"确定"按钮，则完成该参数的新建，如图 4-4-49、图 4-4-50 所示。

图 4-4-49　启用"族类型"工具

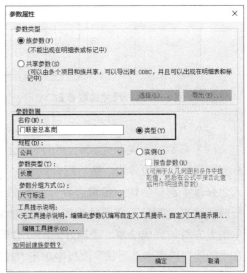

图 4-4-50　设置族参数属性

提示

族类型参数可以一次新建多个，但需要注意参数属性的设置要符合科学原则。

接下来是关联参数，回到族绘制界面，重新选中该尺寸标注参数，"修改 | 尺寸标注"上下文选项卡"标签"中找到刚刚新建的"门联窗总高度"参数进行选择，即表示关联该参数步骤完成，如图 4-4-51 所示。回到"族类型"对话框，在"参数"一列中的"尺寸标注"参数中会出现刚刚新建的参数名称，用户可以在"值"一列中输入数值，或者在族绘制界面直接双击该尺寸标注，将会出现数值修改框，直接在框内重新输入数值，随着数值的修改，门联窗高度的尺寸标注长度关联发生变动。这样就完成了该高度参数的关联。

（6）按照同样方法将其他的参数都新建并关联好，包括框架宽度、窗高、窗宽、窗台高、门宽、门联窗宽、亮子宽、亮子高等。对于多个同样的尺寸标注需要关注同一个参数，如"框架宽度"的尺寸标注，可以按住"Ctrl"键同时选中多个同类型尺寸标注后，再同时进行多个尺寸标注一次关联同一个参数，如图 4-4-52 所示。

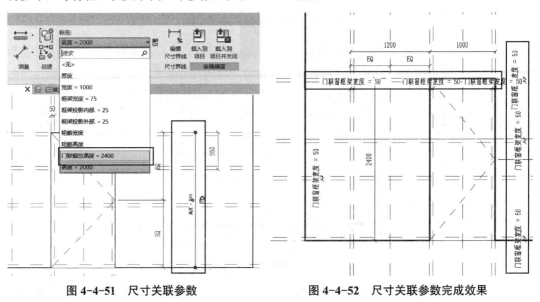

图 4-4-51　尺寸关联参数　　　　　　图 4-4-52　尺寸关联参数完成效果

（7）参数设置关联完成后，用户来绘制门联窗的实体构件。首先对门洞进行修改，将鼠标光标靠近门洞边界线，然后配合键盘的"Tab"键，当选择到门洞，用户双击鼠标左键则进入"修改 | 洞口剪切→编辑边界"上下文选项卡，按照之前绘制好的参照线，对洞口边界进行修改编辑。删除不需要的边界线，再对洞口其他边界线用"直线"绘制方式进行补充完后单击上方对勾完成绘制。绘制好的洞口边界线，如图 4-4-53 所示。接下来绘制门联窗框架，在"创建"选项卡"形状"面板中单击"拉伸"按钮，采用"直线"绘制方式完成框架绘制，如图 4-4-54 所示。

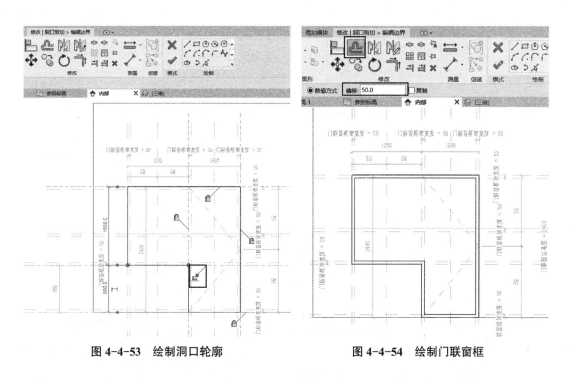

图 4-4-53　绘制洞口轮廓　　　　　　图 4-4-54　绘制门联窗框

提示

1. 在绘制族构件边线时，当旁边出现一把小锁时，注意单击小锁将锁锁上，该步骤非常重要，这是为了保证绘制的构件边界线与参照线绑定，当参数数值改变驱动参照线时，才能同时驱动构件实体同时联动。

2. 如果在绘制过程中忘记上锁，则可以进入族编辑界面中，使用"对齐"命令，先选择要对齐的参照线，然后选择要对齐的边界线，则当小锁会重新出现时便可以重新单击锁定。

（8）给门联窗框架赋予材质类别。选中刚刚绘制的门联窗框架，单击"属性"面板"材质和装饰"后的"关联族参数"按钮，在弹出的"关联族参数"对话框中单击"新建"按钮🔲，新建一个"门联窗框架材质"，并对其属性参数进行设置，如图 4-4-55、图 4-4-56 所示。重复关联参数的步骤，在弹出的"关联族参数"对话框中选中新建的材质参数，将"属性"面板中的"子类别"设置为"框架 / 竖梃"，如图 4-4-57 所示。同样通过"创建"选项卡"形状"面板中的"拉伸"命令绘制出门联窗其他的横竖梃，可通过"矩形"绘制方式完成。注意绘制时及时对参照锁定，如图 4-4-58 所示。当横竖梃绘制完成后使用"修改"选项卡"几何图形"面板中的"连接"命令，选择要连接的横竖梃构件完成连接设置，如图 4-4-59 所示。注意横竖梃材质参数关联方法与门联窗框架材质设置方法一致。

图 4-4-55　新建门窗框材质参数

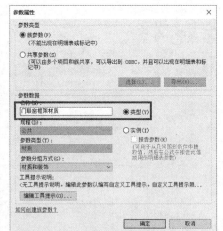

图 4-4-56　材质参数设置

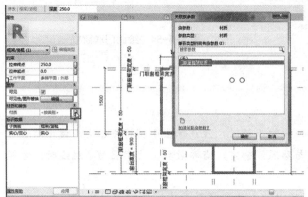

图 4-4-57　新建竖梃材质参数

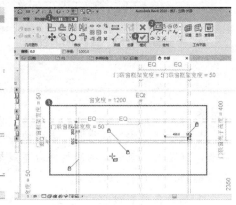

图 4-4-58　锁定参照平面

（9）切换至"参照标高"视图，绘制平面参照线，以定位门联窗框架及玻璃厚度，由于图纸中未给出具体厚度值，可参照常规尺寸设置。以中心线为对称线绘制两条参照平面线，使用"注释"选项卡"尺寸标注"面板中的"对齐"命令或输入快捷键"DI"进行尺寸标注，使用 EQ 等分标注。修改一侧临时尺寸标注值为 40，则另一边根据等分原则进行联动对称变化，如图 4-4-60 所示。将鼠标靠近门联窗框架边线，当出现蓝色预览效果时单击鼠标左键，会出现上下左右拖拽符号，可以按住上下拖拽符号将框架边界拉至刚刚设置的平面参照线位置，同理将竖梃的位置进行拖拽修改，如图 4-4-61 所示。如果在"参照标高"里面看不到在"立面"绘制的构件投影线，则需要在"属性"面板"视图范围"后单击"编辑"按钮，在弹出的"视图范围"对话框对其进行调整，绘图者将"剖切面"调整为 3 000 即可，如图 4-4-62 所示。

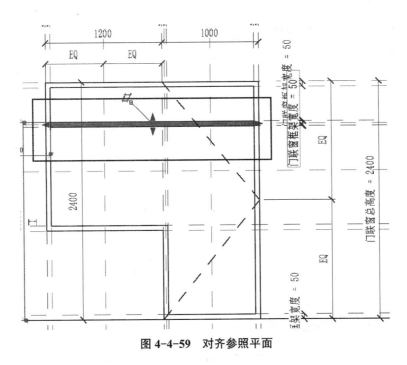

图 4-4-59　对齐参照平面

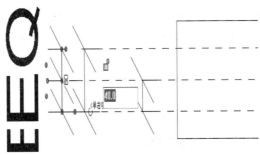

图 4-4-60　设置厚度等分

外部

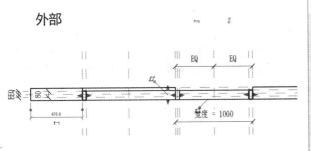

图 4-4-61　竖梃平面位置对齐参照平面

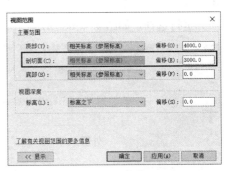

图 4-4-62　调整视图范围

（10）对窗部分的扇叶框架进行绘制。这里同样将窗扇叶框架宽度自定义为30。回到"立面"外部，同样先绘制好扇叶框架参照线，然后利用"拉伸""矩形"绘制方式绘制好左边扇叶框架，单击"确定"按钮退出编辑界面后，在选中的状态下，使用"修改丨拉伸"上下文选项卡"修改"面板中的"镜像－拾取轴"命令，选择对称参照线后完成右边扇叶框架的复制，如图 4-4-63、图 4-4-64 所示。关于材质赋予方法可参照前面所述方法设置。同样要回到参照标高调整窗扇框架平面位置。

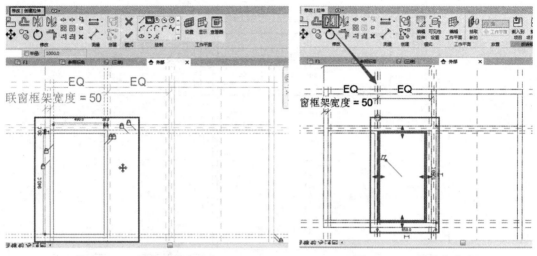

图 4-4-63　拉伸创建左窗扇　　　　　　图 4-4-64　镜像右窗扇

（11）绘制窗扇的扇叶和门联窗的亮子部分。切换至"参照标高"平面视图，单击"创建"选项卡"工作平面"面板中的"设置"按钮，在弹出"工作平面"对话框中选择"拾取一个平面"选项，再单击"确定"按钮。选择处于中心的参照线后，在弹出的"转到视图"对话框中选择"立面：内部"，单击"打开视图"按钮，完成拾取平面的设置操作，如图 4-4-65、图 4-4-66 所示。单击"创建"选项卡"形状"面板中的"拉伸"按钮可同时将所有玻璃部分绘制完成。

注意：在"属性"面板设置"约束"条件，将"拉伸终点"设置为3，"拉伸起点"设置为"−3"，这步操作表示以拾取的中心参照线为参照平面，往下 3 mm 位置为绘制起点，往上 3 mm 的位置为绘制终点来绘制窗扇玻璃，如图 4-4-67 所示。绘制完成后，对绘制的玻璃部分进行材质设置，将"属性"面板中的"子类别"设置为"玻璃"，单击"材质和装饰"中"材质"栏后的"材质浏览器"按钮，弹出"材质浏览器"对话框，在搜索栏搜索玻璃材质并进行选择，如图 4-4-68 所示。

图 4-4-65　设置工作对话框

图 4-4-66　"转到视图"窗口

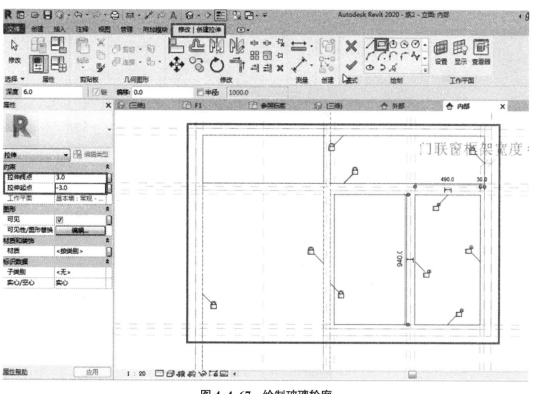

图 4-4-67　绘制玻璃轮廓

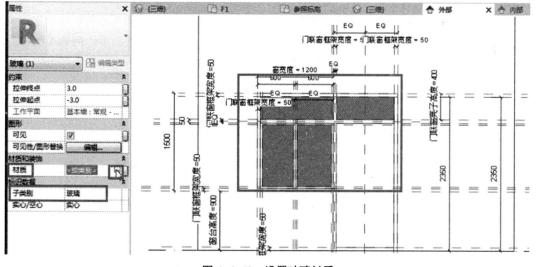

图 4-4-68　设置玻璃材质

（12）同样的方法可以用来绘制门联窗门扇部分。注意："约束"条件设置合适数值。将门扇框的材质设置为"樱桃木"的材质，并将"着色"和"表面填充图案"选择合适的颜色即可，如图 4-4-69 所示。

179

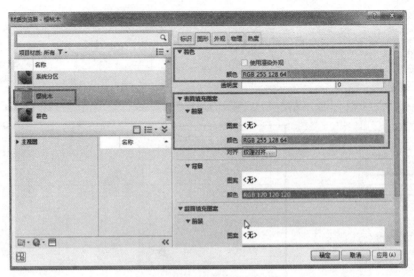

图 4-4-69　设置门扇框材质

（13）载入门锁。在"插入"选项卡"从库中载入"面板中单击"载入族"按钮，在"载入族"对话框"建筑"→"门"→"门构件"→"拉手"文件夹中选择一款门锁，单击"打开"按钮，此处选择"门锁 7"，如图 4-4-70 所示。回到"参照标高"的楼层平面，单击"创建"选项卡"模型"面板中的"构件"按钮。切换至"修改｜放置 构件"上下文选项卡，门锁预显时，将其放置在离门边合适宽度的位置并选择门锁，将"属性"面板的"主体中的偏移"设置为 1 000，单击"属性"面板的"编辑类型"按钮，在弹出的"类型属性"对话框中将该门锁的"面板厚度"调整为 80，与门框架厚度一致，如图 4-4-71 所示。如果要将门锁离地高度设置为族参数，则可以单击"属性"面板"主体中的偏移"栏后面的"关联族参数"按钮，在弹出的"族参数关联"对话框中单击"新建"按钮，新建"门锁高度"的族参数，如图 4-4-72 所示。新建完成后回到"族参数关联"对话框中选择刚刚新建的参数即可完成参数关联。绘制完成后的效果如图 4-4-73 所示。

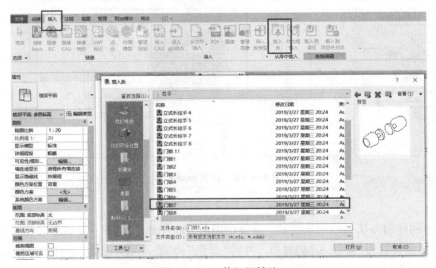

图 4-4-70　载入门锁族

180

图 4-4-71　调整门锁面板厚度

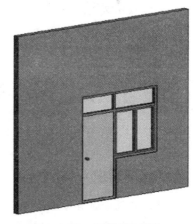

图 4-4-72　新建门锁高度参数　　　　　　图 4-4-73　门联窗族效果

（14）绘制完成后单击"属性"面板中的"族类型"按钮，弹出"族类型"对话框，尝试对各参数进行修改，原参数设置如图 4-4-74 所示，用以检测所创建的族是否可以随着参数变化而联动的族。最后创建完成的门联窗族可以另存为项目外部族文件，随时可以载入调用，也可以单击"族编辑器"面板中的"载入到项目"按钮直接进行门联窗的项目应用。其放置方法与前面的普通门窗放置方法一致。

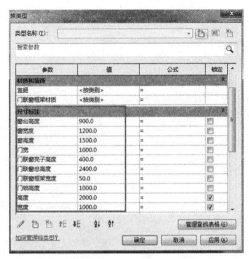

图 4-4-74　参数设置

::: 任务总结

门联窗族绘制方法基本可以总结为以下几点：

（1）绘制门联窗外框架，参照平面定位要准确。

（2）绘制门联窗横竖梃，注意使用"连接"命令完成融合。

（3）绘制窗扇叶框架，注意扇叶类型是"平开"还是"推拉"。

（4）绘制门联窗亮子和窗扇叶玻璃，注意设置工作平面，拾取平面设置好拉伸起点和终点值。

（5）绘制门扇，注意门锁安装通过"创建"选项卡"模型"面板中的"构件"命令完成。

（6）通过修改族参数值，检验族构件是否能够随族参数变化而联动。

任务 4.5　创建幕墙

::: 任务要求

在熟悉建筑普通墙及门窗的创建方法的基础上，根据案例图纸要求，探索项目案例幕墙的创建方法。

::: 相关知识

微课：创建幕墙（一）

微课：创建幕墙（二）

4.5.1　幕墙简介

幕墙是建筑的外墙围护，一般不承重，像幕布一样挂上去，故又称为"帷幕墙"。其是现代大型和高层建筑常用的带有装饰效果的轻质墙体。幕墙是由面板和支承结构体系组成的，可相对主体结构有一定位移能力或自身有一定变形能力、不承担主体结构所作用的建筑外围护结构或装饰性结构。

在 Revit 中，幕墙由"幕墙网格""幕墙竖梃"和"幕墙嵌板"三部分组成，如图 4-5-1 所示。幕墙网格是创建幕墙时最先设置的构件，在幕墙网格上可生成幕墙竖梃；幕墙竖梃即幕墙龙骨，沿幕墙网格生成，若删除幕墙网格则依赖于该网格的幕墙竖梃也将同时被删除；幕墙嵌板是构成幕墙的基本单元，如玻璃幕墙的嵌板即玻璃，幕墙嵌板可以替换为门窗和任意形式的基本墙或叠层墙类型，也可以替换为自定义的幕墙嵌板族。

图 4-5-2 所示为幕墙嵌板被门窗、墙体等不同类型图元替代的效果。

Revit 提供了幕墙、外部玻璃、店面三种系统族类型供选择。其中，幕墙设置灵活性最强，下面将以幕墙类型为例进行介绍。

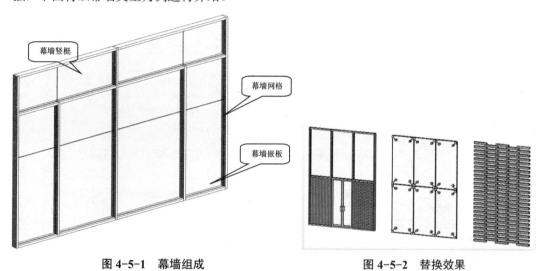

图 4-5-1　幕墙组成　　　　　　　图 4-5-2　替换效果

4.5.2　创建与编辑线型幕墙

1. 创建线型幕墙

（1）打开楼层平面视图或三维视图。

（2）单击"建筑"选项卡"构建"面板"墙"下拉列表中的"墙：建筑"按钮。

（3）在"属性"面板的类型选择器下拉列表中，选择"幕墙"选项，如图 4-5-3 所示。

（4）绘制幕墙的方法同绘制一般墙体，在"修改 | 放置墙"上下文选项卡"绘制"面板中选择"直线"绘制方式。在绘图过程中，可根据状态栏的提示，绘制墙体。

2. 添加幕墙网格

系统默认的幕墙是无网格的玻璃幕墙。可以通过以下方法

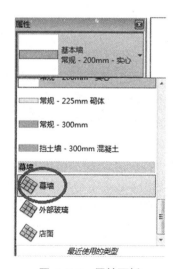

图 4-5-3　属性面板

183

看出：选择绘图区域的幕墙，单击"属性"面板中的"编辑类型"按钮，在弹出的"类型属性"对话框中可以看到"垂直网格样式""水平网格样式"的"布局"栏，均为"无"，如图4-5-4所示。可以在"无"的下拉菜单中选择一种方式进行添加网格（如选择固定距离或固定数量方式），如图4-5-5所示。

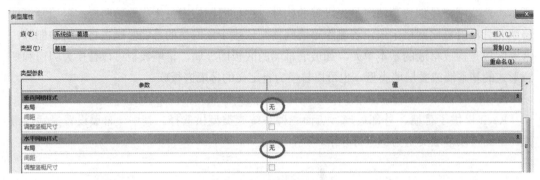

图 4-5-4 幕墙类型属性

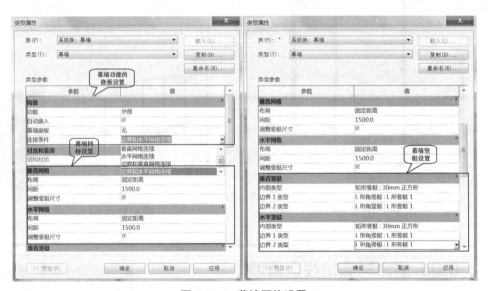

图 4-5-5 幕墙网格设置

也可以手动添加网格。手动添加网格的操作步骤如下：

在三维视图或立面视图下，单击"建筑"选项卡"构建"面板中的"幕墙网格"按钮。

在"修改｜放置幕墙网格"上下文选项卡"放置"面板中选择放置类型。有三种放置类型，分别为"全部分段""一段""除拾取外的全部"，如图4-5-6所示。将幕墙网格放置在幕墙嵌板上时，在嵌板上将显示网格的预览图像，可以使用以上三种网格线段选项之一来控制幕墙网格的位置。

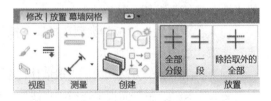

图 4-5-6 "修改｜放置幕墙网格"选项卡

在绘图区域单击选择某网格线，单击出现临时定位尺寸，对网格线的定位进行修改，如

图 4-5-7 所示；或单击"修改 | 幕墙网格"上下文选项卡"幕墙网格"面板中的"添加 / 删除线段"按钮，添加或删除网格线，如图 4-5-8 所示。

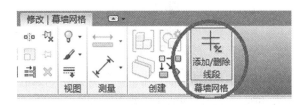

图 4-5-7 修改网格线定位　　　　　图 4-5-8 添加 / 删除网格线

3. 添加幕墙竖梃

创建幕墙网格后，可以在网格线上放置竖梃。

单击"建筑"选项卡"构建"面板中的"竖梃"按钮，在"属性"面板的类型选择器中，选择所需的竖梃类型，如图 4-5-9 所示。

在"修改 | 放置竖梃"上下文选项卡的"放置"面板（图 4-5-10）中，选择下列工具之一：

图 4-5-9 选择竖梃类型　　　　　图 4-5-10 "修改 | 放置竖梃"选项卡

（1）网格线：单击绘图区域中的网格线时，此工具将跨整个网格线放置竖梃。

（2）单段网格线：单击绘图区域中的网格线时，此工具将在单击的网格线的各段上放置竖梃。

（3）全部网格线：单击绘图区域中的任何网格线时，此工具将在所有网格线上放置竖梃。

在绘图区域中单击，以便根据需要在网格线上放置竖梃。

4. 竖梃连接方式

在绘图区域中，选择竖梃。单击"修改 | 幕墙竖梃"上下文选项卡的"竖梃"面板中的"结合"或"打断"按钮。使用"结合"可在连接处延伸竖梃的端点，以便使竖梃显示为一个连续的竖梃，如图 4-5-11 所示；使用"打断"可在连接处修剪竖梃的端点，以便将竖梃显示为单独的竖梃，如图 4-5-12 所示。

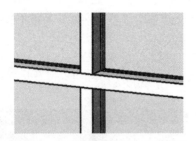

图 4-5-11　对横竖梃进行"结合"

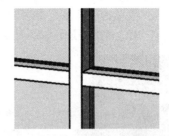

图 4-5-12　对横竖梃进行"打断"

用户可以单击"属性"面板中的"编辑类型"按钮，通过"类型属性"对话框连接条件控制水平竖梃和竖直竖梃之间的连接方式。如图 4-5-13 所示展示了四种连接方式的对比效果。

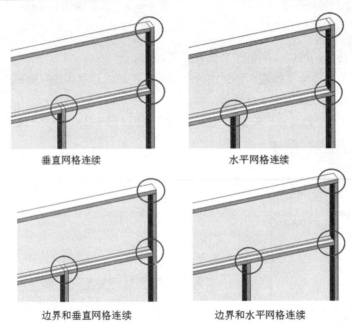

垂直网格连续　　　　　　　　　水平网格连续

边界和垂直网格连续　　　　　　边界和水平网格连续

图 4-5-13　竖梃四种连接方式比较

5. 修改嵌板类型

切换视图至幕墙的立面视图。选择一个嵌板（将光标移动到嵌板边缘上方，并按 Tab 键，直到选中该嵌板为止。查看状态栏中的信息，然后单击以选中该嵌板），在"属性"面板的类型选择器下拉列表中，选择合适的嵌板类型，如图 4-5-14 所示。系统自带的嵌板类型较少，可单击"属性"面板中的"编辑类型"按钮，在弹出的"类型属性"对话框中单击"载入"按钮，载入嵌板族。图 4-5-15 所示为玻璃嵌板替换为墙体嵌板。

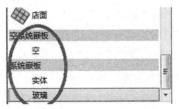

图 4-5-14　嵌板类型

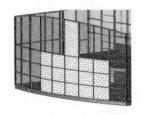

图 4-5-15　墙体嵌板

4.5.3　幕墙系统

幕墙系统同样是由嵌板、幕墙网格和竖梃组成的，但它通常是由曲面组成的，不含有矩形形状，如图 4-5-16 所示。在创建幕墙系统之后，可以使用与幕墙相同的方法添加幕墙网格和竖梃。幕墙系统的创建是建立在"体量面"的基础上的，操作举例如下。

图 4-5-16　幕墙系统

1．创建体量面

创建两层平面模型，打开一层平面视图，单击"体量和场地"选项卡"概念体量"面板中的"内建体量"按钮，如图 4-5-17 所示，在弹出的"名称"对话框中输入自定义的体量名称，如"体量面 1"。在"绘制"面板中单击"样条曲线"按钮，然后绘制一条样条曲线。再打开二层平面视图，在"绘制"面板中单击"直线"按钮，绘制一条直线。这两条线不必相互平行，如图 4-5-18 所示。

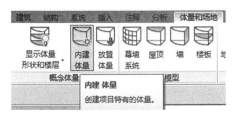

图 4-5-17　内建体量工具

图 4-5-18　绘制的线

打开三维视图，同时选择绘制完成的样条曲线和直线，单击"修改 | 线"上下文选项卡"形状"面板"创建形状"下拉菜单中的"实心形状"按钮，如图 4-5-19 所示，单击"完成体量"按钮，如图 4-5-20 所示。形成的幕墙体量面如图 4-5-21 所示。

图 4-5-19　实心形状工具

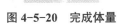

图 4-5-20　完成体量

图 4-5-21　体量面

187

2. 在体量面上创建幕墙系统

单击"建筑"选项卡"构建"面板中的"幕墙系统"按钮，可在"属性"面板中看到系统默认的幕墙系统是"幕墙系统 1500×3000 mm"，如图 4-5-22 所示。单击"编辑类型"按钮，系统弹出"类型属性"对话框，可以看出该幕墙系统是按照固定距离 1 500 mm×3 000 mm 进行网格划分。按照"状态栏"的提示，单击生成的"体量面 1"，单击"修改｜放置幕墙系统"上下文选项卡"多重选择"面板中的"创建系统"按钮，如图 4-5-23 所示，幕墙系统创建完毕，如图 4-5-24 所示。

图 4-5-22　幕墙系统

图 4-5-23　创建体量

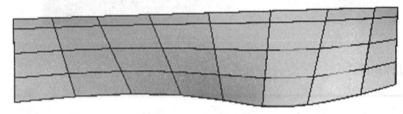

图 4-5-24　幕墙系统

∷· 任务实施

任务目标是完成幕墙案例项目 1 的创建，完成该任务需要根据图纸查询幕墙的轮廓尺寸、网格间距、竖梃截面形状和尺寸、玻璃厚度等信息，如图 4-5-25 所示，以保证幕墙创建的正确性。在本次任务实施过程中，将学习使用幕墙命令、采用"固定距离"和"固定数量"的方式自动创建幕墙网格和竖梃，以及使用"添加／删除线段"命令修改幕墙网格，学习采用竖梃命令创建竖梃。

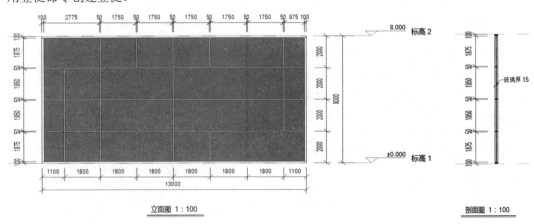

图 4-5-25　幕墙示意

在 Revit 中，幕墙由"幕墙网格""幕墙竖梃"和"幕墙嵌板"三部分组成。幕墙网格是创建幕墙时最先设置的构件，在幕墙网格上可生成幕墙竖梃，幕墙竖梃也就是幕墙的龙骨，若删除网格则依赖于该网格的竖梃也将同时被删除。

（1）查阅立面图，幕墙长为 10 m，高为 8 m，垂直方向需要创建等间距网格，网格距离为 2 000，水平方向需要创建不等距离的网格，并生成竖梃。竖梃截面大小为 50×150，玻璃厚度为 15。

（2）切换到东立面视图，将标高 2 的值修改为 8 m，双击标高 1 切换到标高 1 平面视图，注意幕墙和墙一样需要在平面视图中进行绘制，单击"建筑"选项卡"构建"面板"墙"下拉列表中的"墙：建筑"按钮，在"属性"面板的"类型选择器"，选择"幕墙"选项，如图 4-5-26 所示，在"标高 1"楼层平面中单击鼠标绘制一段长度为 13 m 的墙体（绘制时在数值输入框里输入数值 13 000，按 Enter 键即可完成），切换到南立面视图，为了使幕墙编辑时更具有区分度，用户将视图模式调整为"着色"模式，如图 4-5-27 所示。

（3）创建内部竖梃，由于本模块案例的网格间距具有明显的规律，这里可以采用"固定距离"的方式来自动创建幕墙网格。单击"属性"面板中的"编辑类型"按钮，弹出"类型属性"对话框，用户将类型参数里的"垂直网格"布局方式改为"固定距离"，"间距"修改为"1 800"，单击"确定"按钮，退出对话框，如图 4-5-28 所示。此时幕墙竖向网格将从左至右按照 1 800 的距离排列，由于本模块案例需要从中心向左右两侧排序，因此需要对本网格的排序方式进行修改。单击幕墙中心的图标"配置轴网布局"，在幕墙的左下角会出现一个 UV 坐标，单击向右的箭头，则坐标调整为从中心向左右两侧排序，如图 4-5-29 所示。

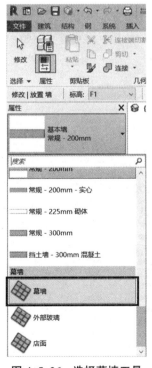

图 4-5-26　选择幕墙工具

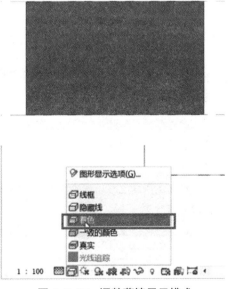

图 4-5-27　调整幕墙显示模式

189

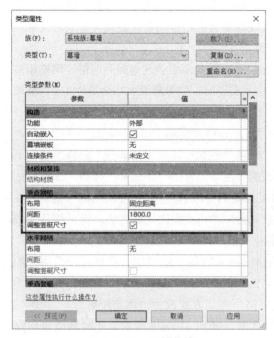

图 4-5-28　设置幕墙　　　　　　　　　图 4-5-29　调整网格排列方式

通过尺寸标注可以检查竖向网格的间距是否符合图纸要求。

（4）绘制间距为 2 000 的水平网格，选择幕墙，单击"属性"面板中的"编辑类型"按钮，弹出"类型属性"对话框，将"布局"选为"固定距离"，"间距"为 2 000（图 4-5-30），或者选择"固定数量"，在"属性"面板中的"水平网格"编号一栏输入数字"3"，也可完成水平网格的放置，如图 4-5-31、图 4-5-32 所示通过尺寸标注检查是否符合绘制要求。

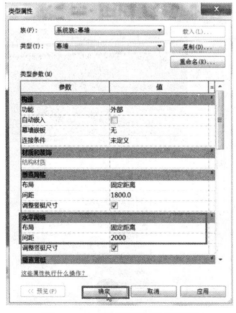

图 4-5-30　设置网格固定距离　　　　　图 4-5-31　设置网格固定数量

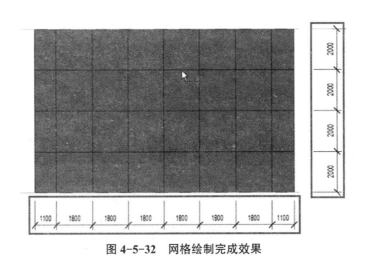

图 4-5-32　网格绘制完成效果

提示

　　通过"固定距离"或"固定数量"方式绘制出来的网格默认是锁定的状态，如果要对其进行编辑，可以选择网格线，对其先解锁，以保证后期竖梃生成时不影响网格的位置。

　　（5）查阅图纸，由于幕墙竖梃在左上角、中间、右下角是断开的，需要对竖梃进行修改，这里以第一根竖向网格线为例，先选中要修改的线段，上方出现"修改｜幕墙网格"的上下文选项卡，选择"幕墙网格"中的"添加 / 删除线段"，然后单击该线段，线段则会预显为虚线样式，鼠标光标在空白处单击则完成删除该线段的操作，过程如图 4-5-33 所示。按照同样的方法修改其他网格，修改后效果如图 4-5-34 所示。

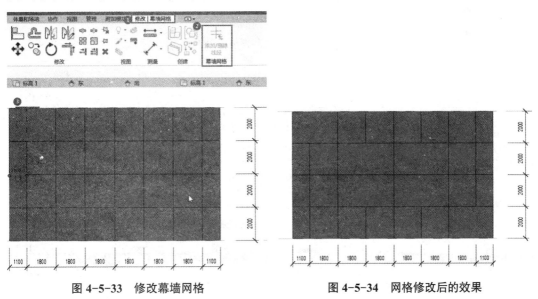

图 4-5-33　修改幕墙网格　　　　**图 4-5-34　网格修改后的效果**

　　（6）添加竖梃，外部竖梃规格为"100×150"，内部竖挺规格为"50×150"，选中幕墙，单击"属性"面板中的"编辑类型"按钮，弹出"类型属性"对话框，在"垂直竖

框""水平竖梃""内部类型"中选择"矩形竖梃:
50×150mm"规格,单击"应用"和"确定"按钮,
即可完成内部竖梃的设置,如图 4-5-35 所示。由于
外部竖梃样式在默认系统样式中缺少,因此需要新
建一个 100×150 规格的竖梃类型。单击"建筑"选
项卡"构建"面板中的"竖梃"按钮,再单击"属
性"面板中的"编辑类型"按钮,弹出"类型属性"
对话框,以"矩形竖梃:50×150"为基础进行复制,
单击"复制"按钮,在弹出的"名称"对话框中将
"名称"命名为"100×150mm",在"类型参数"
中,将"尺寸标注"中的"边 2 上的宽度"及"边
1 上的宽度"都修改为"50",单击"确定"按钮,
如图 4-5-36 所示。返回到"修改 | 放置竖梃"的界
面,单击"网格线"按钮,放置竖梃的网格线即可
放置好刚刚新建的竖梃类型,或者通过之前的方式设

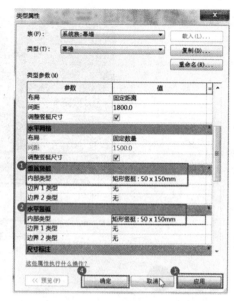

图 4-5-35　设置内部竖梃类型属性

置。通过按 Esc 键退出后选择幕墙,单击"属性"面板中的"编辑类型"按钮,弹出"类型属性"
对话框,在垂直竖梃和水平竖梃中将边界 1、边界 2 的竖梃类型都设置为刚刚新建好的 100×150
的类型即可,单击"应用"和"确定"按钮,就完成了四周边界竖梃的设置,如图 4-5-37 所示。

　　(7)设置玻璃的厚度。将鼠标光标放在幕墙上,按 Tab 键预选到其中任意一块嵌板时,
单击鼠标左键,进入"系统嵌板玻璃"的属性,单击"属性"面板中的"编辑类型"按钮,
弹出"类型属性"对话框,将"类型参数"选项组中的"尺寸标注"中的"厚度"修改为"15",
如图 4-5-38 所示。至此,幕墙绘制完成,效果如图 4-5-39 所示。

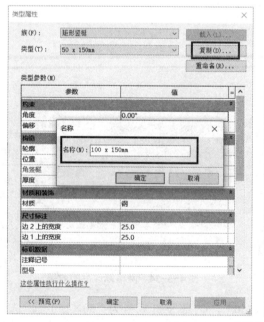
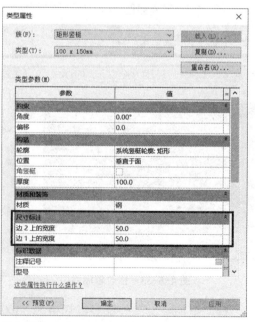

图 4-5-36　设置边界竖梃类型属性

类型属性

族(F):	系统族:幕墙	载入(L)...
类型(T):	幕墙	复制(D)...
		重命名(R)...

类型参数(M)

参数	值
调整竖梃尺寸	☑
水平网格	
布局	固定数量
间距	1500.0
调整竖梃尺寸	☑
垂直竖梃	
内部类型	矩形竖梃 : 50 x 150mm
边界1类型	矩形竖梃 : 100 x 150mm
边界2类型	矩形竖梃 : 100 x 150mm
水平竖梃	
内部类型	矩形竖梃 : 50 x 150mm
边界1类型	矩形竖梃 : 100 x 150mm
边界2类型	无
尺寸标注	圆形竖梃 : 25mm 半径
整厚	圆形竖梃 : 50mm 半径
标识数据	梯形角竖梃 : 梯形竖梃 1
	矩形竖梃 : 100 x 150mm
这些属性执行什么操作?	矩形竖梃 : 30mm 正方形
	矩形竖梃 : 50 x 150mm

<< 预览(P)   确定   取消   应用

图 4-5-37 选择生成竖梃类型

类型属性

族(F):	系统嵌板	载入(L)...
类型(T):	玻璃	复制(D)...
		重命名(R)...

类型参数(M)

参数	值
约束	
偏移	0.0
构造	
构造类型	
材质和装饰	
完成	
材质	玻璃
尺寸标注	
厚度	15.0
分析属性	
分析构造	1/8 英寸 Pilkington 单层玻璃
可见光透过率	0.900000
定义热属性方式	示意图类型
日光得热系数	0.860000
热阻(R)	0.1491 (m²·K)/W
传热系数(U)	6.7069 W/(m²·K)

这些属性执行什么操作?

<< 预览(P)   确定   取消   应用

图 4-5-38 设置玻璃厚度

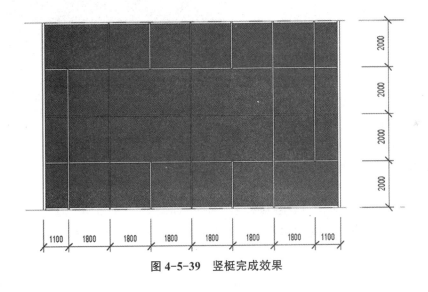

图 4-5-39 竖梃完成效果

提示

由于这里的玻璃都是系统嵌板，所以修改其中任意一块嵌板玻璃即可完成所有嵌板玻璃的厚度修改。

∴ 任务总结

（1）幕墙与墙体创建方法类似，需要在平面视图中绘制幕墙，先调整幕墙轮廓的大小再创建网格。

（2）对于网格间距有规律的幕墙可以采用固定距离或固定数量方式快速创建幕墙网格。

（3）选择幕墙单击配置轴网布局符号，通过改变 UV 坐标可以修改幕墙网格间距测量起点。

（4）通过 Tab 键可以切换幕墙、网格、竖梃与嵌板的选择。

（5）通过调整类型属性可以统一调整竖梃的链接方式或单击链接符号，可以手动修改竖梃的链接方式。

（6）幕墙嵌板需选择门窗嵌板替换，若幕墙中插入门窗需要先将嵌板替换成墙后再放置门窗。

任务拓展

任务目标是完成幕墙案例项目2的创建，如图 4-5-40 所示。通过该案例重点学习网格线的修改、载入门窗嵌板替换幕墙玻璃嵌板的操作方法。

（1）进入东立面视图，将标高 2 的标高值修改为 8 m，与墙体高度一致。双击标高 1 进入平面视图，单击"建筑"选项卡"构建"面板"墙"下拉列表中的"墙：建筑"按钮，在"属性"面板"类型选择器"中选择"基本墙：外墙"选项，绘制长度为 9.8 m 的墙。再在"属性"面板"类型选择器"中选择"幕墙"选项，当鼠标放在原墙体上时会出现临时尺寸，当显示 1 000 时开始绘制幕墙的起点，绘制 7.8 长的幕墙，但由于幕墙与墙体重

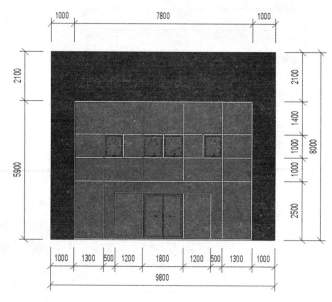

图 4-5-40　幕墙

叠，所以，会出现重复绘制的"警告"，如图 4-5-41 所示。查看三维图，幕墙在墙体上不可见，如图 4-5-42 所示。

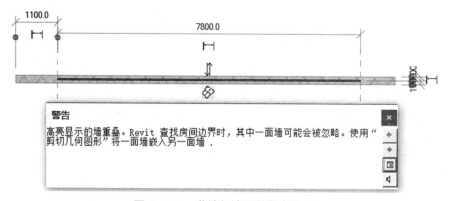

图 4-5-41　幕墙与墙重叠警告提示

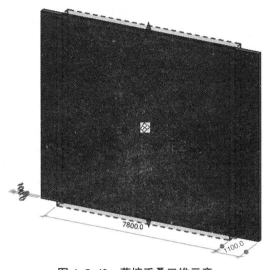

图 4-5-42　幕墙重叠三维示意

　　修改幕墙高度，通过修改"属性"栏里面的"无连接高度"值，或者在绘制幕墙时，在选项栏"未连接"一栏输入"5 900"即可，如图 4-5-43 所示。然后修改幕墙嵌入方式，选中幕墙，单击"编辑类型"按钮，弹出"类型属性"对话框，将"构造"一栏里面的"自动嵌入"进行勾选，如图 4-5-44 所示，即可以将幕墙嵌入墙体，完成墙体剪切，剪切后的效果如图 4-5-45 所示。

　　（2）回到南立面视图，开始绘制幕墙网格。单击"建筑"选项卡"构建"面板中的"幕墙网格"按钮，将鼠标光标放置在幕墙水平边界上，将出现垂直网格的预览虚线，单击鼠标左键即可放置完成第一根网格竖线，按 Esc 键退出后选择该根网格线，单击临时尺寸，在编辑框输入数值"1 300"即可完成该网格线的距离值修改，如图 4-5-46 所示。

图 4-5-43　设置幕墙连接高度

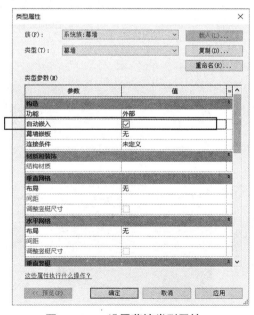

图 4-5-44　设置幕墙类型属性

195

图 4-5-45　幕墙剪切完成效果

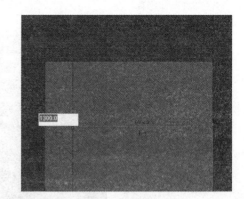

图 4-5-46　绘制幕墙网格

提示

1. 如果进入南立面视图中，墙的内外面放置有误，则可以通过选中墙后按空格键进行内外面翻转。

2. 弧形幕墙可采用圆弧绘制方式创建，在没有绘制网格时弧形幕墙显示线型状态，当添加网格后才显示弧形，添加网格越多弧度越平滑。

其余幕墙网格线可以通过复制完成。退出绘制界面后选中刚刚绘制的网格线，切换至"修改|幕墙网格"上下文选项卡，单击"修改"面板中的"复制"按钮，勾选"约束"及"多个"，单击该网格线为复制起点，当出现临时尺寸时直接输入"500"按 Enter 键，完成第二根网格线绘制，然后将鼠标光标向右移动，连续输入要复制的第三根网格线的间距"1 200"按 Enter 键完成绘制，如图 4-5-47 所示。这样左边的三根竖向网格线都已经绘制好，然后可以通过镜像完成右边的网格线的绘制。按住 Ctrl 键将三根网格线都选中，然后单击"修改"面板中的"镜像－绘制轴"按钮，将鼠标光标放置在幕墙水平边界中间处，当自动识别到中心点出现小△时，单击鼠标绘制镜像轴，右边三根网格线就会以该轴为对称线绘制完毕。绘制完成后的效果如图 4-5-48 所示。

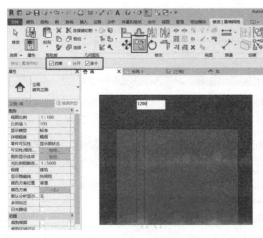

图 4-5-47　复制网格

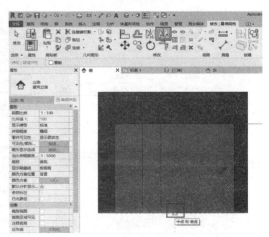

图 4-5-48　镜像网格

参照竖向网格线的绘制方法对照案例图纸来绘制水平网格线，可以采取先放置网格线，后修改临时尺寸标注的方法。绘制完成后可以用尺寸标注来检查是否符合图纸要求，如图4-5-49所示。

当绘制横向网格线时，鼠标应该放置在靠近竖向边界或竖向网格线附近才会出现水平网格线预览。

图4-5-49　网格绘制完成效果

（3）选择需要修剪的幕墙网格线，通过"添加／删除线段"工具，修改网格如图4-5-50所示。单击"建筑"选项卡"幕墙网格"按钮，切换至"修改｜放置幕墙网格"上下文选项卡，单击"放置"面板中的"一段"按钮，添加局部网格线，如图4-5-51所示。放置完成后对其进行临时尺寸距离修改，左右悬窗距离边线都是"850"。

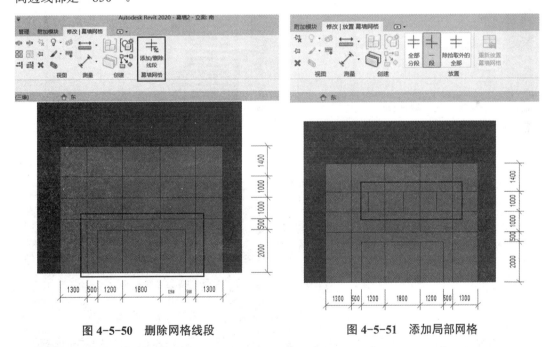

图4-5-50　删除网格线段　　　　图4-5-51　添加局部网格

（4）对推拉门、门头、悬窗部分进行嵌板替换。首先选中要进行替换嵌板的区域，将鼠标光标放置在门头边界线处，通过配合切换Tab键，当预选到该区域时，该区域轮廓会有蓝色高亮显示，此时单击鼠标左键即可选中该区域，如图4-5-52所示。在"属性"面板"类型选择器"中选择"常规-200 mm"墙体，则此处门头处的玻璃嵌板替换完毕，如图4-5-53所示。

197

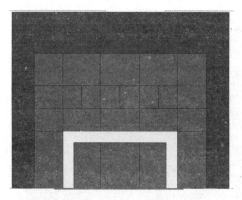

图 4-5-52　选择门头嵌板

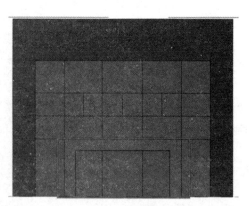

图 4-5-53　嵌板替换墙体

　　按照同样的方法选择中间放置推拉门的玻璃网格区域，单击"属性"面板中的"编辑类型"按钮，弹出"类型属性"对话框，单击"载入"按钮，弹出"打开"对话框，选择"建筑"→"幕墙"→"门窗嵌板"→"门嵌板 50-70 双嵌板铝门"，单击"打开"按钮，即完成嵌板门载入，如图4-5-54、图4-5-55所示。返回到"类型属性"对话框，选择刚刚载入的嵌板门族，单击"确定"按钮，即可完成该区域的门嵌板替换，如图4-5-56所示。替换后的效果如图4-5-57所示。

图 4-5-54　载入幕墙嵌板

图 4-5-55　选择门嵌板类型

图 4-5-56　选择替换门嵌板

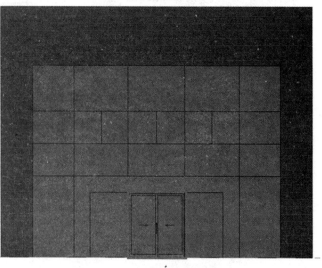

图 4-5-57　门嵌板替换完成效果

同样的方法选中要替换窗嵌板的区域，由于有四个悬窗，用户可以通过配合"Ctrl"键，然后框选的形式，一次选中四个要替换的区域，如图4-5-58所示。单击"属性"面板中的"编辑类型"按钮，弹出"类型属性"对话框，在"族"一栏中选择已提前载入的"窗嵌板-上悬无框铝窗"族，单击"确定"按钮完成替换，如图4-5-59所示。替换效果如图4-5-60所示。

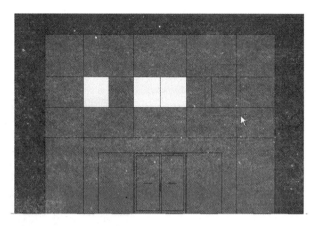

图 4-5-58　选择嵌板

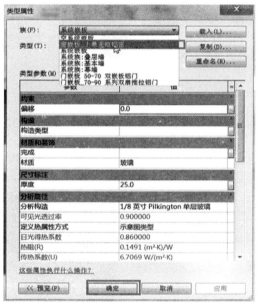

图 4-5-59　选择替换窗嵌板

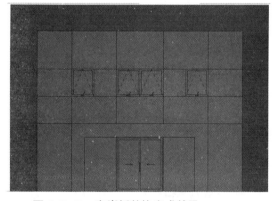

图 4-5-60　窗嵌板替换完成效果

（5）对网格线添加竖梃，单击"建筑"选项卡"构建"面板中的"竖梃"按钮，如图4-5-61所示，切换至"修改|放置 竖梃"上下文选项卡，单击"放置"面板中的"全部网格线"按钮，当鼠标光标移动到幕墙网格区域会自动预选到全部网格线，单击鼠标则可以完成所有竖梃添加。系统默认的竖梃规格为"矩形竖梃50×150mm"，用户可以根据需要进行类型替换，如图4-5-62所示。

图 4-5-61　启用"竖梃"工具

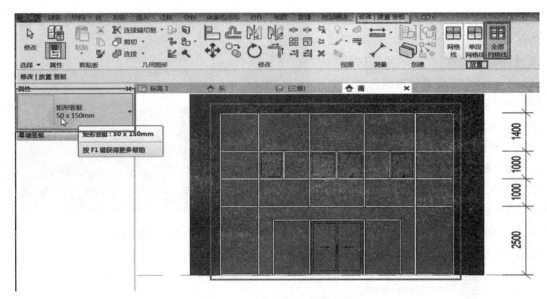

图 4-5-62　布置竖梃完成效果

任务 4.6　创建屋顶

微课：创建屋顶

:·: 任务要求

根据员工宿舍楼图纸，完成该项目屋顶的创建。

:·: 相关知识

屋顶是建筑物的重要组成部分。在 Revit 中提供了多种建模工具，如迹线屋顶、拉伸屋顶、面屋顶、玻璃斜窗等创建屋顶的常规工具。另外，通过一些特殊构造的屋顶，还可以通过内建的模型工具来创建。

1. 迹线屋顶

"迹线屋顶"在"建筑"选项卡"构建"面板"屋顶"的下拉列表中，如图 4-6-1 所示。进入绘制屋顶轮廓草图模式后，可以采用拾取的方法绘制屋顶，并在选项栏中设置悬挑及延伸位置，也可直接使用线工具绘制屋顶轮廓，选择轮廓线，单击角度值设置屋面坡度，如图 4-6-2 所示。如所有线条取消勾选"定义坡度"则生成平屋顶。其中，图元属性可以设置屋顶位置、坡度，在"类型属性"中可以设置坡度值、构造层材质、表面填充图案等参数，同楼板及墙的设置方法类似。

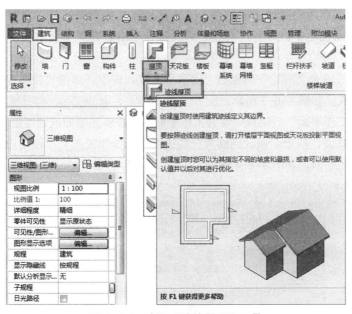

图 4-6-1　启用"迹线屋顶"工具

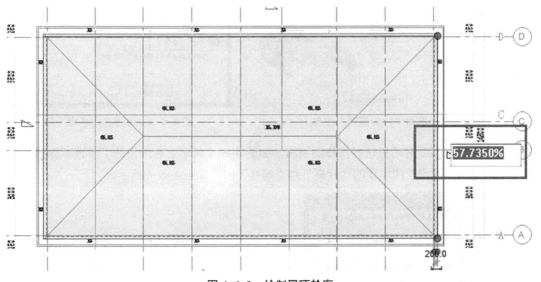

图 4-6-2　绘制屋顶轮廓

提示

1. 可以给每条坡度定义线设置不同的坡度值或不定义坡度。

2. 视图基线：方便捕捉首层墙体绘制屋顶轮廓线，视图基线可灰显下层构件，以便对照绘制。

2. 拉伸屋顶

拉伸屋顶适用于创建具有单一方向的折线或曲线形式的异形屋顶，与迹线屋顶相同，拉伸屋顶也是基于草图绘制的,但是用于定义屋顶形式的草图线是在立面或剖面视图中绘制的而不是在平面视图中。并且,会在之后的拉伸中沿着建筑平面的长度来决定屋顶的拉伸长度。

在"建筑"选项卡"构建"面板的"屋顶"下拉列表中,单击"拉伸屋顶"按钮,进入绘制轮廓草图模式,如图4-6-3所示。

在弹出的"工作平面"对话框中设置工作平面(选择参照平面或轴网绘制屋顶截面线),选择工作视图(立面、框架立面、剖面或三维视图作为操作视图)。使用拾取的方式,拾取相应的轴网或参照平面,如图4-6-4所示。

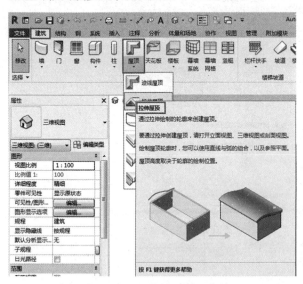

图 4-6-3　启用"拉伸屋顶"工具　　　　　　图 4-6-4　设置工作平面

在"转到视图"对话框选择操作的视图,如图4-6-5所示,在弹出的"屋顶参照标高和偏移"对话框中设置拉伸屋顶的"标高"和"偏移"值,如图4-6-6所示。

图 4-6-5　设置工作平面　　　　　　图 4-6-6　设置工作平面

提示

修改拉伸屋顶的拉伸起点或终点也可以在立面视图中完成。例如，在南立面上绘制的拉伸屋顶，可以进入东立面或西立面，使用拖拽或"对齐"命令，使拉伸屋顶的边缘操纵柄至所需位置。必要时，可以通过在立面上绘制参照平面来精确定位。

∷• 任务实施

根据员工宿舍楼图纸查阅屋顶的厚度、材质、混凝土强度等级、标高等信息，保证屋顶模型布置的正确性。需查阅图纸为《建施-03》《结施-02》《结施-13》《建施-07》《建施-08》。在学习创建屋顶的过程中，用户将学习使用"迹线屋顶"命令创建屋顶、使用"定义坡度"创建坡屋顶。

（1）查阅《建施-03》中坡屋面的做法，可知屋顶材质为钢筋混凝土板，从《结施-02》中找到板的混凝土强度等级为 C30，从《结施-13》的说明中找到屋顶的板厚为 120 mm，从《建施-07》屋顶平面图中了解到该屋顶为四坡屋顶，坡度为 45.5%，从《建施-08》立面图中知晓屋顶的顶高度为 16.17 m。

（2）软件中切换至檐口 F4 楼层平面，将屋顶层平面图链接进来后选择①－Ⓐ轴的交点进行轴网对正后锁定，防止因误操作将底图移动，如图 4-6-7 所示。

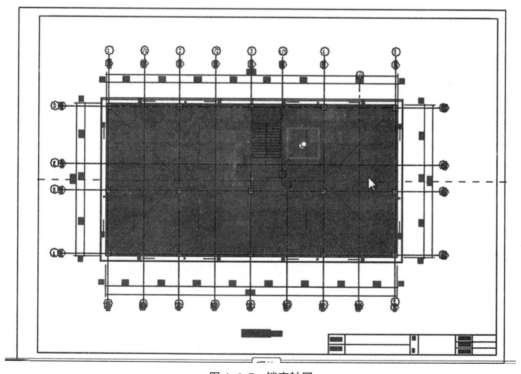

图 4-6-7　锁定轴网

（3）创建屋顶类型。Revit"建筑"选项卡中提供了屋顶工具，用于在项目中添加屋顶，有"迹线屋顶""拉伸屋顶""面屋顶"三种形式，针对员工宿舍楼，这里使用"迹线屋顶"

命令。单击"属性"面板中的"编辑类型",弹出"类型属性"对话框,将"类型"选择为"常规 –120",单击"复制"按钮,在弹出的"名称"对话框中将"名称"命名为"宿舍楼屋顶 –120 mm",如图 4-6-8 所示。单击"结构"后的"编辑"按钮,弹出"编辑部件"对话框,将"结构〔1〕"材质改为"混凝土 – 现场浇",厚度 120 不用修改,本项目是"暗红色块瓦屋面",可以在结构层上方"插入"一个面层,材质选择"红瓦"的基础上复制重命名为"暗红色块瓦屋面",厚度可自设为 10 mm,单击"确定"按钮完成屋顶类型创建,如图 4-6-9 所示。

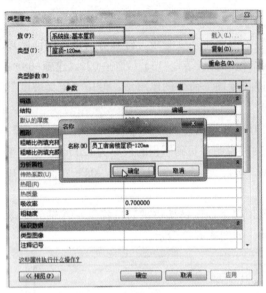

图 4-6-8　"类型属性窗口"　　　　　图 4-6-9　"编辑部件"窗口

（4）绘制屋顶轮廓。绘制之前用户先在"管理"选项卡"设置"面板中单击"项目单位"按钮,在弹出的"项目单位"对话框中将"坡度"修改为"百分比",如图 4-6-10 所示。然后在"修改 | 创建屋顶迹线"上下文选项卡"绘制"面板中单击"拾取线"按钮,确认选项栏中的"定义坡度"已勾选,拾取屋顶轮廓,如图 4-6-11 所示。拾取完成后,修改"属性"面板中的"坡度"值为"45.5",单击"完成编辑模式"按钮✔完成绘制,如图 4-6-12 所示。

（5）检查屋顶标高。单击"注释"选项卡"尺寸标注"面板中的"高程点"按钮,检查屋顶标高值是否为 16.17 m,或是在立面图里面查看核对屋顶标高值,如图 4-6-13 所示。

图 4-6-10　设置坡度单位

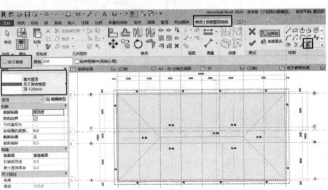

图 4-6-11　拾取线绘制屋面轮廓

图 4-6-12　屋顶坡度设置

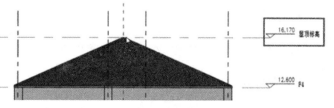

图 4-6-13　核对屋顶完成后标高

　　要对屋顶轮廓其中一条边线单独进行坡度修改，如果平面中不好选中屋顶构件，则可以先在立体三维图中选择屋顶，切换至"修改 | 屋顶"上下文选项卡后，单击"编辑迹线"按钮，进入编辑界面，如图 4-6-14 所示。再选择适合的楼层平面激活，选择要单独修改的屋顶轮廓边线，在坡度值输入框进行重新修改或者通过"属性"栏里面的"坡度"进行修改即可。

　　如果是取消某处屋顶轮廓的坡度，同样选择该处轮廓线之后，取消"定义坡度"的勾选符号"√"即可。

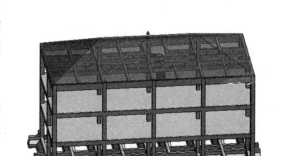

图 4-6-14　"编辑 | 屋顶"工具

提示

　　对于平屋顶，可以通过"屋顶"和"楼板"创建，不同点在于，前者是基于当前设置的标高向上创建；后者则是向下创建，所以，提醒学习者注意在采用楼板创建平屋顶时需要对板标高位置进行调整。

∴ 任务总结

　　（1）以"建筑"选项卡"构建"面板"屋顶"下拉列表中的"迹线屋顶"为基础，根据图纸信息建立相应屋顶构件类型。

　　（2）对屋顶厚度、材质、混凝土强度等级、标高信息进行设置。

（3）最终依据图纸在相应位置创建屋顶，注意绘制坡屋顶时在需要设置坡度的轮廓边设置坡度（对不需要坡度设置的轮廓边可通过直接删除坡度符号），并修改坡度值，最后核对屋顶标高值。

任务 4.7 室外附属工程

∷· 任务要求

根据提供的员工宿舍楼案例 CAD 图纸，完成项目中台阶和散水的创建。

∷· 相关知识

在 Revit 中没有专用的"台阶"族，一般用楼板来创建，也可以自行创建相应族，还可以采用楼板边缘，甚至楼梯的方式来创建台阶。

在 Revit 中没有专用的"散水"族，一般采用轮廓族，设定为楼板边缘后进行创建。这个方法也可用于台阶的创建。

Revit 提供了坡道工具，可以直接为项目创建。

∷· 任务实施

本案例提供了 CAD 图纸，下面介绍拾取 CAD 底图线的方式，用"楼板"工具创建台阶。

微课：创建台阶

1. 创建台阶

（1）打开项目文件，在"项目浏览器"中选择 F1 建筑平面视图，确认链接 CAD 底图位置正确的情况下，采用创建楼板的方法创建台阶。

（2）在"建筑"选项卡"构建"面板"楼板"下拉列表中单击"楼板：建筑"按钮，在"修改 | 创建楼层边界"上下文选项卡"绘制"面板中单击"直线"或"矩形"按钮，在 CAD 底图上绘制各级台阶的边界。

（3）由于各级台阶的高度不同，需要设置"垂直轮廓偏移"的值来调整各级台阶的高度。

提示

注意楼板族的类型属性，一方面是要复制后修改名称为"台阶"；另一方面如果台阶的厚度与楼板的厚度不同，则需要在属性中修改"结构"值。

2. 创建散水

（1）新建一个族，选择"公制轮廓"样板，根据图纸的要求绘制散水的轮廓，如图 4-7-1 所示。

微课：创建散水

（2）单击"创建"选项卡"属性"面板中的"族类别和族参数"按钮，将弹出的"族类别和族参数"对话框中的"轮廓用途"定义为"楼板边缘"，如图 4-7-2 所示。

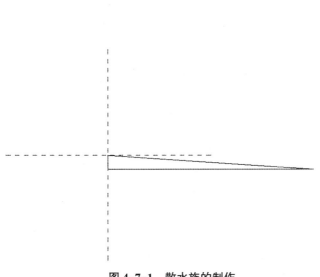

图 4-7-1　散水族的制作　　　　图 4-7-2　修改轮廓用途为楼板边缘

（3）将族保存，命名为"散水"，并载入到项目中。单击"建筑"选项卡"构建"面板"楼板"下拉列表中的"楼板：楼板边"按钮，单击"属性"面板中的"编辑类型"按钮，将弹出的"类型属性"对话框中的"轮廓"，选择为"散水：散水"，如图 4-7-3 所示。

（4）在三维视图中，单击底层的楼板边缘，则可以将散水创建成功，如图 4-7-4 所示。

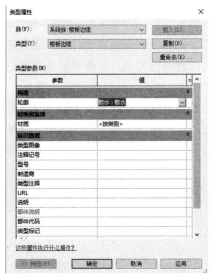

图 4-7-3　修改轮廓值为散水　　　　图 4-7-4　散水创建三维图

如果散水的内侧是墙体不是混凝土楼板，则可以采用墙饰条达到类似的效果。将散水族中的"轮廓用途"定义为"墙饰条"。在"建筑"选项卡"构建"面板"墙"下拉列表中单击"墙：饰条"按钮，在"属性"面板中单击"编辑类型"按钮，将弹出的"类型属性"对话框中的"轮廓"参数中修改为"散水"即可。

3. 创建坡道

通常室外坡道在入口台阶两侧，作为无障碍通道（通常是直线形）或汽车通道（通常是圆弧形）。项目图纸中没有室外坡道，为此设定练习案例坡道相关参数值，坡度比例为 1/12，高差为 450 mm，坡道长度为 5 400 mm，宽度为楼板边缘和平台外边缘。

（1）在"建筑"选项卡"楼梯坡道"面板中单击"坡道"按钮；单击"属性"面板中的"编辑类型"按钮，弹出"类型属性"对话框，单击"复制"按钮，在弹出的"名称"对话框中将"名称"命名为"坡道 1"，如图 4-7-5 所示。

（2）设置类型属性。在"造型"中有"结构板"和"实体"两种选项，对于楼梯中的坡道，宜选用"结构板"；对于室外坡道，则宜选择"实体"。在"尺寸标注"中，"坡道最大坡度（1/X）"中值是指 X 值，如值"12"是指垂直投影为 1 的情况下水平投影的值。设置结果如图 4-7-5 所示。

（3）进入草图编辑模式后，有三个选项，如图 4-7-6 所示。其中，梯段可以直接以直线或圆弧形式绘制，宽度由属性定义，高差为属性中的顶部

图 4-7-5　坡道的类型属性设置

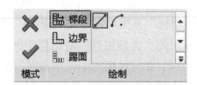

图 4-7-6　创建坡道草图编辑工具

和底部标高的差值。采用梯段方式创建坡道时，坡道的长度由坡度和高差自动计算，起点为低点、终点为高点，选择绘制直线或弧线完成坡道创建。以直线型为例，在设置好实例属性中的限制条件相应数值后，可在绘图区域单击一点（如果有 CAD 底图，选择坡道起点线中点）作为坡道的起点，再移动到坡道的末端（高点）单击，完成坡道草图的绘制，如图 4-7-7 所示，绿色为边界线，黑色为踢面线，蓝色为中心线，可以根据需要对其做相应的调整。删除坡道自带扶手的三维效果如图 4-7-8 所示。

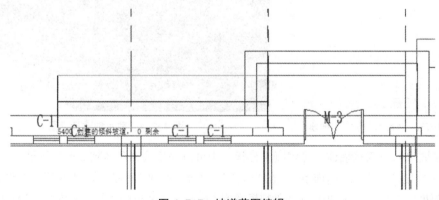

图 4-7-7　坡道草图编辑

208

图 4-7-8　坡道效果图

提示

另一种创建坡道的方式是采用"边界"与"踢面"相结合的办法，即直接分别绘制坡道的边界线和踢面线，即可直接生成坡道。这种方法比较适合有 CAD 底图的情况，可以采用"拾取线"的方式绘制边界线和踢面线，可以准确、快捷地创建未完成坡道。

∴∶ 任务总结

台阶和散水在 Revit 中没有专用的族，可以用其他族（如楼板）代替以减少工作量；也可以采用轮廓族的办法，按项目要求做出相应尺寸的族，然后根据项目是楼板或墙体情况，将"轮廓用途"设置为"楼板边缘"或"墙饰条"，再引用相关族即可。

对于坡道，在 Revit 中有相应的族，可以采用"梯段"的方式创建，也可以采用"边界"与"踢面"相结合的办法，两种方法其实是统一的，采用"梯段"方式创建的坡道，可以进行修改，进入草图编辑时，可以重新按"边界"与"踢面"的方法进行修改。

∴∶ 任务拓展

台阶可以采用轮廓族的方法进行创建，也可以先创建相应断面的族，然后在楼板边缘创建一个一面台阶。如果先创建一个平台，可以分别在此平台的三个面分别创建台阶，形成三面台阶。

族类别设置与上述散水设置相同，如图 4-7-9 所示，将"轮廓用途"设置为"楼板边缘"，并载入到项目中。

为对比方便，先创建楼板族创建一个室外平台，厚度与台阶总厚度相同，如图 4-7-10 所示，平面尺寸不包括台阶族中最上一级台阶宽度，如图 4-7-11 所示。

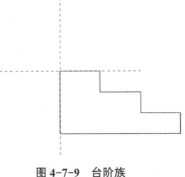

图 4-7-9　台阶族

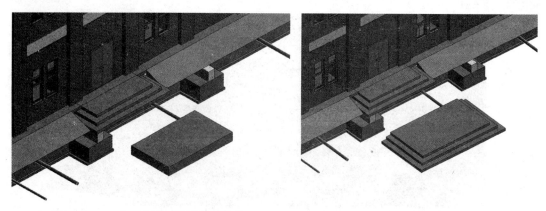

图 4-7-10　室外台阶对比的平台部分　　　　图 4-7-11　由台阶族形成的三面台阶

任务 4.8　创建栏杆扶手

∷ 任务要求

根据提供的员工宿舍楼案例 CAD 图纸，创建坡道两侧栏杆扶手。

∷ 相关知识

栏杆的创建方法有两种，一种是绘制路径生成栏杆扶手；另一种是拾取主体生成栏杆扶手。

1. 绘制路径生成栏杆扶手

新建项目文件后，在"建筑"选项卡"楼梯坡道"面板"栏杆扶手"下拉列表中单击"绘制路径"按钮，如图 4-8-1 所示。

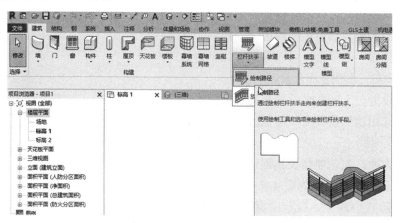

图 4-8-1　栏杆扶手按钮绘制路径选项

在草图编辑模式中，"属性"面板中"栏杆扶手"类型默认为"900 mm 圆管"，选项栏中不勾选"半径"，在平面中绘制一根直线（路径），完成后单击"完成编辑模式"按钮，切换到三维视图，如图 4-8-2 所示。

栏杆的扶手、立杆、扶栏的调整是通过其属性各项参数进行修改，如图 4-8-3 所示。单击"属性"面板中

图 4-8-2　栏杆三维模型图

的"编辑类型"按钮，弹出"类型属性"对话框，单击"栏杆结构（非连续）"一行中的"编辑"按钮，弹出相应对话框，如图 4-8-4 所示，在此可增加或减少扶栏的数量及其高度、轮廓等参数。单击"栏杆位置"一栏中的"编辑"按钮，弹出"编辑栏杆位置"对话框，如图 4-8-5 所示，可以调整竖向栏杆间距、栏杆族、轮廓等参数，还可以增加多组栏杆。

图 4-8-3　栏杆扶手类型属性

图 4-8-4　编辑栏杆结构（非连续）窗口

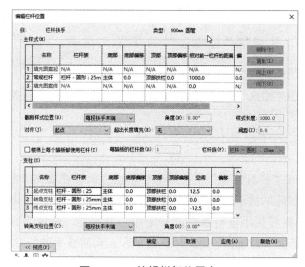

图 4-8-5　编辑栏杆位置窗口

211

对于主体是倾斜面情况，如果上述采取绘制路径的方法，其栏杆扶手始终为水平状态，与实际不符合。此时可以在绘制路径前，先单击"修改 | 创建栏杆扶手路径"上下文选项卡"工具"面板中的"拟拾取新主体"按钮，如图4-8-6所示，在选择新的倾斜面后，再进入平面绘制路径，则可以作出倾斜的栏杆扶手，如图4-8-7所示。

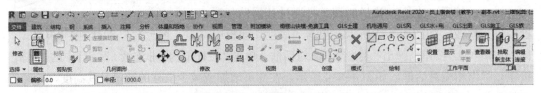

图 4-8-6 拾取新主体按钮

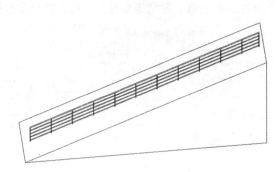

图 4-8-7 在坡道上绘制路径创建栏杆扶手

2. 拾取主体生成栏杆扶手

若在"栏杆扶手"下拉列表中单击"放置在楼梯 / 坡道上"按钮，如图4-8-8所示，此时直接拾取要安放栏杆扶手的主体，则主体上会自动生成两侧扶手，如图4-8-9所示，对自动创建的栏杆扶手不满意，可以在"属性"面板中单击"编辑类型"按钮来进行调整，位置也可以双击栏杆扶手后进入草图编辑后进行调整。

图 4-8-8 栏杆扶手按钮"放置在楼梯 / 坡道上"选项

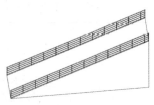

图 4-8-9 拾取主体自动生成
两侧扶手

∷ 任务实施

在项目文件中，在"栏杆扶手"下拉列表中单击"放置在楼梯 / 坡道上"按钮，在三维视图中直接拾取前面创建的坡道，则自动创建两侧的栏杆，如图4-8-10所示。

选中外侧的一个栏杆扶手进行修改，新增加一道扶栏，高度为500 mm，如图4-8-11所示。修改栏杆的间距为300 mm，如图4-8-12所示，再将扶手的位置向内侧移动100 mm，在草图编辑状态下，将路径线向内侧移动100 mm，如图4-8-13所示。调整后的结果如

图 4-8-14 所示。

图 4-8-10 坡道上创建栏杆扶手效果图

图 4-8-11 增加扶栏

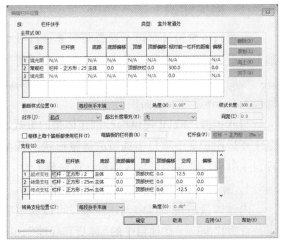

图 4-8-12 修改栏杆间距

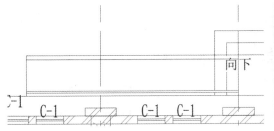

图 4-8-13 移动栏杆扶手路径线

图 4-8-14 调整后的栏杆扶手

∴ 任务总结

栏杆的创建方法有两种，一种是绘制路径生成栏杆扶手，主要适合在平面上进行创建；另一种是拾取主体生成栏杆扶手，主要适合在坡道、楼梯等倾斜主体上创建。栏杆扶手创建后，仍需要作出各种修改，主要是通过"属性"面板中各类型参数的修改实现。

任务 4.9 建筑概念体量

任务要求

任务 1：采用体量的方式，在项目中建立体量面楼板、体量面墙体、体量面屋顶，表现设计思路。

任务 2：以台阶为例，用内部体量创建混凝土台阶。

相关知识

在项目方案设计阶段，建筑师需要进行概念设计，在概念体量环境下，可以快速、灵活地形成设计模型以表达自己设计意图，然后通过纹理化、构件化等方式，转换形成楼板、屋顶、幕墙系统和墙。体量不仅是为了建筑方案设计用，也可用于非常规构件建模，它极大地增强了 Revit 建立大曲面模型的能力。

与族相似，Revit 提供两种创建体量的方式，内建体量和可载入体量（体量族）。内建体量主要运用于某个项目中独特的体量形状，若在一个项目中多次重复使用多个实例或在多个项目中引用，则采用可载入体量（体量族）。

1. 新建内建体量

内建体量是在项目中创建体量，可以利用项目中已有构件的点、线、面来创建体量，体量位置直接准确。在项目中的"体量和场地"选项卡"概念体量"面板中单击"内建体量"按钮，弹出"名称"对话框，如图 4-9-1、图 4-9-2 所示，输入内建体量的名称后，进入内建体量的草图绘制模式。

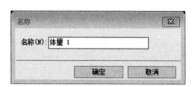

图 4-9-1　体量和场地选项卡　　　　　　图 4-9-2　内建体量名称对话框

2. 创建体量族

选择"文件"→"新建"→"概念体量"选项，如图 4-9-3 所示。在弹出的"新概念体量 -选择样板文件"对话框中，选择"公制体量"族样板，如图 4-9-4 所示，单击"打开"按钮后，进入体量族编辑器界面。

（1）体量的创建。工作平面、参照线、参照点是创建体量的基本要素，根据需要，选择合适的工作平面创建模型线或参照线，选择这些模型线、参照线，单击"实心形状"或"空心形状"命令创建三维体量。

图 4-9-3　创建概念体量菜单

图 4-9-4　创建概念体量对话框

1）工作平面。工作平面是一个用作视图或绘制图元的虚拟二维表面。工作平面的形式包括视图中默认的参照平面、标高、模型或构件的表面、绘制的参照平面、参照点上的工作平面等。

单击"创建"选项卡"工作平面"面板中的"设置"按钮，可以在三种方式中选择一种方式来确定工作平面，如图 4-9-5 所示，也可以采用默认的平面或临时选中某个平面作为工作平面，还可以单击"创建"选项卡"绘制"面板中的"平面"按钮来创建工作平面。

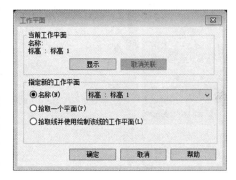

图 4-9-5　工作平面设置

在默认情况下，工作平面是不显示的，单击"创建"选项卡"工作平面"面板中的"显示"按钮，可以将工作平面显示出来。

2）模型线和参照线。单击"创建"选项卡"绘制"面板中的"模型"或"参照"按钮，使用"绘制"工具栏内的"直线""矩形""内接多边形""外接多边形""圆""椭圆""圆弧"等，可以绘制各类形式的直线、多边形、弧、样条曲线等，也可选择"拾取线"以拾取现有图元的方式创建模型线或参照线。

3）体量基本形状的创建。体量的创建方式与族类似，根据选择的对象，自动判断（个别情况下需要进行选择）进行拉伸、融合、旋转、放样、放样整合等操作，相对族更加灵活。

实心体量的基本创建方法见表 4-9-1。

表 4-9-1　实心体量的基本创建方法

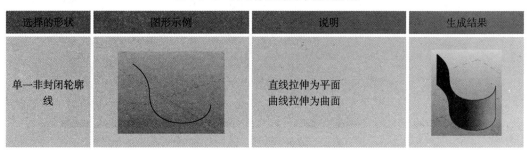

选择的形状	图形示例	说明	生成结果
单一非封闭轮廓线		直线拉伸为平面 曲线拉伸为曲面	

选择的形状	图形示例	说明	生成结果
单一封闭轮廓线		拉伸为形体	
平面内两直线		在下方三种结果中选择： 前两种分别为以一条直线为轴，另一条直线为母线，形成空间回转面；第三种情况为以两直线为边，补充边缘形成四边形	
平面内一直线、一曲线		在下方两种结果中选择： 一种是以直线为轴，曲线为母线形成回转面；另一种是两条线为对边，补充边缘线形成平面形状	
平面内一直线和一封闭轮廓线		封闭轮廓以直线为轴旋转形成回转体	
空间内一条线与一封闭轮廓		注意：空间线条与封闭轮廓所在平面要垂直。 以线条为路径、封闭轮廓为断面，进行"放样"，形成实心形体	

续表

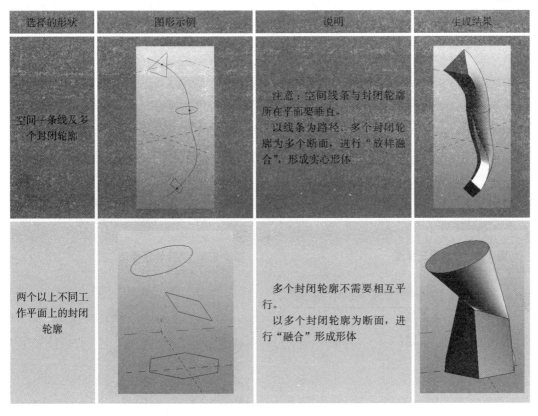

选择的形状	图形示例	说明	生成结果
空间一条线及多个封闭轮廓		注意：空间线条与封闭轮廓所在平面要垂直。 以线条为路径、多个封闭轮廓为多个断面，进行"放样融合"，形成实心形体	
两个以上不同工作平面上的封闭轮廓		多个封闭轮廓不需要相互平行。 以多个封闭轮廓为断面，进行"融合"形成形体	

（2）从概念体量创建建筑构件。

1）从体量楼层创建楼板。

①新建项目，进入立面创建标高，如图4-9-6所示，建立了5个标高，并内建体量，如图4-9-7所示，或将创建好的体量族放置到标高1。选中体量后，在"修改｜体量"上下文选项卡中，单击"模型"面板中的"体量楼层"按钮，如图4-9-8所示，弹出"体量楼层"对话框，勾选上相应的标高，则生成了相应的体量楼层，如图4-9-9、图4-9-10所示。

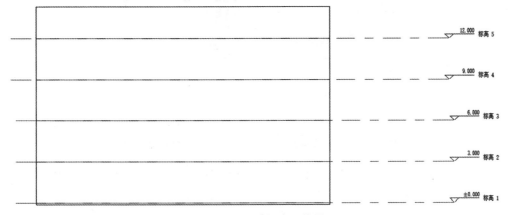

图4-9-6　创建标高和体量

217

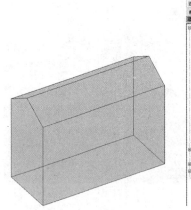

图 4-9-7　体量三维图

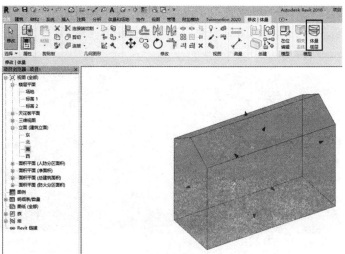

图 4-9-8　选择体量楼层

图 4-9-9　体量楼层对话框

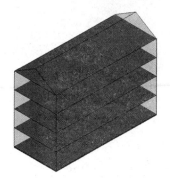

图 4-9-10　生成楼面层

②选中体量，在"属性"面板中可以读取体量的"总楼层面积""总表面""总体积"等信息，单独选择楼层，可以在"属性"面板中读取到"楼层周长""楼层面积""外表面积""楼层体积"等信息，如图 4-9-11、图 4-9-12 所示。此后，还可以创建相应的体量楼层明细表。

图 4-9-11　体量属性

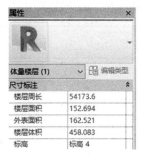

图 4-9-12　体量楼层属性

③在三维视图中，单击"体量与场地"选项卡"面模型"面板中的"楼板"按钮，如图 4-9-13 所示。在"属性"面板中选中相应的楼板类型（如"常规 -150mm"）后，可单选某个体量楼层，多选则可以先框选体量中相应楼层，再单击"修改 | 放置面楼板"上下文选项

卡"多重选择"面板中的"创建楼板"按钮，如图 4-9-14 所示。体量中的相应的体量楼层则自动生成相应实体楼板，如图 4-9-15 所示。

2）创建面屋顶。在三维视图中，单击"体量与场地"选项卡"面模型"面板中的"屋顶"，如图 4-9-16 所示。在"属性"面板中选择相应的屋顶类型（如"基本屋顶常规 –400mm"）后，单击体量中相应的面，再单击"修改｜放置面屋顶"上下文选项卡"多重选择"面板中的"创建屋顶"按钮，如图 4-9-17 所示，体量中的相应的面则自动生成相应实体屋顶，如图 4-9-18 所示。

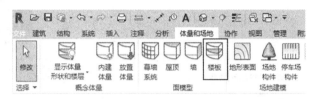

图 4-9-13　创建面楼板命令

图 4-9-14　创建实体楼板命令

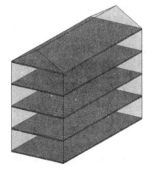

图 4-9-15　体量楼面生成实体楼板

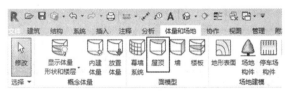

图 4-9-16　创建面屋顶命令

图 4-9-17　图创建实体屋面

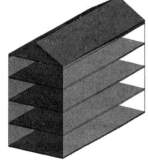

图 4-9-18　体量面生成实体屋顶

3）创建面墙。在三维视图中，单击"体量与场地"选项卡"面模型"面板中的"墙"按钮，如图 4-9-19 所示，在"属性"面板中选中相应的墙体类型（如"基本墙常规 -200mm"）后，单击体量中相应的面，则自动生成相应的实体墙，如图 4-9-20 所示。

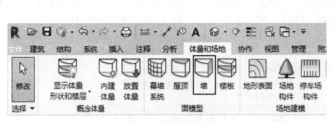

图 4-9-19　创建面墙命令

图 4-9-20　体量面生成实体屋顶

4）创建面幕墙系统。在三维视图中，单击"体量与场地"选项卡"面模型"面板中的"幕墙系统"按钮，如图 4-9-21 所示，在"属性"面板中选中相应的屋顶类型（如"幕墙系统 1500×3000mm"）后，单击体量中相应的面，再单击"修改｜放置面幕墙系统"上下文选项卡"多重选择"面板中的"创建系统"按钮，如图 4-9-22 所示，体量中的相应的面则自动生成相应实体幕墙系统，如图 4-9-23 所示。

图 4-9-21　创建面幕墙系统命令

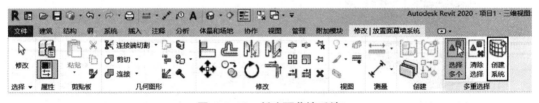

图 4-9-22　创建面幕墙系统

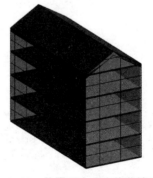

图 4-9-23　体量面生成实体幕墙系统

:::· **任务实施**

任务 1：采用体量的方法生成项目的屋顶、楼面和墙体，表达设计思想。

操作步骤：

（1）按照图纸的要求，生成标高和轴网，如图 4-9-24 所示。

（2）根据平面图纸，以墙外侧为边界，创建矩形体量，同时根据屋顶图纸，创建四坡屋面体量，如图 4-9-25 所示。

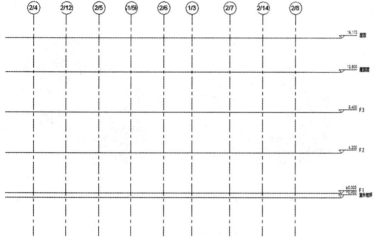

图 4-9-24　项目的标高和轴网　　　　图 4-9-25　项目的简化体量

（3）选中矩形体量，单击"修改｜体量"上下文选项卡"模型"面板中的"体量楼层"按钮，弹出"体量楼层"对话框，选择 F1、F2、F3、屋顶层，形成相应体量楼层，如图 4-9-26、图 4-9-27 所示。

图 4-9-26　项目体量楼层对话框　　　　图 4-9-27　形成项目体量楼层

（4）单击"体量与场地"选项卡"面模型"面板中的"楼板"按钮，在"属性"面板中选择相应的楼板类型为"常规 -150 mm"，先框选体量中 4 个体量楼层，再单击"修改｜放置面楼板"上下文选项卡"多重选择"面板中的"创建楼板"按钮，则自动生成相应实体楼板，如图 4-9-28 所示。

（5）在三维视图中，单击"体量与场地"选项卡"面模型"面板中的"屋顶"按钮，在"属性"面板中选择相应的预先设定好的暗红瓦片的屋顶类型后，按 Ctrl 键的同时依次将上部屋顶 4 个体量面进行多重选择后，再单击"修改｜放置面屋顶"上下文选项卡"多重选择"面板中的"创建屋顶"按钮，体量中相应的面则自动生成暗红瓦片的屋顶，如图 4-9-29 所示。

（6）在三维视图中，单击"体量与场地"选项卡"面模型"面板中的"墙"按钮，在"属性"面板中选择相应的墙体类型为"基本墙：外墙"后，单击体量中相应的面，则自动生成相应实体墙，如图 4-9-30 所示。

图 4-9-28 形成项目实体楼板

图 4-9-29 形成项目实体墙面

图 4-9-30 形成项目实体墙

此时项目整体的颜色稍灰暗，原因是体量与实体同时显示，在"体量和场地"选项卡"概念体量"面板中单击"按视图设置显示体量"按钮，即可将体量隐藏，此时各实体的颜色较为真实、鲜艳一些。

任务 2：采用体量的方法创建项目中的室外台阶。

本项目有三处台阶，此处以东侧台阶为例，先创建体量，再将材质改为混凝土。

操作步骤：

（1）在创建体量前，需要绘制一些参照平面作为工作平面，另外设计一些参照平面为作体量的边界，以便于体量的创建，如图 4-9-31 所示。

（2）创建台阶体量。单击"体量和场地"选项卡"概念体量"面板中的"内建体量"按钮，弹出"名称"对话框，输入"台阶"并单击"确定"按钮。创建内部体量，分别建三个矩形，拉伸大小不同的三个长方体，作为三级台阶，如图 4-9-32 和图 4-9-33 所示。

（3）给体量赋予材质。在体量编辑状态下，框选全部台阶体量，在"属性"面板"材质"栏中，单击"材质浏览器"按钮，如图 4-9-34 所示。弹出"材质浏览器"对话框，选择"混凝土－现场浇筑混凝土"，完成体量编辑后，如图 4-9-35 所示。

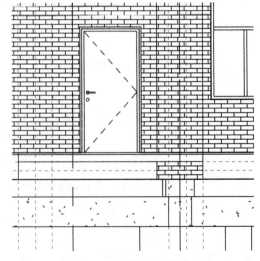
图 4-9-31 参照平面的创建

222

图 4-9-32　创建台阶体量

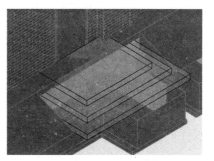

图 4-9-33　台阶形状体量

图 4-9-34　内建体量属性

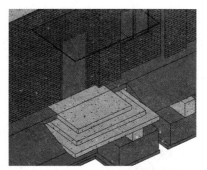

图 4-9-35　台阶体量完成材质赋予

⁝⁞· 任务总结

利用面模型的创建，体量在表现设计思想时比较快捷。同时，体量也可用于建筑构件的创建，体量的创建方式相较族更加灵活，可以在项目内部参照现有构件的位置创建，便于就地构建一些非常规形状（如大型曲面）的建筑构件。

模块 5　建筑设备专业建模

教学目标

本模块主要介绍建筑设备专业建模的相关知识和建模操作方法，通过本模块的学习需掌握给水排水专业、电气专业、暖通专业的模型创建流程与模型创建方法。

教学要求

任务点	知识要点	能力目标	素质目标
给水排水专业建模	1. 给水排水专业模型创建流程及工作特点、给水排水专业系统划分； 2. 管道设置、设置视图样板； 3. 创建管道与管件、阀门附件、给水排水专业不同系统管道创建方法； 4. 放置卫浴装置及卫浴装置与管道连接	1. 具备规划给水排水专业建模工作流程的能力； 2. 具备设置案例管道设置及视图样板能力； 3. 具备创建修改管道与附件能力； 4. 具备放置修改卫浴装置能力	1. 具备工作流程规范化意识、团队协作精神； 2. 具备干一行爱一行，做一行精一行的钻研精神； 3. 具有精瑾、高效的职业品德； 4. 具有严谨细致、精益求精的工匠精神
电气专业建模	1. 电气专业模型创建流程及工作特点、电气专业系统划分； 2. 电气设置、设置视图样板； 3. 创建电缆桥架；放置电气设备； 4. 创建导线、线管、导线、线管与电气设备连接	1. 能够明确案例电气专业模型创建流程； 2. 具备设置案例电气设置及视图样板能力； 3. 具备创建修改电缆桥架能力； 4. 具备放置修改电气设备能力； 5. 具备创建修改导线、线管能力	
暖通专业建模	1. 专业模型创建流程及工作特点、暖通专业系统划分； 2. 风管设置、设置视图样板； 3. 放置机械设备； 4. 创建风管与空调水管、添加保温层； 5. 放置风管附件与末端及风口末端与风管连接	1. 具备规划暖通专业建模工作流程的能力； 2. 具备设置案例风管设置及视图样板能力； 3. 具备放置修改机械设备能力； 4. 具备创建修改风管与空调水管能力； 5. 具备放置修改风口末端能力	

任务 5.1　给水排水专业建模

根据员工宿舍楼项目图纸完成给水排水专业模型创建。

5.1.1 给水排水专业模型创建流程

∷·任务要求

熟悉给水排水专业 BIM 模型的创建流程。

∷·相关知识

机电安装模型中主要包括给水排水、电气和暖通三个专业模型。其中，给水排水专业中还包括消防和喷淋管道模型，本节将以员工宿舍楼项目给水排水模型的创建为例来进行讲解。

目前大多数 BIM 机电建模工作通常会根据项目大小及交付日期等，中间建模过程需要多专业、多名建模人员协同工作，已保障交付成果如期完成且满足要求，需要建模人员具备机电各专业协同工作能力。

通过建模前期准备制作的机电样板文件，给水排水专业建模工作流程大致如图 5-1-1 所示。

图 5-1-1　给水排水专业建模流程图

∷·任务实施

1. 项目简介

本书案例的建筑室内给水排水设计包括给水系统、热水系统、排水系统、喷淋系统等，如图 5-1-2 所示。

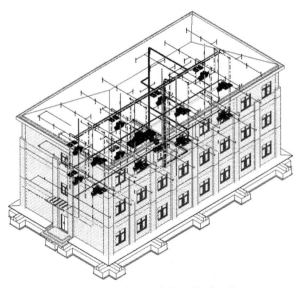

图 5-1-2　案例给水排水模型三维

225

2. 给水排水专业建模工作流程

以本书介绍的案例为例，给水排水专业建模工作流程见表 5-1-1。

表 5-1-1　给水排水专业建模工作流程

序号	流程名称	任务内容
1	链接土建模型	链接土建专业模型
2	创建标高轴网	利用链接土建专业模型创建标高轴网
3	创建管道系统及类型	根据案例图纸创建相应管道系统及类型
4	管道连接件设置	根据案例图纸创建相应管道连接件设置
5	创建视图样板	根据给水排水专业创建不同系统视图样板
6	链接给水排水图纸	对图纸进行拆分、删除多余图层及 Pu 清理再链接
7	创建管道与附件	根据案例图纸创建给水排水系统管道及附件
8	放置卫浴装置	根据案例图纸放置卫浴装置并与管道连接

⋮⋮ 任务拓展

复制 / 监视

建模前期准备制作的机电样板文件已绘制案例标高轴网，但 Revit 中提供对项目不同专业模型进行协同工作的功能"复制 / 监视"，可以利用该功能快速将标高轴网等图元在相同项目文件中进行传递复制，以节省时间。

链接土建模型，在项目浏览器中打开立面视图，可以看到一套是样板自带的标高，一套是链接模型的标高，为了方便复制链接模型标高，需要删除样板自带的标高，删除标高时会提示相关视图将被删除，单击"确认"按钮删除即可，如图 5-1-3 所示。

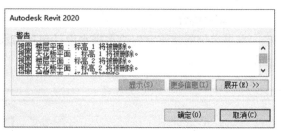

图 5-1-3　相关视图将被删除提示框

单击"协作"选项卡"坐标"面板"复制 / 监视"下拉列表中的"选择链接"按钮，再单击鼠标左键选中链接进来的土建模型，如图 5-1-4 所示。

图 5-1-4　选择链接

此时切换至"复制 / 监视"上下文选项卡，单击"工具"面板中的"复制"按钮，进行标高的复制。可以进行单个标高选择或者勾选选项栏中"多个"选项，直接框选所有的标高进行复制。同时，可以将多选中的构件进行过滤选择，最后单击"完成"按钮即可生成标高，如图5-1-5所示。单击"复制/监视"面板中的"完成"按钮结束操作。

提示

由于前面删除了标高，需根据标高重新创建对应的楼层平面；轴网的复制则是进入平面视图，操作与复制标高相同。该功能除可以复制链接模型中的标高轴网等图元外，还可以为复制的图元与链接模型中的图元建立监视关系，如果链接模型中的图元发生变化修改，打开当前项目文件时会对图元的变化进行提示，以便团队可以及时调整设计或一起解决问题。

⋮⋮ 任务总结

（1）给水排水专业模型创建，通常按照此流程：链接土建模型→创建标高轴网→创建管道系统→管道连接件设置→创建视图样板→链接CAD图纸→创建管道及附件→放置卫浴装置。

（2）通过选择样板文件通过"复制/监视"功能可将标高、轴网等相同的图元进行传递复制，提高建模的效率。

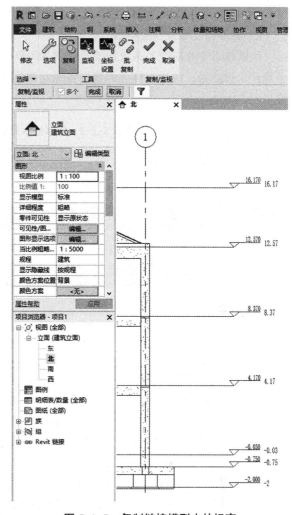

图 5-1-5　复制链接模型中的标高

5.1.2　管道设置及视图样板

⋮⋮ 任务要求

打开机电样板文件，完成给水排水专业管道设置及视图样板。

⋮⋮ 相关知识

1. 管道设置

在Revit中创建管道模型前，需提前设置管道参数，如系统、颜色、材质、尺寸、管道管件等，形成管道专业视图样板，所以前期管道设置的准确，会影响到模型质量。

2. 给水排水专业视图样板

给水排水专业应按各系统设置合理的视图样板，且视图样板的比例、详细程度、规程、子规程、过滤器、链接文件等内容按各专业调整到所需视图样式。给水排水专业视图样板名称见表 5-1-2。

表 5-1-2　给水排水专业视图样板名称

视图样板名称	功能
给水排水平面图 -100	用于比例为 1：100 的给水排水平面
喷淋平面图 -100	用于比例为 1：100 的喷淋平面
机电综合管线平面图 -100	用于比例为 1：100 的综合管线平面
给水排水三维视图 -100	用于给水排水三维视图
机电综合管线三维视图 -100	用于机电综合管线专业三维视图

∴ 任务实施

1. 创建管道系统

对于不同类型的管道有着不同的颜色样式要求，当然，这些颜色并不是一定的，各个企业可以根据自身的需要或项目要求设定适合的管道分类颜色。

打开机电样板文件，在项目浏览器中展开"族"项目，找到"管道系统"类，展开后可以看到当前项目文件中已存在的管道系统类型，如"卫生设备""家用热水"等，如图 5-1-6 所示。

下面创建"给水系统"系统类型。在管道系统中，选择"家用冷水"类型，双击弹出"类型属性"对话框，如图 5-1-7 所示，单击"类型"选项后的"复制"按钮，修改名称为"给水系统"，如图 5-1-8 所示，单击"确定"按钮，继续单击"类型属性"对话框中的"确定"按钮，完成"给水系统"类型的创建。

创建完成后可以在项目浏览器中查看已经创建完成的系统类型，如图 5-1-9 所示。这里需要注意的是，当前创建完成的"给水系统"系统类型是以"家用冷水"系统类型为基础复制创建的，系统中的某些类型参数是"家用冷水"系统

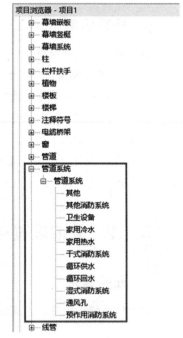

图 5-1-6　管道系统

中的数值，所以，应根据项目需要对某些参数进行具体修改。可以使用相同的方法来创建其他的管道系统类型。

图 5-1-7　类型属性窗口　　　　图 5-1-8　系统名称修改　　　图 5-1-9　创建完成的管道系统

2. 创建管道类型

管道类型的创建方法与管道系统相似。在项目浏览器中的族项目中找到并展开"管道"项目类型，在当前样板文件中管道类型有"PVC-U - 排水""标准"两种。

下面创建其他的管道类型。双击"标准"管道类型，弹出"类型属性"对话框，如图 5-1-10所示。单击"类型"选项后的"复制"按钮，命名新的管道类型为"消防管"，单击"确定"按钮，返回上一级对话框，本项目中室内消火栓采用内外浸热镀锌钢管，下面需要为当前的管道类型指定使用的材质，如图 5-1-11 所示。

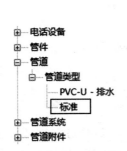

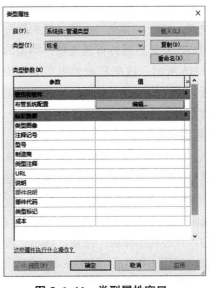

图 5-1-10　标准管道类型　　　　　图 5-1-11　类型属性窗口

单击"布管系统配置"选项后的"编辑"按钮，弹出"布管系统配置"对话框，如图 5-1-12所示，单击对话框中"管段和尺寸"按钮，弹出"机械设置"对话框，如图 5-1-13 所示，

229

在该窗口中单击"管段"下拉按钮，在下拉列表中选择"不锈钢–10S"，单击"确定"按钮，返回到"布管系统配置"对话框。

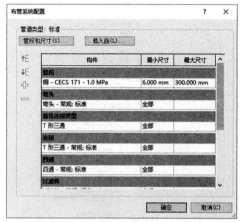

图 5-1-12 "布管系统配置窗口"对话框

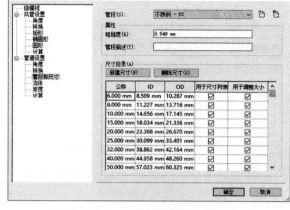

图 5-1-13 "机械设置窗"对话框

在"布管系统配置"对话框中，单击选中"管段"中的类型，此时会出现下拉三角，单击下拉三角，在下拉列表中选择"不锈钢–10S"即可，连续单击"确定"按钮完成对管道类型的创建，如图 5-1-14 所示。可以使用相同的方法来创建其他的管道类型。

3. 管道连接件设置

在创建管道类型的过程中，通常都伴随着对管道连接件的设置，这些均可在"布管系统配置"中进行设置，例如，对管道进行首选连接件类型的设置，如图 5-1-15 所示，这里显示的可用类型均是基于当前样板文件。如果是不需要的连接件类型，则要将所需的类型族载入到当前项目中。

4. 创建视图样板

视图样板的设置可以控制当前模型中在该视图中不同类别构件的显示效果，包括比例、详细程度、规程、子规程、过滤器、链接文件等。

单击"视图"选项卡"图形"面板"视图样板"下拉列表中的"管理视图样板"按钮，弹出"视图样板"对话框，如图 5-1-16、图 5-1-17 所示，选择视图样板中名称为"卫浴平面"的视图，单击左下角的复制按钮，命名新的视图样板为"给排水平面图 –100"，单击"确定"按钮，完成"给排水平面图 –100"视图样板的创建，如图 5-1-18 所示。

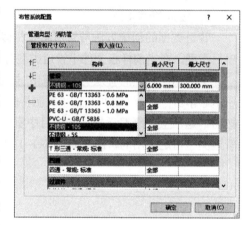

图 5-1-14 设置管段类型

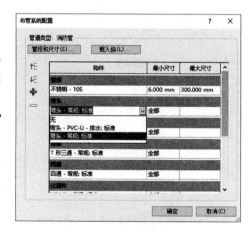

图 5-1-15 设置管段类型

图 5-1-16　管理视图样板

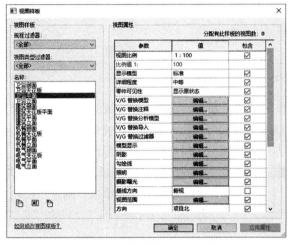

图 5-1-17　"视图样板"对话框

图 5-1-18　修改新视图样板名称

在"视图样板"对话框的"名称"中，找到并选中刚刚创建的"给排水平面图-100"样板，单击右侧"视图属性""V/G 替换过滤器"选项后的"编辑"按钮，弹出"给排水平面图-100的可见性 / 图形替换"对话框，如图 5-1-19 所示。此时，自动显示在"过滤器"选项卡界面，单击"编辑 / 新建"按钮，弹出"过滤器"对话框，如图 5-1-20 所示。

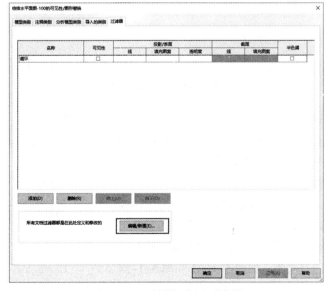

图 5-1-19　编辑 / 新建过滤器

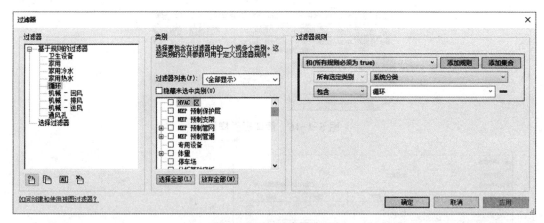

图 5-1-20　过滤器窗口

在过滤器中选中"家用冷水",并单击"复制"按钮,选择复制生成的"家用冷水(1)",单击鼠标右键,弹出"重命名"对话框修改其名称为"给水系统"。选中"给水系统",在过滤器列表中仅勾选"管道",并在下方的"类别"中勾选需要赋予颜色的构件类型,这里勾选"管道""管件""管道附件"和"管道隔热层",如图 5-1-21 所示,"过滤器规则"中,设定过滤条件为"系统类型",判断条件为"等于""给水系统",单击"确定"按钮,完成当前过滤器的创建。

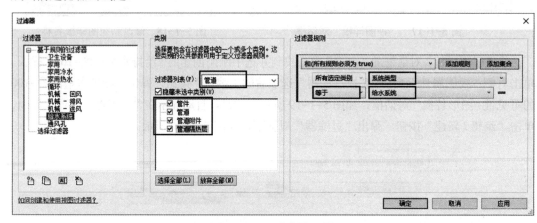

图 5-1-21　过滤器设置

单击"确定"按钮后,返回到"给排水平面图 -100 的可见性 / 图形替换"对话框,在窗口的左下角单击"添加"按钮,系统弹出"添加过滤器"对话框,选择刚刚创建的"给水系统"过滤器,如图 5-1-22 所示,单击"确定"按钮,将该过滤器添加到当前的视图样板中。添加完成后可以通过单击"线""填充图案"等来修改过滤器中构件类型的颜色,可以使用相同的方法来创建和添加其他的过滤器,如图 5-1-23 和图 5-1-24 所示。

图 5-1-22　添加过滤器

图 5-1-23　填充样式图形　　　　　　　图 5-1-24　添加后的过滤器

任务总结

1. 步骤总结

管道设置的操作步骤主要分为四步。第一步：设置管道系统；第二步：设置管道类型（包含修改管段材质、尺寸等）；第三步：管道连接件设置；第四步：创建视图样板（包含设置管道系统过滤器、填充图案等）。读者可按照此流程完成本书案例机电样板中的管道设置。

2. 技巧总结及经验

（1）管道、风管系统颜色除通过过滤器设置外，也可以通过管道、风管系统中的"图形替换"和"材质"添加颜色，与过滤器设置颜色区别在于使用不同平面、三维、剖面等视图均需设置视图样板过滤器添加系统颜色，而后者方法不需要，新增平面、三维、剖面等视图均自带系统颜色，实际项目中具体使用哪种方法由项目要求决定。

（2）在管道尺寸设置时，如没有项目使用尺寸直径时，先检查"布管系统配置"对话框中最小和最大尺寸是否包含，如没有可在尺寸目录中添加所需尺寸直径，应注意软件中 OD 代表管外径，ID 代表管内径。

Revit 中没有 DE 和 DN 的区别，也没有公称内径和公称外径的区别，用到的同类管件、阀件、套管等族的尺寸都应该与管段的表达表保持一致，统一使用 DN 或 DE，以免造成错误，项目一般统一采用 DN 表达。

（3）在创建管道类型管段时，如果机电样板不存在项目管段和尺寸，可以通过新建管段中"新建"部分有三个选项，分别为"材质（M）"：可以进行管道材质的修改；"规格/类型（S）"：

233

可以进行管道规格类型的修改;"材质和规格 / 类型（A）":可以进行材质及规格类型的修改。若不愿新建材质表,也可以选择一个材质和尺寸接近的管道替代,至少应该保证金属管道和塑料管道选用的正确性,毕竟两者相差的尺寸较大,以免影响模型质量。

（4）项目图纸说明中,往往会出现同管道系统尺寸直径不同,管道连接件也不同。例如,消防管 ≤ *DN65* 的采用螺纹,> *DN65* 的采用卡箍连接。注意:Revit 中管段 *DN65* 选择的优先级并不是根据小于等于这类的包含逻辑,而是根据界面中的排序来决定的,也就说是同样有 *DN65* 的管段排序较前的有效,可以使用左侧的按钮调整其排序。

（5）好的机电模型质量,离不开一个好的机电样板,其中视图样板的设置从前期的建模到机电管综深化设计再到深化出图起到标准统一、规范等作用,能为 BIM 工作者节省大量的时间。

5.1.3 创建管道与附件

::· 任务要求

链接案例给水排水图纸,创建给水排水专业管道模型。

::· 相关知识

管道指定设置

在创建管道模型时,需指定管道类型、管道系统、管道直径、高程、放置工具设置、坡度的设置、参照标高是否是当前层等参数设置,如图 5-1-25 ～图 5-1-28 所示,完成创建管道模型。

（1）直径:管道直径。

（2）顶部、中间、底部高程:指定管道相对于当前标高的垂直高程。

（3）自动连接:允许在开始或结束管道时自动连接到构件上的捕捉。

（4）对正设置:"放置工具"面板→"对正"设置,水平对正 / 水平偏移 / 垂直对正。

（5）水平偏移:在视图中的管道和另一构件之间以固定距离放置管道标记。

（6）带坡度管道:单击坡度值设置,坡度的表式方法取决于项目单位。

图 5-1-25 管道属性设置

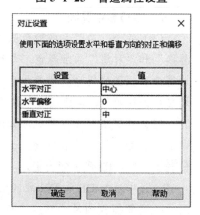

图 5-1-26 对正设置

图 5-1-27 修改｜放置管道选项栏

234

图 5-1-28 修改│放置管道设置

∷∷ 任务实施

1. 创建给水管道

链接一层给水排水平面图纸至"一层给水排水平面图"视图，单击"系统"选项卡"卫浴和管道"面板中的"管道"按钮，切换至"修改│放置管道"上下文选项卡，在左"属性"面板中选择"生活给水管"管道类型，检查"约束"中的"参照标高"是否是当前层，"中间标高"暂定设为 –1 000 mm（管道高程除图纸特殊说明穿结构梁，均以梁底作为管道标高，在后期机电管综深化修改管道高程；建议创建不同系统管道时，初设高程勿相同，以免管道形成连接管件），在"机械"系统类型选择"给水系统"，检查管段材质是否正确，管道尺寸直径设置暂定设为 80 mm，如图 5-1-29 所示；"修改│放置管道"上下文选项卡设置如图 5-1-30 所示，其中直径及中间高程也可在选项栏进行设置，如图 5-1-31 所示，完成创建管道前设置步骤。

图 5-1-29 属性窗口设置

图 5-1-30 修改│放置管道设置

图 5-1-31 修改│放置管道选项栏

按照图纸（一层给水排水平面图，生活给水管网进室内位置）单击鼠标左键拾取管道起始位置，拖动鼠标光标至管段结束位置（需要转折的地方），再次单击鼠标左键完成管段创建，如图 5-1-32 所示；其中创建管道立管可通过"修改│放置管道"选项栏中间高程输入两次高差数值（首先输入的是立管顶或者底高度，其次输入的是另一端的顶或底高度），单击"应用"按钮，完成立管创建，如图 5-1-33 所示。

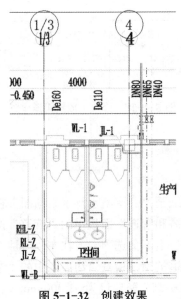

图 5-1-32　创建效果

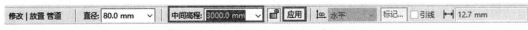

图 5-1-33　修改│放置管道选项栏

2. 创建排水管

排水管创建方法同给水管方法相同，而本案例排水管属于无压管，在创建管道过程中需设置管道坡度，在"带坡度管道"面板需选择坡度方向及坡度值，如图 5-1-34 所示；如需增加坡度值选项，可选择"管理"选项卡"设置"面板"MEP 设置"下拉列表中的"机械设置"选项，如图 5-1-35 所示，弹出"机械设置"对话框，选择管道坡度设置新建坡度，如图 5-1-36 所示。

图 5-1-34　带坡度管道设置

图 5-1-35　机械设置选项

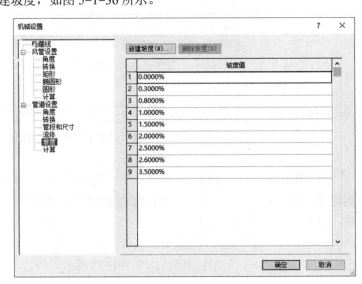

图 5-1-36　机械设置坡度设置

3. 创建喷淋管道

喷淋管道创建方法同给水管方法相同，其喷淋系统喷头可分为上喷和下喷两种类型，喷头的放置，可单击"系统"选项卡"卫浴和管道"面板中的"喷头"按钮，如图 5-1-37 所示，在"属性"面板暂定选用上喷头（喷头的选型以图纸说明为准），高程暂定输入 3 800，根据喷淋图纸进行喷头点位放置，如图 5-1-38、图 5-1-39 所示。

图 5-1-37　喷头选项

图 5-1-38　喷头属性窗口

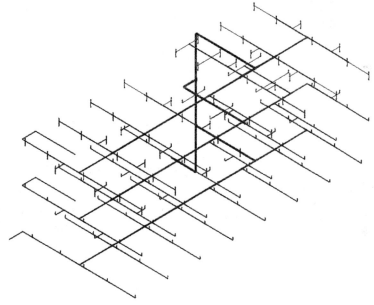

图 5-1-39　喷淋系统创建效果

4. 布置阀门附件

阀门附件的布置以案例图纸（一层给水排水平面图，生活给水管网进室内位置阀门）给水系统闸阀的布置为例。在"插入"选项卡"从库中插入"面板中单击"插入族"按钮，弹出"载入族"对话框，查找阀门文件，选择"闸阀 -Z41 型 - 明杆楔式单闸板 - 法兰式 .rfa"载入当前项目中，如图 5-1-40 所示，弹出"指定类型"对话框，单击鼠标左键选择 DN80 闸阀类型（也可使用 Shift、Ctrl 键多选类型），单击"确定"按钮载入 DN80 闸阀，如图 5-1-41 所示。

单击"系统"选项卡"卫浴和管道"面板中的"管路附件"按钮，完成阀门布置，如图 5-1-42 所示。

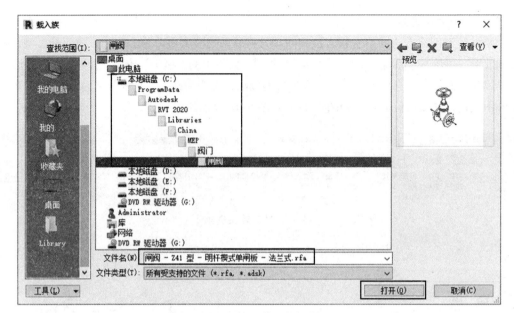

图 5-1-40　载入闸阀族

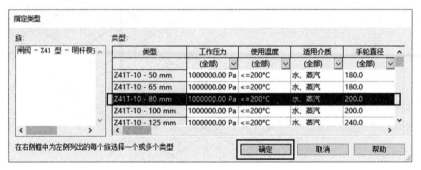

图 5-1-41　指定类型窗口

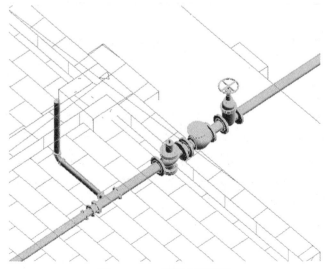

图 5-1-42　阀门布置效果

任务总结

1．步骤总结

创建管道与管件的操作步骤主要分为四步。第一步：选择管道类型；第二步：输入创建管道参数（包含管道系统、直径、高程等）；第三步：创建管道；第四步：布置阀门附件。读者可按照此流程完成本书案例给水排水专业中管道与管件的创建。

2．技巧总结及经验

（1）单击"视图"选项卡"窗口"面板中的"选项卡视图（TW）"按钮或"平铺视图（WT）"按钮，灵活运用多窗口功能，从平面、立面、三维多视角去创建查看管道模型，确保模型正确。

（2）在创建管道模型时，单击"修改"选项卡"修改"面板中的"修剪/延伸为角（TR）"按钮或"修剪/延伸单个图元"按钮，可快速完成管道连接，并形成管件，灵活地运行修改命令可提高创建效率。

（3）在创建管道模型时，单击"修改│放置管道"上下文选项卡→"放置工具"面板→"继承高程"按钮或"继承大小"按钮，可拾取需要重新延长的管道而不需要设置管道的偏移量或直径，提高绘制管道的效率。

（4）在创建管道模型时，如何解决创建图元提示不可见的问题，主要包括以下三个解决方法：

1）可见性/图形替换（VV），模型类别参数全部勾选。

2）可见性/图形替换（VV），过滤器中可见性是否勾选或添加过滤类别。

3）属性浏览器中的"视图范围"，使主要范围、视图深度的范围在图元创建的区域内。

（5）如何检查绘制管道系统关联完整，管件是否都连接上，可将鼠标光标放在需要检查的系统，运用 Tab 键反复切换，注意软件界面左下角状态栏出现"管道管网"状态，鼠标左键单击系统，完成选择管道连接状态下的管网，以便于检查管网是否连接在一起。

（6）在创建有坡度管道模型时经常会出现无法连接的提示，主要原因是管件不合适，连接的部位高程不一致、坡度方向不一致等，可通过以下两个方法避免无法创建情况（注：如使用过坡度功能，在创建不带坡度管道时，应取消坡度设置）：

1）在创建管道分叉的地方先绘制弯头，在生成三通进行创建，保持坡度的连续，四通同理。

2）先创建不带坡度管道，完成创建全部管段，再通过选择管道管网单击"修改│管道"上下文选项卡"编辑"面板中的"坡度"按钮，利用"坡度控制点"控制管道起坡点，单击"完成"按钮（注：如遇坡度不连续，通常出现在三通或四通位置，需断开连接，重复以上方法操作）。

5.1.4　放置卫浴装置

任务要求

根据案例卫生间大样图，放置卫浴装置，并连接管道。

∷ 相关知识

1. 载入卫浴族

通过载入族打开 Revit 软件族库。在"插入"选项卡"从库中载入"面板中单击"载入族"按钮，在弹出的"载入族"对话框中，打开"China"→"MEP"→"卫生器具、卫浴附件"文件夹，里面包含项目常用卫浴族。

2. 放置卫浴族及连接管道

软件族库自带的卫浴族，放置方法通常是基于主体的构件，被放置在垂直面、面或工作平面上，如图 5-1-43 所示，将卫浴族放置之前，可以按空格键旋转卫浴族，每次按空格键时，卫浴装置都会旋转 90°。

卫浴族都有"连接件图元"进行管道连接，可设置尺寸管径、系统分类等。其按流向分为进或出，如图 5-1-44 所示。

∷ 任务实施

1. 放置卫浴装置

链接案例一层卫生间给水排水大样图（大样图比例 1：50链接至项目中，注意调整比例系数），单击"插入"选项卡"从库中插入"面板中的"插入族"按钮，弹出"载入族"对话框，查找卫浴器具文件，以洗脸盆的放置为例，选择"洗脸盆 – 椭圆形 .rfa"载入当前项目中，如图 5-1-45 所示。

图 5-1-43 放置方法

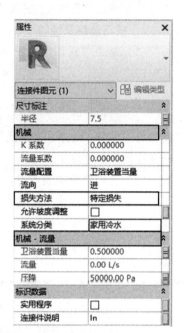

图 5-1-44 连接件图元

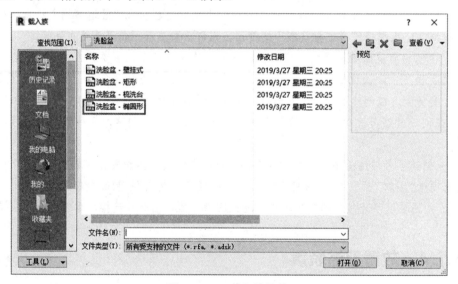

图 5-1-45 载入洗脸盆

单击"系统"选项卡"卫浴和管道"面板中的"卫浴装置"按钮，切换至"修改｜放置卫浴装置"上下文选项卡，在"放置"面板中单击"放置在垂直面上"按钮，如图 5-1-46 所示。

图 5-1-46　放置方法

在"属性"面板，检查"约束"标高是否为放置当前层，高程输入是否为 800 mm（查看"给排水设计说明图纸"中"主要设备材料"，洗脸盆安装方式底距地 0.8 m），单击"属性"面板中的"编辑类型"按钮，在弹出的"类型属性"对话框编辑洗脸盆信息，按照图纸洗脸盆信息编辑高程、管径、尺寸等信息，完成洗脸盆的放置，如图 5-1-47、图 5-1-48所示。

图 5-1-47　洗脸盆"属性"面板　　　　图 5-1-48　"编辑类型"对话框

2. 连接管道

卫浴装置连接管道有以下六种常用方法（以洗脸盆排水系统为例，暂不考虑坡度）：

（1）方法一：选择洗脸盆，单击排水系统"创建管道"按钮，如图 5-1-49 所示。

在选项栏修改与连接管道（暂定管道 $DN50$，$H=-400$）对应中间高程后，拖拽至需要连接到的位置单击即可，如图 5-1-50、图 5-1-51 所示，完成连接管道（注意系统是否对应）。

（2）方法二：使用创建管道功能，根据洗脸盆设置对应管道参数（管道类型、管径、高程、系统等）后，单击卫浴装置上的连接点，如图 5-1-52 所示，向外拖拽连接至管道，完成连接管道，如图 5-1-53 所示。

241

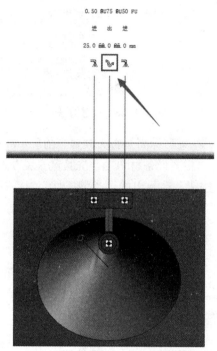

图 5-1-49 单击"创建管道"按钮

| 修改 | 放置 管道 | 直径: 50.0 mm ∨ | 中间高程: -400.0 mm ∨ | 🔒 | 应用 |

图 5-1-50 选项栏修改

图 5-1-51 完成效果

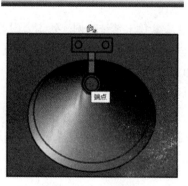

图 5-1-52 连接点

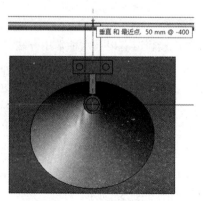

图 5-1-53 连接管道

（3）方法三：在连接点位置单击鼠标右键，选择"绘制管道"命令，之后修改对应管道参数（管道类型、管径、高程、系统等）完成管道连接，如图 5-1-54 所示。

（4）方法四：使用以上任一方法从洗脸盆拖拽出管道后，不需修改任何管道参数，只需在连接到已给管道之前按"空格键"后可直接完成连接管道，如图 5-1-55 所示。

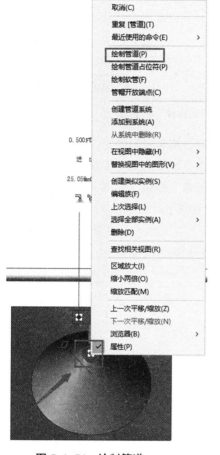

图 5-1-54　绘制管道

图 5-1-55　完成效果

（5）方法五：选择洗脸盆，在"修改 | 卫浴装置"上下文选项卡"布局"面板中单击"连接到"按钮，弹出"选择连接件"对话框，选择排水连接件，单击"确定"按钮后再选择管道，完成管道连接，如图 5-1-56、图 5-1-57 所示。

图 5-1-56　单击"连接到"按钮

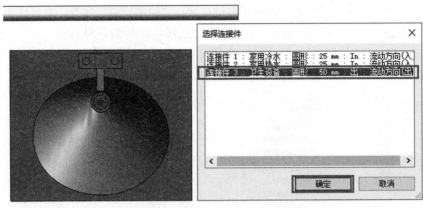

图 5-1-57　"选择连接件"对话框

（6）方法六：以上方法适用于单个连接，当卫浴装置较多时，依次连接较为费时，可以使用"生成布局"功能。首先将需要连接到污水系统中的卫浴装置都选中，之后在"修改｜卫浴装置"选项卡"创建系统"面板中单击"管道"按钮，弹出"创建管道系统"对话框，选择污水系统，如图 5-1-58 所示（污水系统坡度暂定默认 0.3%）。

生成污水系统后，在"修改｜管道系统"上下文选项卡"布局"面板中单击"生成布局"按钮，切换至"生成布局"选项卡，如图 5-1-59 所示。

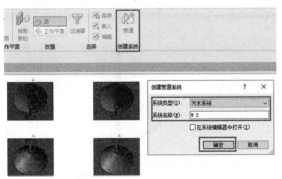

图 5-1-58　创建管道系统

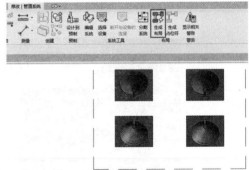

图 5-1-59　生成布局

在"生成布局"选项卡"修改布局"面板中单击"放置基准"按钮，确定立管位置后，在选项栏修改立管的偏移高度及直径，单击"解决方案"按钮，如图 5-1-60 所示。

选项栏中单击"设置"按钮，弹出"管道转换设置"对话框，确定干管及支管管道类型及偏移高度，单击"确认"按钮，如图 5-1-61 所示。

在选项栏中单击左右箭头切换方案，如图 5-1-62、图 5-1-63 所示（蓝色为主管，绿色为支管）。

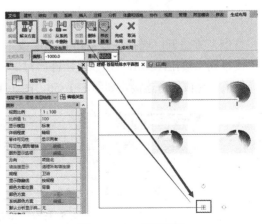

图 5-1-60　放置基准

244

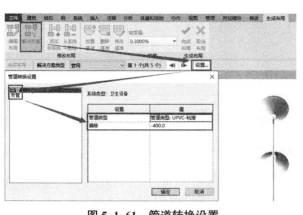

图 5-1-61　管道转换设置

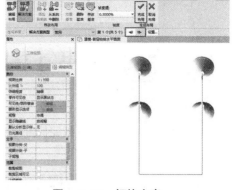

图 5-1-62　切换方案

选择合适的方案后完成布局，可切换三维视图查看管道连接，完成后效果如图 5-1-64 所示，该方法同样适用于电气、暖通专业设备的连接。

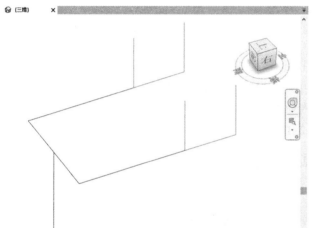

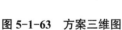

图 5-1-63　方案三维图

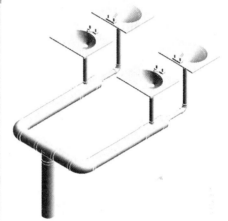

图 5-1-64　完成效果

⋮ 任务总结

1. 步骤总结

放置卫浴装置的操作步骤主要分为三步。第一步：链接卫生间大样图；第二步：载入放置卫浴族；第三步：连接管道。读者可按照此流程完成本书案例项目卫浴装置的放置。

2. 技巧总结及经验

（1）在项目中 Revit 族库如查找不到对应项目族时，市面上有提供 Revit 族库插件，如族库大师、构件坞、BIM 数据库、易族库、鸿业云族 360、睿筑族库、型兔、毕马汇等族库插件。

（2）在连接管道时，方便查看连接管道效果，可通过"平铺视图（WT）"打开平面及三维多窗口进行连接管道。

（3）灵活运用六种常用连接管道方法，视情况而定，省时即可。其中方法六，如软件提供的解决方案不满足布线情况，可在"生成布局"选项卡"修改布局"面板中单击"编辑布局"按钮，自定义修改管线布局。

245

任务 5.2　电气专业建模

根据员工宿舍楼项目图纸完成电气专业模型创建。

5.2.1　电气专业模型创建流程

任务要求

熟悉 BIM 项目电气专业建模的工作流程。

相关知识

电气专业模型根据机电模型的应用，创建的内容也不同，主要创建包括电缆桥架、线管、导线、电气设备、照明设备等。其中，电缆桥架模型根据系统主要可分为强电桥架和弱电桥架两种。本节将以本书案例的电气专业模型的创建为例来进行介绍。

电气专业建模工作流程大致如图 5-2-1 所示。

图 5-2-1　电气专业建模流程

任务实施

1. 项目简介

本书案例建筑室内电气设计包括动力系统、照明系统、弱电系统、消防报警系统等，如图 5-2-2 所示。

2. 电气专业建模工作流程

以本书介绍的案例为例，电气专业建模工作流程见表 5-2-1。

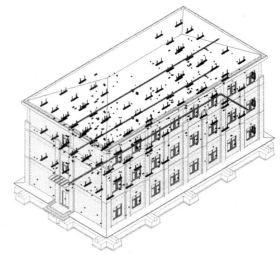

图 5-2-2　案例电气模型三维

表 5-2-1 电气专业建模工作流程

序号	流程名称	任务内容
1	设置系统颜色	根据案例图纸设置相应桥架系统及颜色
2	桥架类型及配件设置	根据案例图纸设置相应桥架类型及配件
3	电气参数设置	在电气设置中设置角度、尺寸等参数
4	创建视图样板	根据电气系统创建不同系统视图样板
5	链接电气图纸	对图纸进行拆分、删除多余图层及 Pu 清理再链接
6	创建电缆桥架	根据案例图纸创建电缆桥架与管件
7	放置电气设备	根据案例图纸放置灯具、开关插座等电气设备
8	创建电气线路	根据案例图纸创建动力、照明等线路

∷· 任务总结

电气专业模型创建主要流程：设置系统颜色→桥架类型及配件设置→电气参数设置→创建视图样板→链接电气图纸→创建电缆桥架→放置电气设备→创建电气线路。

5.2.2 电气设置

∷· 任务要求

打开案例机电项目文件，完成电气设置及视图样板。

∷· 相关知识

1. 电气设置

在 Revit 中创建电气模型前，需提前设置电气参数，如系统颜色、桥架配件、参数等，形成电气专业视图样板，所以前期电气设置的准确，会影响到模型质量。

2. 电气专业视图样板

电气专业应按各系统设置合理的视图样板，且视图样板的比例、详细程度、规程、子规程、过滤器、链接文件等内容按各专业调整到所需视图样式。电气专业视图样板名称参见表 5-2-2。

表 5-2-2 电气专业视图样板名称

视图样板名称	功能
动力平面图 -100	用于比例为 1∶100 的动力平面
照明平面图 -100	用于比例为 1∶100 的照明平面
弱电平面图 -100	用于比例为 1∶100 的弱电平面

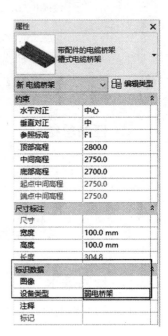

续表

视图样板名称	功能
消防报警平面图 -100	用于比例为 1∶100 的消防报警平面
电气三维视图 -100	用于电气三维视图

∷ 任务实施

1. 设置系统颜色

Revit 软件无桥架系统功能设置，针对该情况，可以通过桥架属性的标识数据设置系统名称，而系统颜色则利用过滤器设置。

打开案例机电项目文件，系统名称无须提前设置，只需在创建电缆桥架时（以弱电桥架为例），单击"系统"选项卡"电气"面板中的"电缆桥架"按钮，切换至"修改｜放置电缆桥架"上下文选项卡，在"属性"面板"标识数据"的"设备类型"输入"弱电桥架"为桥架系统名称，完成系统设置，如图 5-2-3 所示。

而桥架系统颜色的设置，则通过输入快捷键"VV"弹出"弱电平面图 100 的可见性/图形替换"对话框，在"过滤器"设置系统颜色，方法同给水排水专业过滤器设置一样。在"过滤器"选项中单击"添加"按钮，弹出"添加过滤器"对话框，单击"编辑/新建"按钮，弹出"过滤器"对话框，在"过滤器"选项组中新建"弱电桥架"，在"类别"选项组中，"过滤器列表"选为"电气"，勾选"隐藏未选中类别"并选择"电缆桥架"和"电缆桥架配件"，"过滤器规则"中设定过滤条件为"设备类型"，

图 5-2-3　属性窗口

判断条件为"等于""弱电桥架"，单击"确定"按钮完成当前过滤器的创建，如图 5-2-4 所示。

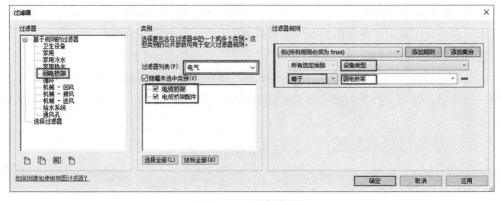

图 5-2-4　过滤器设置

添加完成后可以通过单击"线""填充图案"等来修改过滤器中构件类型的颜色，如图 5-2-5 所示。

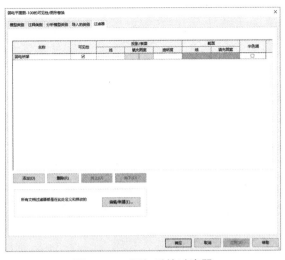

图 5-2-5 添加后的过滤器

2. 创建桥架类型

桥架类型的创建方法与管道类型相似。在项目浏览器的族项目中找到并展开"电缆桥架"项目类型，在当前项目文件中电缆桥架有"带配件的电缆桥架""无配件的电缆桥架"两种，如图 5-2-6 所示。双击"带配件的电缆桥架"下的"槽式电缆桥架"桥架类型，弹出"类型属性"对话框。

单击"类型"选项后的"复制"按钮，在弹出的"名称"对话框中命名新的桥架类型为"弱电桥架"，单击"确定"按钮完成，其中"弯曲半径乘数"默认 1.000 000，如图 5-2-7 所示。

```
电缆桥架
├─带配件的电缆桥架
│  ├─实体底部电缆桥架
│  ├─梯级式电缆桥架
│  └─槽式电缆桥架
└─无配件的电缆桥架
   ├─单轨电缆桥架
   └─钢丝网电缆桥架
```

图 5-2-6 电缆桥架类型

3. 桥架配件设置

桥架配件的设置方法同给水排水管道类型设置，可在"类型属性"对话框中进行设置，如图 5-2-8 所示。

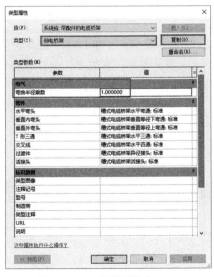

图 5-2-7 类型属性窗口

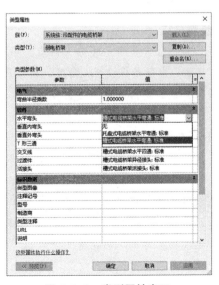

图 5-2-8 类型属性窗口

249

4. 电气参数设置

单击"管理"选项卡"设置"面板"MEP 设置"下拉列表中的"电气设置"按钮，弹出"电气设置"对话框，其中桥架的配件弯头角度设置、桥架尺寸、线管尺寸等均可在此处设置，如图 5-2-9 所示。

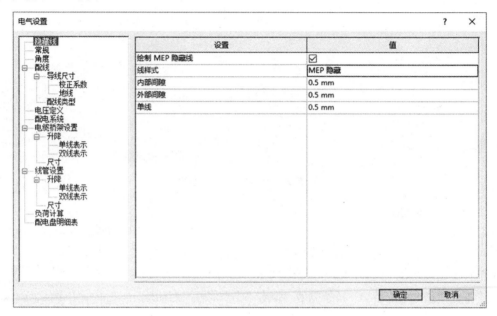

图 5-2-9　类型属性窗口

5. 创建视图样板

电气专业的视图样板的设置同给水排水专业的创建方法，其中电气专业的过滤器设置可参考"电气设置"中的"设置系统颜色"内容。

⋮⋮ 任务总结

1. 步骤总结

电气设置的操作步骤主要分为四步。第一步：设置系统颜色；第二步：创建桥架及配件设置；第三步：电气参数设置（角度、桥架尺寸、线管尺寸等）；第四步：创建视图样板（包含设置桥架系统过滤器、填充图案等）。读者可按照此流程完成本书案例机电项目文件中电气设置。

2. 技巧总结及经验

（1）因软件无桥架系统功能设置，所以平面、三维、剖面等视图都需设置过滤器系统颜色。

（2）线管尺寸需在"电气设置"中添加新尺寸，而电缆桥架尺寸可不用在"电气设置"中添加，只需创建电缆桥架时，输入新尺寸即可。

（3）电缆桥架弯头，常规角度分为 30°、45°、60°、90° 四种，而桥架角度在"电气设置"中默认是"使用任意角度"，建议设置"使用特定的角度"，选择使用常规角度进行电缆桥架创建。

5.2.3 创建电缆桥架

任务要求

链接案例电气图纸，创建电缆桥架模型。

相关知识

电缆桥架指定设置

在创建电缆桥架模型时，需指定电缆桥架类型、桥架系统、尺寸、高程、放置工具设置、参照标高是否是当前层等参数设置，如图 5-2-10～图 5-2-14 所示，完成创建电缆桥架模型。

（1）桥架尺寸：桥架宽度 × 高度。

（2）顶部、中间、底部高程：指定管道相对于当前标高的垂直高程。

（3）自动连接：允许在开始或结束电缆桥架时自动连接到构件上的捕捉。

（4）对正设置："放置工具"面板→"对正"设置，水平对正 / 水平偏移 / 垂直对正。

（5）水平偏移：在视图中的管道和另一构件之间以固定距离放置管道标记。

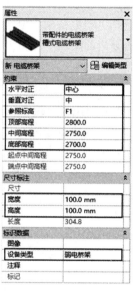

图 5-2-10　桥架属性设置

图 5-2-11　对正设置

图 5-2-12　桥架垂直对正完成效果

图 5-2-13　修改｜放置电缆桥架选项栏

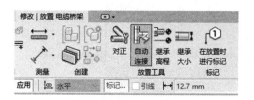

图 5-2-14　修改｜放置电缆桥架

251

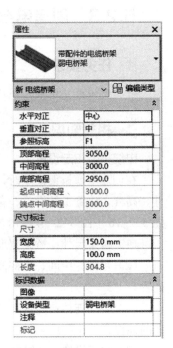
图 5-2-15　属性窗口设置

任务实施

创建弱电桥架

　　链接一层弱电平面图纸至"一层弱电平面图"视图，在"系统"选项卡"电气"面板中单击"电缆桥架"按钮，切换至"修改｜放置电缆桥架"上下文选项卡，在"属性"面板"类型选择器"选择"弱电桥架"电缆桥架类型，在检查"约束"参照标高是否是当前层，中间高程暂定设为 3 000 mm，在"尺寸标注"中将"宽度""高度"设置为"150 mm"和"100 mm"，"标识数据"中将"设备类型"输入"弱电桥架"，如图 5-2-15 所示；"修改｜放置电缆桥架"上下文选项卡如图 5-2-16 所示，其中标高、宽度、高度及中间高程也可在"修改｜放置电缆桥架"选项栏进行设置，如图 5-2-17 所示，完成创建电缆桥架前设置步骤。

　　水平与垂直桥架创建方法同给水排水专业管道，按照图纸（一层弱电平面图，走廊位置弱电桥架）完成电缆桥架创建，如图 5-2-18 所示。

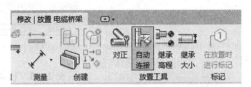
图 5-2-16　修改｜放置电缆桥架设置

图 5-2-17　修改｜放置电缆桥架选项栏

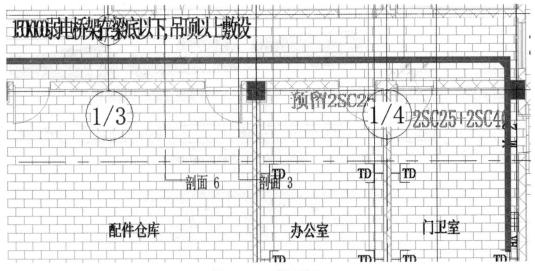
图 5-2-18　创建效果

任务总结

1. 步骤总结

创建电缆桥架的操作步骤主要分为三步。第一步：选择桥架类型；第二步：输入创建电缆桥架参数（包含尺寸、高程、系统等）；第三步：创建电缆桥架。读者可按照此流程完成本书案例项目电气专业中电缆桥架的创建。

2. 技巧总结及经验

（1）电缆桥架除通过"标识数据"中的设备类型进行系统颜色设置外，还可以通过在电缆桥架类型名称及配件名称上进行设置，但该方法费时，需要对弯头、三通、四通等桥架配件复制类型名称。

（2）电缆桥架在垂直对正，分为顶平、中平、底平三种对正方式。在项目应用中除特殊情况外，一般电缆桥架在高度变径时，都是底平对正，而水平对正视情况而定，所以创建时，需要提前设置。

5.2.4　放置电气设备

任务要求

根据案例电气平面图图纸，放置电气设备（灯具、开关插座等）。

相关知识

1. 载入电气设备

通过载入族打开 Revit 软件族库，打开"China"→"MEP"→"安防、供配电、照明、综合布线"或"China"→"消防"→"防排烟、给水和灭火、火灾警铃"等文件，里面包含项目常用电气设备族。

2. 放置电气设备

软件族库自带的电气设备族，放置方法通常是基于主体的构件，被放置在垂直面、面或工作平面上，如图 5-2-19 所示。将电气设备放置之前，可以按空格键旋转电气设备族，每次按空格键时，电气设备都会旋转 90°。

图 5-2-19　放置方法

电气设备族都设有"电气连接件"或"线管连接件"进行导线或线管连接，可设置系统类型、功率负荷、线管直径等，如图 5-2-20、图 5-2-21 所示。

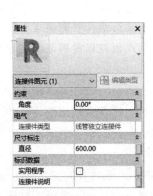

图 5-2-20　导线连接件图元　　图 5-2-21　线管连接件图元

:::· 任务实施

1. 放置照明灯具

链接案例一层照明平面图图纸，单击"插入"选项卡"从库中插入"面板中的"插入族"按钮，弹出"载入族"对话框，查找照明灯具文件，以双管荧光灯的放置为例，选择"双管悬挂式灯具 -T5.rfa"载入当前项目中，如图 5-2-22 所示。

图 5-2-22　载入双管荧光灯

在放置前打开立面视图，通过"参照平面"（RP）快捷键在立面视图上绘制放置双管荧光灯的参照平面标高，高程设置为 2F 结构板底，如图 5-2-23 所示。

单击"系统"选项卡"电气"面板中的"照明设备"按钮，切换至"修改 | 放置设备"上下文选项卡，单击"放置"面板中的"放置在工作平面上"按钮，如图 5-2-24 所示。

在"属性"面板中，将"约束"明细表标高设置为 F1，单击"属性"面板中的"编辑类型"按钮编辑双管荧光灯信息，按照图纸中洗脸盆信息材质、尺寸等，完成双管荧光灯的放置，如图 5-2-25、图 5-2-26 所示。

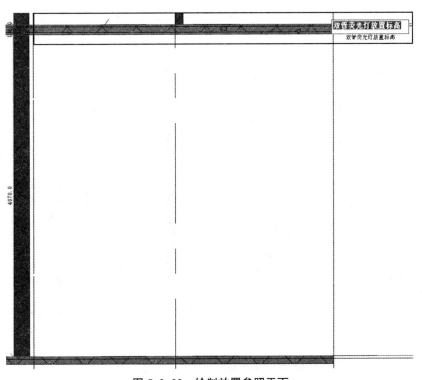

图 5-2-23　绘制放置参照平面

图 5-2-24　放置方法

图 5-2-25　灯具属性窗口

图 5-2-26　编辑类型属性

打开绘制"参照平面"的立面视图，可以看到放置后的双管荧光灯附着 F1 标高，并处于倒立，选择双管荧光灯，在"修改｜照明设备"上下文选项卡"放置"面板中单击"工作平面"按钮，弹出"工作平面"对话框，选择"拾取一个平面（P）"，单击"确认"按钮，拾取绘制好的"参照平面"，如图 5-2-27 所示。

拾取完成后，弹出"转到视图"对话框，选择"楼层平面：一层照明平面图"，进入"一层照明平面图"视图，在"修改｜照明设备"上下文选项卡"放置"面板中单击"工作平面"按钮，按照图纸重新放置灯具，打开立面图通过"镜像拾取轴"修改功能，完成灯具倒立修改，剩下的灯具只需复制即可，如图 5-2-28、图 5-2-29 所示。

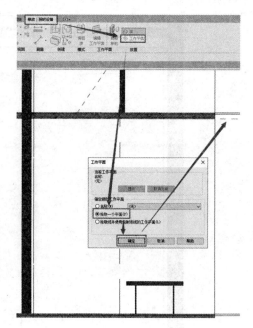

图 5-2-27　拾取参照平面

图 5-2-28　选择工作平面

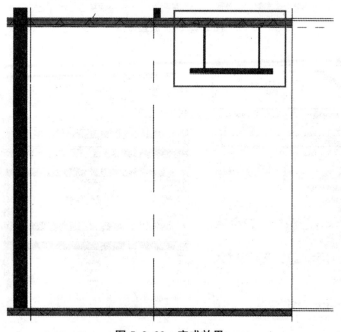

图 5-2-29　完成效果

2．放置开关插座

按照图纸载入相应的开关插座，其放置方法同给水排水专业洗脸盆卫浴族，这里不再赘述，如图 5-2-30、图 5-2-31 所示。

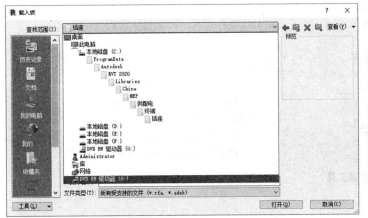

图 5-2-30　文件路径

图 5-2-31　完成效果

∷∶· 任务总结

1．步骤总结

放置卫浴装置的操作步骤主要分为三步。第一步：链接电气平面图；第二步：载入电气设备族；第三步：放置电气设备族。读者可按照此流程完成本书案例项目电气设备的放置。

2．技巧总结及经验

（1）电气设备族除消防报警在"消防"文件夹中查找外，大部分电气系统设备族在"MEP"文件中。

（2）在放置灯具族时，绘制"参照平面"的作用除可以放置标高外，还可以通过修改"参照平面"标高，灯具也随之修改，方便后期调整修改，所以绘制好"参照平面"使用"锁定"功能，防止改动。

（3）放置灯具、开关插座等电气设备，主要应用于精装修深化模型中，如果模型只应用于机电管综深化，一般只需创建电缆桥架。

5.2.5　创建电气线路

∷∶· 任务要求

根据案例电气平面图图纸，创建电气导线和线管线路。

∷∶· 相关知识

1．导线

软件中导线主要应用于设计阶段，其中只可在平面视图绘制，在剖面、三维视图中无法使用该功能。在国内电气施工图中，导线一般采用直线绘制，而在软件中只提供了弧线导线、样条曲线导线和带倒角导线的绘制工具，主要通过修改为直线导线，如图 5-2-32 所示。

2. 线管管路

线管管路的设置及创建方法与给水排水管道相似，线管主要可分为"带配件的线管"和"无配件的线管"两种，如图 5-2-33 所示。

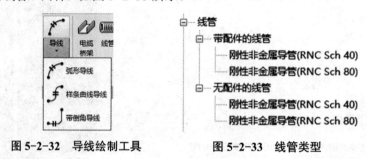

图 5-2-32　导线绘制工具　　　　图 5-2-33　线管类型

⋮⋮⋮ 任务实施

1. 创建导线

打开"一层照明平面图"平面视图，在"系统"选项卡"电气"面板"导线"下拉列表中单击"弧线导线"按钮，切换至"修改｜放置导线"上下文选项卡，在"属性"面板可以设置"类型"为弧、倒角及火零地三线数量。单击"编辑类型"按钮，弹出"类型属性"对话框，以"BV"复制重命名"照明设备导线"，在类型参数中可设置材质、隔热层等参数，单击"确认"按钮完成导线类型设置，如图 5-2-34、图 5-2-35 所示。

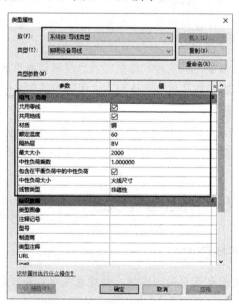

图 5-2-34　导线属性窗口　　　　图 5-2-35　导线类型属性窗口

导线创建方法与给水排水管道相似，选择起点及终点，形成弧线导线，并与电气设备的导线连接件形成连接，完成创建导线。而如何修改为直线导线，有以下两种方法：

（1）方法一：选择需要修改为直角的弧形导线，单击鼠标右键打开菜单，选择"删除顶点（D）"选项，单击要删除的顶点，形成直导线，完成修改。

（2）方法二：对于"带倒角导线"，在倒角处插入顶点。选择需要修改为直角的带倒角导线，单击鼠标右键打开菜单，选择"插入顶点（I）"选项，完成修改。

当一根导线只有两个控制点时，就会形成一根直导线，因此，将导线除两个连接点外的所有顶点删除，即可形成直导线，如图 5-2-36～图 5-2-38 所示。

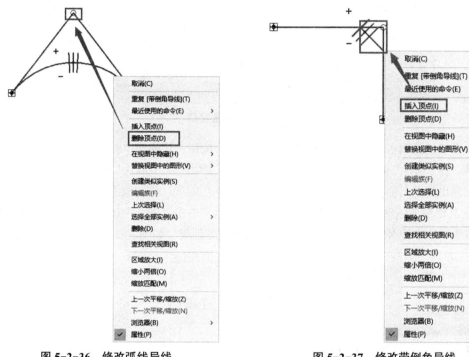

图 5-2-36　修改弧线导线　　　　　　　图 5-2-37　修改带倒角导线

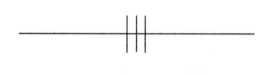

图 5-2-38　修改完成效果

2. 创建线管管路

打开"一层照明平面图"平面视图，线管管路的创建方法与给水排水管道相同，以创建"SC"线管类型为例。在"管理"选项卡"设置"面板"MEP 设置"下拉列表中单击"电气设置"按钮，弹出"电气设置"对话框，选择"线管设置"中的尺寸，复制重命名"SC"，可在此处添加新尺寸直径，如图 5-2-39 所示。

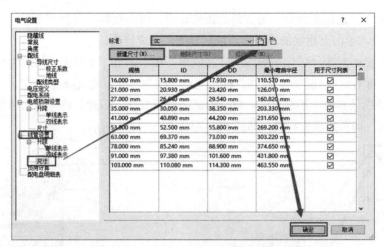

图 5-2-39　电气设置窗口

在"系统"选项卡"电气"面板中单击"线管"按钮,切换至"修改│放置线管"上下文选项卡,在"属性"面板中单击"编辑类型"按钮,弹出"类型属性"对话框,单击"复制"按钮,在弹出的"名称"对话框中将"名称"命名为"SC",将类型参数设置"标准"选择"SC",其他参考信息如图 5-2-40、图 5-2-41 所示,单击"确定"按钮完成类型设置。创建线管方法同给水排水管道,这里不再赘述,完成线管创建,如图 5-2-42 所示。

图 5-2-40　类型属性窗口

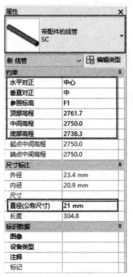

图 5-2-41　属性窗口

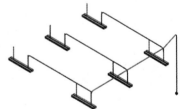

图 5-2-42　完成效果

∴∴ 任务总结

1. 步骤总结

创建电气线路的操作步骤主要分为三步。第一步:链接电气平面图;第二步:设置导线和线管参数;第三步:创建导线和线管。读者可按照此流程完成本书案例项目电气线路的创建。

2．技巧总结及经验

（1）导线与线管的系统颜色可同桥架系统设置颜色方式，通过"标识数据"中的"注释"功能进行系统颜色设置，所以模型只创建电缆桥架，"设备类型"和"注释"都可设置系统颜色，而电缆桥架、导线和线管只能通过"注释"统一设置，利用视图样板传递。

（2）一般项目中，很多时候都只用到桥架，很少机会会用到线管这个功能，而桥架里面是否创建线管，视项目要求而定。

任务 5.3　暖通专业建模

根据员工宿舍楼项目图纸完成暖通专业模型创建。

5.3.1　暖通专业模型创建流程

⠸⠂ 任务要求

熟悉 BIM 项目暖通专业建模的工作流程。

⠸⠂ 相关知识

暖通专业模型中主要分为风管、空调水和暖通设备三个部分。其中，风管按系统可分为送风系统、回风系统、排烟系统、排风系统、新风系统、补风系统、加压送风系统等；而空调水按系统可分为空调冷冻水供（回）水系统、空调冷凝水系统、冷媒管系统、空调冷却水供（回）水系统、空调热水供（回）水系统等。本节将以本书案例的暖通专业模型的创建为例来进行讲解。

暖通专业建模工作流程如图 5-3-1 所示。

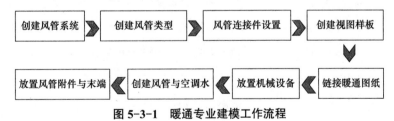

图 5-3-1　暖通专业建模工作流程

⠸⠂ 任务实施

1．项目简介

员工宿舍楼项目的建筑室内暖通设计包括送风系统、回风系统、新风系统、空调冷凝水

261

系统、冷媒管系统、空调供水系统、空调回水系统等，如图 5-3-2 所示。

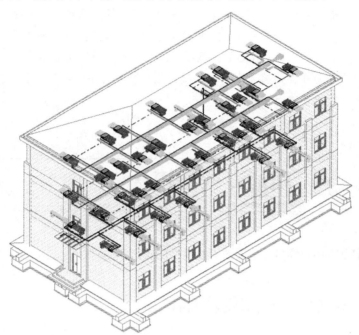

图 5-3-2　案例暖通模型三维

2. 暖通专业建模工作流程

以员工宿舍楼案例为例，暖通专业建模工作流程见表 5-3-1。

表 5-3-1　暖通专业建模工作流程

序号	流程名称	任务内容
1	创建风管系统	根据案例图纸设置相应风管与空调水系统
2	创建风管类型	根据案例图纸设置相应风管与空调水类型
3	风管连接件设置	根据案例图纸创建相应风管与空调水连接件设置
4	创建视图样板	根据暖通专业创建不同系统视图样板
5	链接暖通图纸	对图纸进行拆分、删除多余图层及 Pu 清理再链接
6	放置机械设备	放置风机盘管、风机等机械设备
7	创建风管与空调水	根据案例图纸创建风管与空调水管
8	放置风管附件与末端	放置风管阀门附件与风口末端

∴∴∴ 任务总结

暖通专业基本建模流程：创建风管系统→创建风管类型→风管连接件设置→创建视图样板→链接暖通图纸→放置机械设备→创建风管与空调水→放置风管附件与末端。

5.3.2 风管设置

任务要求

打开案例机电项目文件，完成风管设置、空调水管设置及视图样板。

相关知识

1. 风管设置

在 Revit 中创建风管模型前，需提前设置风管参数，如系统、颜色、尺寸、风管管件、保温层等，形成风管专业视图样板，所以前期风管设置的准确，会影响到模型质量，而空调水管的设置与给水排水专业管道设置相同，这里不再赘述。

2. 暖通专业视图样板

暖通专业应按各系统设置合理的视图样板，且视图样板的比例、详细程度、规程、子规程、过滤器、链接文件等内容按各专业调整到所需视图样式，暖通专业视图样板名称参见表 5-3-2。

表 5-3-2　暖通专业视图样板名称

视图样板名称	功能
空调风管平面图 -100	用于比例为 1：100 的空调风管平面
空调水管平面图 -100	用于比例为 1：100 的空调水管平面
防排烟平面图 -100	用于比例为 1：100 的防排烟平面
暖通三维视图 -100	用于暖通专业三维视图

任务实施

1. 创建风管系统

打开案例机电项目文件，在项目浏览器中展开"族"项目，找到"风管系统"类，展开后可以看到当前项目中已存在"回风、排风、送风"的风管系统类型，如图 5-3-3 所示。

下面来创建"新风系统"系统类型。在风管系统中，选择"送风"类型，双击弹出"类型属性"对话框，单击"类型"选项后的"复制"按钮，修改名称为"新风系统"，单击"确定"按钮，继续单击"类型属性"对话框中的"确定"按钮，完成"新风系统"类型的创建，如图 5-3-4 所示，可以使用相同的方法来创建其他的风管系统。

图 5-3-3　风管系统　图 5-3-4　完成效果

263

2. 创建风管类型

风管类型的创建方法与给水排水专业管道类型相同。在项目浏览器的族项目中找到并展开"风管"项目类型，在当前样板文件中风管类型可分为"圆形风管""椭圆形风管""矩形风管"三种，如图5-3-5所示。其中，"接头"与"T形三通"的区别在于风管在三通、四通连接的方式不同，如图5-3-6所示。

下面来创建"镀锌钢板_法兰"风管类型，双击"矩形风管"的"斜接弯头/T形三通"风管类型，弹出"类型属性"对话框，复制重命名新的风管类型为"镀锌钢板_法兰"，单击"确定"按钮，完成名称创建，返回"类型属性"对话框，单击"布管系统配置"选项后的"编辑"按钮，弹出"布管系统配置"对话框，如图5-3-7、图5-3-8所示。

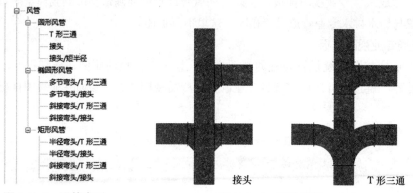

图 5-3-5　风管类型　　　　　　　　图 5-3-6　连接效果

图 5-3-7　"类型属性"对话框

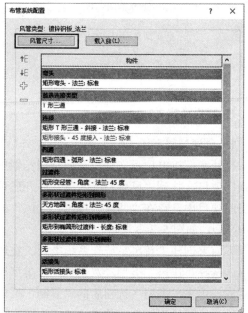

图 5-3-8　"布管系统配置"对话框

单击"风管尺寸"按钮，弹出"机械设置"对话框，风管尺寸、弯头角度等风管参数可在此处设置，如图5-3-9所示。

图 5-3-9　机械设置窗口

3．管道连接件设置

在创建风管类型的过程中，通常都伴随着对风管连接件的设置，这些均可在"布管系统配置"中进行设置，而"镀锌钢板_法兰"风管类型的风管连接件需在项目浏览器的族项目中找到并展开"风管管件"项目类型，复制"标准"管件重命名"镀锌钢板"提供"镀锌钢板_法兰"风管类型选择管件，完成设置，如图 5-3-10 所示。

4．创建视图样板

暖通专业的视图样板的设置同给水排水专业的创建方法，不过多叙述，系统颜色可参考创建机电样板文件的设备专业过滤器设置，完成效果如图 5-3-11 所示。

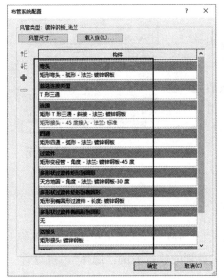

图 5-3-10　完成设置效果

图 5-3-11　完成设置效果

任务总结

1. 步骤总结

风管设置的操作步骤主要分为四步。第一步：设置风管系统；第二步：设置风管类型（包含修改风管材质、尺寸等）；第三步：风管连接件设置；第四步：创建视图样板（包含设置风管系统过滤器、填充图案等）。读者可按照此流程完成本书案例机电项目文件中暖通设置。

2. 技巧总结及经验

（1）风管尺寸可不用在"机械设置"中添加，只需在创建风管时，输入新尺寸即可。

（2）风管弯头，常规角度分为30°、45°、60°、90°四种，而风管角度在"机械设置"中默认是"使用任意角度"，建议设置"使用特定的角度"，选择使用常规角度进行风管创建。

5.3.3 放置机械设备

任务要求

根据案例暖通专业平面图图纸，放置风机盘管、风机等机械设备。

相关知识

1. 载入机械设备族

通过载入族打开 Revit 软件族库，打开"China"→"MEP"→"空气调节、通风除尘"文件夹，里面包含项目常用风机机械设备族。

2. 放置机械设备族

软件族库自带的风机机械设备族，放置方法通常是基于标高的偏移高程放置，放置前，按一次空格键旋转90°。

风机机械设备族都由"连接件图元"进行风管或管道连接。其中，风管"连接件图元"可设置连接造型、尺寸、流向、系统分类等，其按流向分为进或出，如图5-3-12所示。

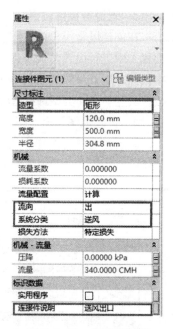

图 5-3-12　连接件图元

任务实施

放置机械设备

链接案例一层空调风管平面图图纸，在"插入"选项卡"从库中插入"面板中单击"插入族"按钮，弹出"载入族"对话框，查找机械设备文件，以风机盘管的放置为例，选择"风机盘管－卧式暗装－四管式－背部回风－左接.rfa"载入当前项目中，如图5-3-13所示。

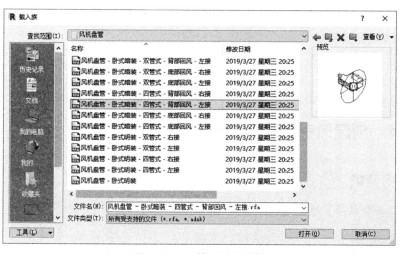

图 5-3-13　载入风机盘管

在"系统"选项卡"机械"面板中单击"机械设备"按钮，切换至"修改｜放置机械设备"上下文选项卡，在"属性"面板中检查"约束"标高是否为放置当前层及高程输入 3 200 mm，单击"属性"面板中"编辑类型"按钮，在弹出的"类型属性"对话框中编辑风机盘管风管尺寸、连接水管尺寸、风机盘管尺寸等信息，完成风机盘管的放置，如图 5-3-14、图 5-3-15 所示。

图 5-3-14　属性窗口

图 5-3-15　编辑类型属性

⠿ 任务总结

1. 步骤总结

放置机械设备的操作步骤主要分为两步。第一步：链接暖通专业平面图；第二步：载入放置机械设备族。读者可按照此流程完成本书案例项目机械设备的放置。

2．技巧总结及经验

提前放置风机机械设备，在创建风管时可以直接连接风机机械设备，连接方法与给水排水专业连接卫浴族相同。

5.3.4　创建风管及空调水管

⁝⋮· 任务要求

链接员工宿舍楼项目暖通图纸，创建风管及空调水管模型。

⁝⋮· 相关知识

风管指定设置

在创建风管模型时，需指定风管类型、风管系统、尺寸、高程、放置工具设置、参照标高是否是当前层等参数设置，如图 5-3-16 ～图 5-3-20 所示，完成创建风管模型。

（1）风管尺寸：矩形风管宽度 × 高度、圆形风管直径、椭圆形风管宽度 × 高度。

（2）顶部、中间、底部高程：指定风管相对于当前标高的垂直高程。

（3）自动连接：允许在开始或结束风管时自动链接到构件上的捕捉。

（4）对正设置："放置工具"面板→"对正"设置，水平对正 / 水平偏移 / 垂直对正。

（5）水平偏移：在视图中的管道和另一构件之间以固定距离放置管道标记。

图 5-3-16　风管属性设置

图 5-3-17　对正设置

图 5-3-18　风管垂直对正完成效果

图 5-3-19　修改｜放置风管选项栏

图 5-3-20　修改│放置风管

⋮⋮⋮ 任务实施

1. 创建新风系统风管

链接二层空调风管平面图图纸至"二层空调风管平面图"视图，单击"系统"选项卡"HVAC"面板中的"风管"按钮，切换至"修改│放置风管"上下文选项卡，在"属性"面板"类型选择器"中选择"镀锌钢板_法兰"风管类型，检查"约束"参照标高是否是当前层，中间高程暂定设置为 3 160 mm，在"尺寸标注"中"宽度"和"高度"分别设置为"500 mm""200 mm"，在"机械"系统类型输入"新风系统"，如图 5-3-21 所示；"修改│放置风管"上下文选项卡下方设置，如图 5-3-22 所示，其中标高、宽度、高度及中间高程也可在"修改│放置风管"选项栏进行设置，如图 5-3-23 所示，完成创建风管前设置步骤。

图 5-3-21　属性窗口设置

图 5-3-22　"修改│放置风管"上下文选项卡

图 5-3-23　"修改│放置风管"选项栏

水平与垂直风管创建方法同给水排水专业管道，按照图纸（二层空调风管平面图，走廊新风系统风机位置）完成风管创建，如图 5-3-24 所示。

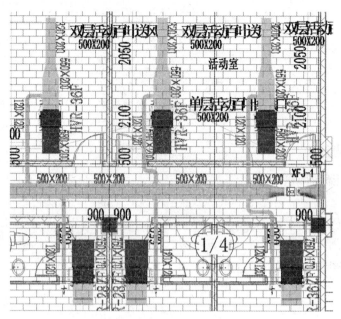

图 5-3-24　创建效果

2. 添加保温层

风管与空调水管因需保持温度的特殊性，需要添加保温层，软件提供外保温"风管隔热层"与内保温"风管内衬"两种。首先选择创建完风管，切换至"修改 | 风管"上下文选项卡，在"修改 | 风管"上下文选项卡"风管隔热层"面板中单击"添加隔热层"按钮，弹出"添加风管隔热层"对话框，暂定选择"纤维玻璃"，厚度输入 50 mm，单击"确认"按钮完成添加，如材料不同可单击"编辑类型"按钮复制修改类型材质，如图 5-3-25、图 5-3-26所示，空调水管保温层可参考此方法完成添加。

图 5-3-25　添加保温层

图 5-3-26　添加风管隔热层窗口

:::• 任务总结

1. 步骤总结

创建风管的操作步骤主要分为三步。第一步：选择风管类型；第二步：输入创建风管参数（包含尺寸、高程、系统等）；第三步：创建风管及空调水管。读者可按照此流程完成员工宿舍楼项目暖通专业中风管及空调水管的创建。

2. 技巧总结及经验

（1）风管哪些系统需添加保温层，以设计说明为准，而风管保温层厚度如设计未说明，可按 50 mm 考虑，空调水管的保温层厚度与管径大小有关。

（2）风管在垂直对正，可分为顶平、中平、底平三种对正方式。水平对正也相同，在项目应用中除特殊情况外，一般风管在高度变径时，都是底平对正，而水平对正视情况而定，所以创建时，需要提前设置，而矩形风管与圆形风管连接，产生的天圆地方连接件，一般是中心对齐。

（3）因空调冷凝水管为无压管，需要设置坡度，而坡度可按 0.300 0% 设置。

5.3.5　放置风管附件与末端

::· 任务要求

根据教材案例员工宿舍楼暖通平面图图纸，放置风管阀门附件与风口末端。

::· 相关知识

1. 载入风管附件与末端族

通过载入族打开 Revit 软件族库，打开"China"→"MEP"→"阀门、风管附件"或"消防"→"防排烟"等文件夹，里面包含项目常用风管附件与末端族。

2. 放置风管附件与末端族

风管阀门附件与给水排水专业阀门附件放置方法相同，这里不再赘述，而风口末端的放置方法通常是基于风管被放置在各面上，可侧装与上下装风口，如图 5-3-27 所示。

图 5-3-27　放置方法

::· 任务实施

放置风口末端

链接案例一层空调风管图图纸，单击"插入"选项卡"从库中插入"面板中的"载入族"按钮，弹出"载入族"对话框，查找风口末端文件，以风口末端的放置为例，选择"回风口 - 矩形 - 单层 - 可调 .rfa"载入当前项目中，如图 5-3-28 所示。

图 5-3-28　载入风口末端

载入后，弹出"指定类型"对话框，选择 500×200 类型风口载入当前项目中，如图 5-3-29 所示。

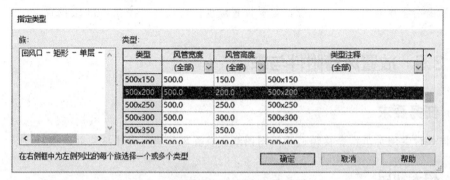

图 5-3-29　指定类型

单击"系统"选项卡"HVAC"面板中的"风道末端"按钮，切换至"修改｜放置风道末端装置"上下文选项卡，在"属性"面板中检查"约束"标高是否为放置当前层及高程输入 3 000 mm（低于风管高程），单击"属性"面板中的"编辑类型"按钮，在弹出的"类型属性"对话框中编辑风口的风管连接尺寸、风口尺寸等信息，完成风口的放置，如图 5-3-30～图 5-3-32 所示。

图 5-3-30　"属性"对话框

图 5-3-31　"类型属性"对话框

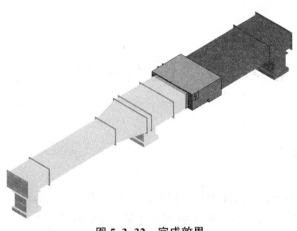

图 5-3-32 完成效果

任务总结

1. 步骤总结

风口末端族的操作步骤主要分为三步。第一步：链接暖通专业平面图；第二步：载入放置风口末端族；第三步：与风管连接。读者可按照此流程完成员工宿舍楼项目风管附件与末端族的放置。

2. 技巧总结

（1）创建风口与风管连接时，在平面图放置后，可创建剖面视图，进行风口高程调整与连接。

（2）在创建风口与风管连接时，如形成不了三通，可先把连接风管拉长，形成三通再调整风管长度。

模块6 模型后期应用

教学目标

本模块主要介绍在 Revit 软件中基于模型的后期应用，通过本模块学习需掌握基于模型进行建筑施工图纸输出方法；通过创建明细表提取工程量的操作方法；漫游动画制作和模型效果图片渲染与输出的方法。

教学要求

任务点	知识要点	能力目标	素质目标
创建建筑施工图	1. 创建平面视图的方法、平面图尺寸标注、房间标注、遮罩区域、视图可见性设置； 2. 创建立面视图的方法、标高线样式创建、立面轮廓设置； 3. 剖面视图创建、材质表面和截面填充样式修改方法； 4. 利用绘制视图导入CAD、详图创建方法； 5. 利用详图线、可见性设置完善详图表达的操作方法	1. 能够根据建筑制图规范基于模型创建平面、立面、剖面、详图等施工图样； 2. 能够按照规范布置与输出图纸	1. 具有遵循标准和规范的意识； 2. 具有严谨细致的工作态度； 3. 具有一定的审美和创新精神； 4. 具有坚持不懈的钻研精神
创建明细表	1. 明细表的分类与作用； 2. 明细表的创建与编辑方法等	能够创建不同材料统计明细表及具备明细表样本在不同项目间调用的操作能力	
模型表现	1. 相机位置确定、漫游路径绘制方法及相机编辑方法； 2. 渲染区域选择、调整输出质量、修改照明设置、更改背景设置方法等	1. 能够基于 Revit 软件完成项目室内外漫游动画的制作与输出； 2. 能够基于 Revit 软件完成项目渲染效果图的创建	

任务6.1 创建图纸

在施工图设计中，按视图表达的内容和性质可分为平面图、立面图、剖面图和大样详图等几种类型。根据提供的员工宿舍楼图纸完成该项目建筑施工图纸创建与输出。

6.1.1　创建建筑平面施工图

⋮⋮ 任务要求

创建员工宿舍楼一层建筑平面图，掌握在 Revit 中创建平面图纸的要求与操作流程。

微课：创建建筑平面图（一）　　微课：创建建筑平面图（二）

⋮⋮ 相关知识

创建平面视图

可以创建的二维平面视图有多种，如结构平面、楼层平面、天花板投影平面、平面区域或面积平面。平面视图在绘制标高时将自动创建标高名称对应的视图，也可以在完成标高的创建后手动添加相关平面视图。

（1）自动创建平面视图。切换至立面视图中，在"建筑"选项卡"基准"面板中，单击"标高"按钮，绘制一根标高线即生成了标高对应的视图。在默认情况下，一个标高对应生成天花板平面、楼层平面和结构平面三个平面视图。若想单独生成标高对应的某一类视图，可单击"修改 | 放置标高"选项栏"平面视图类型"按钮，如图 6-1-1 所示。在弹出的"平面视图类型"对话框中，选择平面视图类型，如"楼层平面"，如图 6-1-2 所示，将只会生成标高对应的楼层平面视图。

图 6-1-1　平面视图类型

图 6-1-2　选择生成平面视图

（2）手动创建平面视图。若是标高采用复制的方式绘制的将不会再生成对应的平面视图，或是修改了"平面视图类型"对话框默认的创建类型时，需要生成对应的视图可切换至"视图"选项卡，在"创建"面板中单击"平面视图"按钮，如图 6-1-3 所示。在弹出的下拉列表中选择需要生成的平面视图类型，将弹出"新建楼层平面"对话框，选择所需生成的楼层即可，如图 6-1-4 所示。

图 6-1-3　选择生成平面视图

图 6-1-4　选择所需生成平面视图

∷ 任务实施

1. 尺寸标注

在平面视图中需要通过尺寸标注表达构件的大小位置，通常在外墙的外围需要标注三道尺寸线，分别表示建筑的长宽总尺寸、轴网尺寸、门窗洞口等细部尺寸，在建筑内部同样需要标注各构件图元的细部尺寸，另外，还应标注楼板、室内外标高、排水坡度等信息。

为满足不同规范下施工图的设计要求，在尺寸标注前需设置尺寸标注类型属性，下面以员工宿舍楼项目为例，介绍在视图中添加尺寸标注的操作方法。

（1）启动命令。复制 F1 视图重命名为"一层平面图"，切换至该视图，确认视图控制栏中该视图比例为 1：100。调整视图中各方向的轴线长度并对齐，在轴线与外墙边线间留出尺寸标注所需的空间，单击快速访问工具栏"对齐尺寸标注"按钮，单击"属性"面板中的"编辑类型"按钮，弹出"类型属性"对话框。

图 6-1-5　尺寸标注类型属性

（2）创建标注类型，修改图形类型参数。单击"复制"按钮，新建名称为"别墅－尺寸标注样式"，在"类型属性"对话框中，确认"线宽"代号为"1"，即细线；设置"记号线宽"为 1，即尺寸界线两端斜短线显示为细线；确认"尺寸界线控制点"为"固定尺寸标注线"；设置"尺寸界线长度"为 2 mm，默认"尺寸界线延伸"为"2.5 mm"即尺寸界线长度为固定的 2 mm，且延伸 2.5 mm，确认"颜色"为"黑色"，确认"尺寸标注线捕捉距离"为 3 mm，其他参数如图 6-1-5 所示。

（3）修改文字类型参数。在文字参数分组中，确认"宽度系数"值为 0.7，设置"文字大小"为 3 mm，该值为打印后图纸上标注尺寸文字高度；设置"文字字体"为"宋体"；确认"单位格式"参数为"1 235［mm］（默认）"，即使用与项目单位相同的标注单位显示尺寸长度值，如图 6-1-6 所示。完成后单击"确定"按钮，完成尺寸标注型参数设置。

图 6-1-6　尺寸标注文字属性

提示

尺寸标注中"线宽"代号取自于"线宽"设置对话框"注释线宽"选项中设置的线宽值。当勾选"显示洞口高度"则标注门、窗等带有洞口的图元对象将在尺寸标注线下方显示该图元的洞口高度。

（4）标注尺寸。确认选项栏中的尺寸标注，默认捕捉墙位置为"参照核心层表面"，尺寸标注"拾取"方式为"单个参照点"。依次拾取员工宿舍楼北向①轴左侧外墙面⑤轴右侧外墙面，将在所拾取点之间生成尺寸标注预览，拾取完成后，向上方移动鼠标光标到合适位置，单击视图任意空白处完成第一道尺寸标注线。继续使用"对齐尺寸"标注工具，依次拾取①～⑤轴线，拾取完成后，移动尺寸标注预览至上一步创建的尺寸标注线下方；稍上下移动鼠标光标，当距已有尺寸标注距离为尺寸标注类型参数中设置的"尺寸标注线捕捉距离"时，将会出现磁吸尺寸标注蓝色虚线预览，如图 6-1-7 所示，在该位置单击放置第二道尺寸标注。单击"修改｜放置尺寸标注"上下文选项卡，如图 6-1-8 所示。拾取方式：选择"整个墙"，单击"选项"按钮，弹出"自动尺寸标注选项"对话框，如图 6-1-9 所示，在对话框中勾选"洞口""宽度""相交轴网"，单击"确定"按钮，返回视图绘制区，单击选择Ⓕ轴墙体，向上移动鼠标光标出现蓝色磁吸虚线时单击鼠标左键，创建第三道尺寸线，完成后按 Esc 键两次，退出放置尺寸标注状态，三道尺寸标注结果如图 6-1-10 所示。

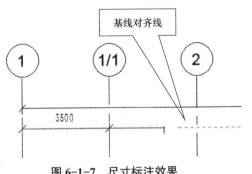

图 6-1-7　尺寸标注效果

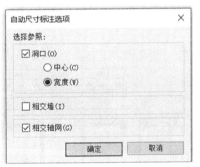

图 6-1-8　自动尺寸标注选项设置

图 6-1-9　修改 / 放置尺寸上下文选项卡

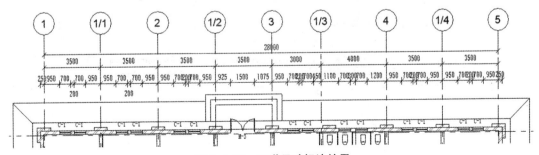

图 6-1-10　三道尺寸标注结果

277

（5）调整尺寸文字位置。按制图要求注释信息不能与图线重叠。选择①轴左侧外墙厚度尺寸标注的文字"250"。在"修改｜尺寸标注"选项栏中将"引线"勾选取消，如图 6-1-11 所示，单击文字下方蓝色小圆点，往左拖拽文字至尺寸界线外，完成尺寸文字位置的调整，如图 6-1-12 所示。选择尺寸标注在"尺寸界线面板中"将会显示"编辑尺寸界线"工具，如图 6-1-13 所示，该工具可以拾取新的图元线，添加新的连续的尺寸标注。注意图元的位置与标注的尺寸是相关联的，选择图元修改位置时尺寸标注数值也会同步修改。1F 平面图标注结果如图 6-1-14 所示。

图 6-1-11　取消"引线"勾选

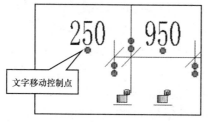

图 6-1-12　调整尺寸标注文字位置

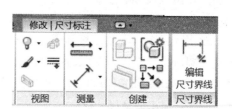

图 6-1-13　编辑尺寸界限

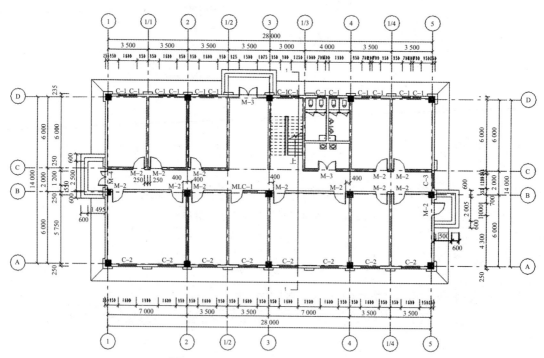

图 6-1-14　1F 平面图尺寸标注完成效果

2. 房间标注

（1）在"建筑"选项卡"房间和面积"面板中，单击"房间分隔"按钮，如图6-1-15所示，可以创建分隔线，对不存在墙或其他边界的房间进行分隔。

（2）在"建筑"选项卡"房间和面积"面板中，单击"在放置时进行标记"按钮，如图6-1-16所示。在"属性"面板"类型选择器"中，选择标记类型为"标记-房间-有面积-施工-仿宋-3 mm-0-80"，如图6-1-17所示，移动鼠标至绘图区域，单击墙体或墙体分隔线围合的平面区域将放置房间及"房间"标记，如图6-1-18所示。

图 6-1-15　"房间分隔"工具

图 6-1-16　启用"在放置时进行标记"

图 6-1-17　选择房间标记类型

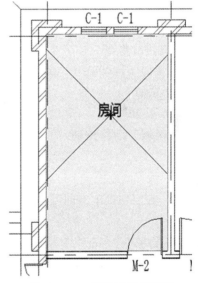

图 6-1-18　房间及房间标记

选择"房间"文字，单击鼠标进入文字编辑状态，将所有标记为"房间"的文字进行修改，按Enter键确认，还可以选择房间标记移动文字至平面合适位置，修改结果如图6-1-19所示。

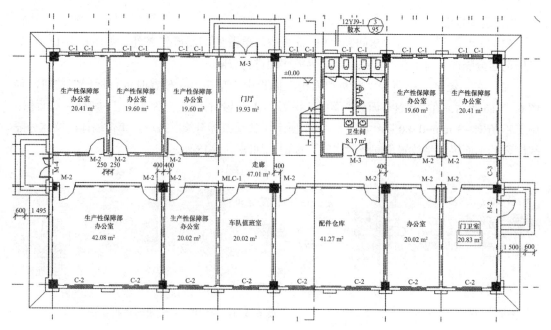

图 6-1-19 房间标记完成示意

3. 遮罩区域

对于平面图中不需要显示的图元，可以采用视图控制的方法对其进行隐藏，对于楼梯剖切面以上图元需要在 1F 进行隐藏，可以采用"遮罩区域"工具来实现，具体操作方法如下：

（1）如图 6-1-20 所示，单击"注释"选项卡"详图"面板的"区域"下拉按钮，在下拉列表中选择"遮罩区域"。

图 6-1-20 启动"遮罩区域"工具

（2）在"直线"绘制模式下，绘制如图 6-1-21 所示的遮罩轮廓，在空白处单击即可将遮罩区域楼梯图元不显示。

4. 放置高程点

（1）单击"注释"选项卡"尺寸标注"面板中的"高程点"按钮 ⚫，在北向入口台阶平台处双击鼠标后，向右移动鼠标光标单击确定高程点标注方向。

（2）在"属性"面板"类型选择器"中选择"高程点三角形（项目）"类型，单击"编辑类型"按钮，在弹出的"类型属性"对话框中复制出一个名称为"正负零标高标注"的新类型，在"高程指示器"栏输入"±"号，如图 6-1-22 所示，单击"确定"按钮，在门厅标注正负零高程点注释，结果如图 6-1-23 所示。

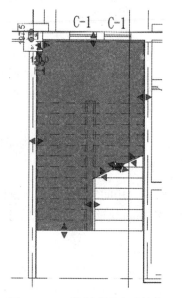

图 6-1-21 绘制遮罩区域轮廓

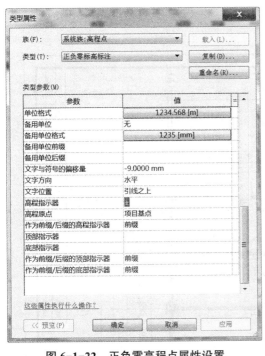

图 6-1-22　正负零高程点属性设置

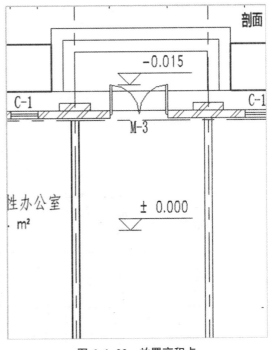

图 6-1-23　放置高程点

提示

　　高程点只有在有楼板的图元上放置，不仅在平面图可以自动识别楼板高程，在立面图同样可以放置，注意高程点不可手动修改标高的数值。

5. 放置指北针

　　在"注释"选项卡"符号"面板中单击"符号"按钮，在"属性"面板"类型选择器"中选择"符号－指北针"下的"填充"样式，如图 6-1-24 所示，在图纸视图左上角空白位置单击放置指北针符号，按 Esc 键退出，绘制完成结果如图 6-1-25 所示。

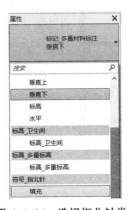

图 6-1-24　选择指北针类型

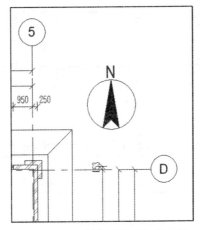

图 6-1-25　指北针绘制完成示意

281

一层平面图完成结果如图 6-1-26 所示。

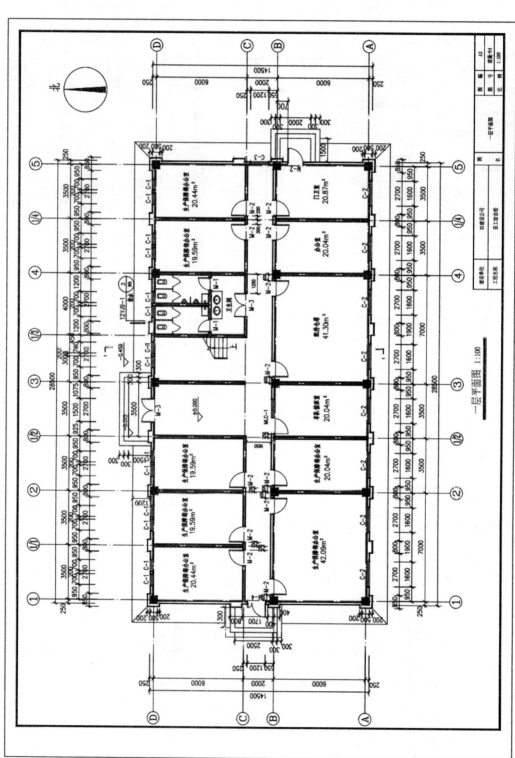

一层平面图 1:100

图 6-1-26 一层平面图

6. 房间图例

添加房间后，可以在视图中添加房间图例，并通过设置颜色方案更清晰地表现房间的范围、分布等，下面为别墅项目添加房间图例。

（1）在项目浏览器中复制 1F 楼层平面视图，重命名视图名称为"房间图例"。

图 6-1-27 启动"颜色填充图例"

（2）在"注释"选项卡→"颜色填充"面板中单击"颜色填充图例"按钮，如图 6-1-27 所示。在绘图区域单击鼠标将显示图 6-1-28 所示"没有向视图指定颜色方案"的提示，并弹出"选择空间类型和颜色方案"对话框，如图 6-1-29 所示。在对话框中将空间类型设置为"房间"，单击"确定"按钮退出。

图 6-1-28 颜色方案图例

（3）单击"未指定颜色"，在"修改|颜色填充图例"上下文选项卡中单击"编辑方案"按钮，如图 6-1-30 所示，弹出"编辑颜色方案"对话框。

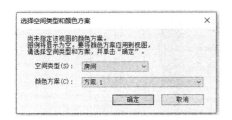

图 6-1-29 "选择空间类型和颜色方案"对话框

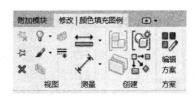

图 6-1-30 "编辑方案"工具

（4）在"编辑颜色方案"对话框中修改"标题"为"数量图例"，选择"颜色"为"面积"，选择"按范围"选项，单击"确定"按钮，完成颜色方案设置如图 6-1-31 所示。

图 6-1-31 "编辑颜色方案"对话框

（5）按此颜色方案完成颜色分布，如图 6-1-32 所示。单击颜色图例，通过颜色方案图例表调整圆点和三角形符号，可调整图例的排布样式。

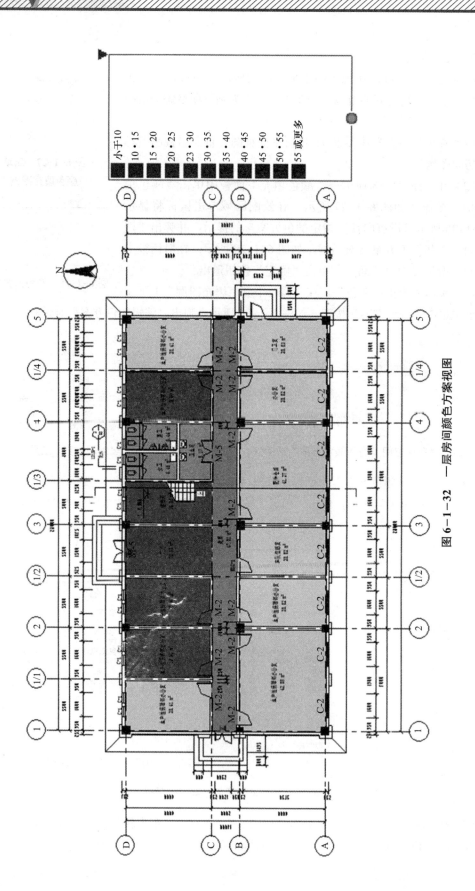

图 6-1-32 一层房间颜色方案视图

任务总结

建筑平面施工图出图基本可以参照以下步骤：

（1）复制平面视图，选用"带细节复制"可建立一个新的视图用于出图。

（2）隐藏图元，采用"可见性／图形替换"窗口可永久隐藏无须显示的图元。

（3）视图样板设置，如调整图元截面填充显示状态。

（4）添加与编辑尺寸标注。

（5）放置房间与房间名称编辑。

（6）添加标高与指北针符号。

（7）图纸细部处理。

（8）导出 DWG 格式的图纸。

微课：创建建筑立面图

6.1.2　创建建筑立面施工图

任务要求

创建员工宿舍楼⑤～①轴立面图，掌握在 Revit 中创建立面图纸的整个流程。

相关知识

在立面施工图中需要表达建筑立面形态，标注立面上楼层和洞口的标高，高度方向门窗安装位置及立面造型等详细的尺寸，以及对外立面材质进行文字的注写，对立面轮廓进行加粗显示等，本节将重点介绍立面创建和修改的方法及如何加粗立面轮廓线和调整标高线显示的方法。

1. 创建立面视图

打开 Revit 默认样板，如图 6-1-33 所示，项目文件中显示了 4 个指南针点提供外部立面视图，用户如需创建新的立面视图可单击"视图"选项卡下"创建"面板中的"立面"按钮，在平面视图适当位置单击放置指南针点可以创建面向模型几何图形的其他立面视图。放置指南针点时可以按 Tab 键来切换箭头的方向。删除指南针点会弹出警告窗口，如图 6-1-34 所示，单击"确定"按钮，则"项目浏览器"中对应名称的立面视图也将删除。

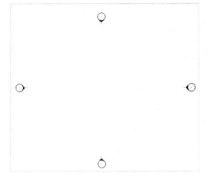

图 6-1-33　立面符号

图 6-1-34　视图删除警告

提示

只能在平面视图放置立面符号，在放置时可通过按 Tab 键切换箭头方向。

2. 修改立面视图

单击指南针圆心，立面视图相关符号显示如图 6-1-35 所示，通过勾选小方框可以设置生成立面视图的方向，通过单击旋转按钮移动鼠标可以旋转立面视图，使其与斜向图元对齐。

单击指南针黑色三角形，将显示图 6-1-36 所示的立面视图符号，通过标注视图深度拖拽点可控制立面视图可见的深度，通过宽度范围拖拽点来控制立面视图可见的宽度，用户可通过平面视图在调节拖拽点的位置观察立面视图图元显示范围的变化。

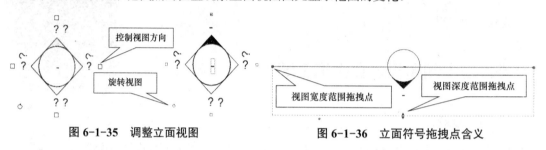

图 6-1-35　调整立面视图　　　　　　　图 6-1-36　立面符号拖拽点含义

∴∴ **任务实施**

（1）打开南立面视图，在"属性"面板中勾选"裁剪视图"和"裁剪区域可见"，在绘图区域选择并调整裁剪框底部线对齐室外地坪线使得全部模型显示完整同时室外地坪下部分不可见，如图 6-1-37 所示。

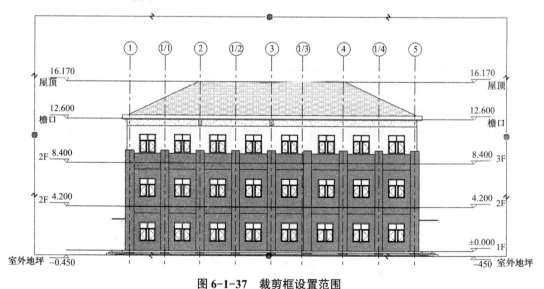

图 6-1-37　裁剪框设置范围

（2）沿右侧标注立面标高，三道尺寸线中，第一道标注窗洞口高度、楼板厚度及其他细部尺寸；第二道标注层高；第三道标注室内外高差及建筑立面总高度。

（3）选择并隐藏立面中间部分轴线，保留两端轴线并延长底部长度，单击快捷访问工具栏"对齐尺寸标注"按钮，设置"修改｜放置尺寸标注"选项栏为"参照墙面"，在"属性"面板"类型选择器中"选择当前尺寸标注类型为"员工宿舍楼－尺寸标注样式"，依次单击标注外墙面层至轴线及轴线之间的距离。

提示

使用视图控制栏"隐藏图元"工具隐藏的图元为临时隐藏，因此，在确定导出 CAD 图前要选择"将隐藏／隔离应用到视图"，避免导出图纸时操作失误而引起重复性工作。

（4）在"注释"选项卡"尺寸标注"面板中单击"高程点"按钮 **高程点**，设置当前类型为"立面空心"；在各层窗底、楼板、雨篷等部位标注标高并调整标高位置。

（5）单击"修改"选项卡"视图"面板中的"线处理"按钮，切换至"修改｜线处理"上下文选项卡，将"线样式"设置为宽线，如图 6-1-38 所示。单击快捷访问工具栏"细线"按钮，在南立面视图中依次选择员工宿舍楼立面轮廓线，完成立面轮廓调整，按 Esc 键退出线处理模式，取消勾选"属性"面板中"裁剪区域可见"，立面轮廓调整结果如图 6-1-39 所示。

图 6-1-38　线处理工具

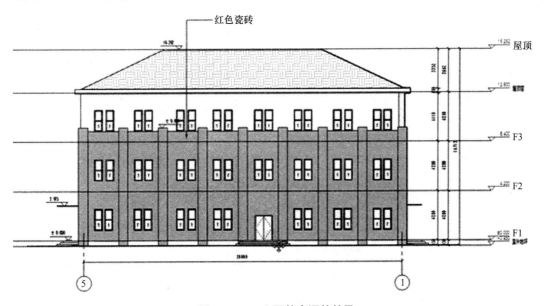

图 6-1-39　立面轮廓调整效果

（6）修改标高线显示状态。按制图标准立面标高线只在两端或一端显示，因此，需要调整标高线中间部分为隐藏状态。在"管理"选项卡的"设置"面板中单击"其他设置"下拉按钮，在下拉列表中单击"线形图案"按钮，在弹出的"线形图案"对话框中单击"新建"按钮，如图 6-1-40 所示，设置名称为"标高－隐藏中段"，设置"划线"为 1 mm，"空间"为

300 mm，如图 6-1-41 所示，单击"确定"按钮，返回"线型图案"对话框，此时可见新建的样式，单击"确定"按钮，退出该对话框。在立面视图中选择 F2 层标高线，单击"属性"面板中的"编辑类型"按钮，在弹出的"类型属性"对话框中将线型图案设置为"标高–隐藏中段"，如图 6-1-42 所示，此时可见立面视图中标高线将隐藏中间部分线段。

图 6-1-40　新建线型图案　　　图 6-1-41　线型图案属性设置　　　图 6-1-42　选择线型图案

提示

　　线型图案属性设置时，划线和空间值的大小，需要多次在视图中测试显示的最佳效果方可确定。

3. 绘制立面细部

　　（1）立面图上通常要体现分层位置，对于分层线和其他需要补充绘制的二维线可以单击"注释"选项卡"详图"面板中的"详图线"按钮 详图线 来绘制。

　　（2）标注文字。在立面图上标注材质等文字信息可在"注释"选项卡"文字"面板中单击"文字"按钮 A文字。在"属性"面板中单击"编辑类型"按钮，弹出"类型属性"对话框，在"类型属性"对话框中，单击"复制"按钮，设置新文字类型名称为"立面标注–仿宋 3.5 mm"，如图 6-1-43 所示，设置文字大小为"3 mm"，文字字体为"仿宋"。在"修改｜放置文字"上下文选项卡中，修改引线标注方式为二段引线，文字对齐方式为"左上引线"，如图 6-1-44 所示，标注外墙材质文字结果如图 6-1-45 所示。

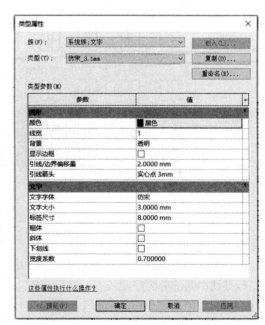

图 6-1-43　修改文字类型属性

图 6-1-44　设置文字对齐方式

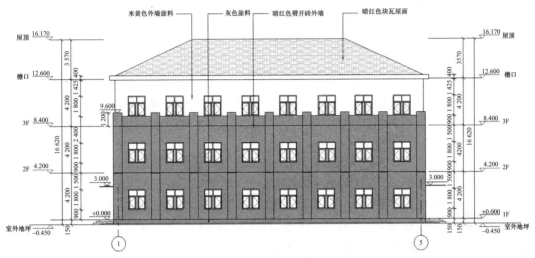

图 6-1-45　高程点和标高设置完成效果

任务总结

立面图出图基本可以参照以下步骤：

（1）复制出图视图，隐藏无须显示的图元，例如立面符号、轴线等。

（2）调整轴线显示状态，裁剪视图。

（3）添加尺寸标注、高程点、材质信息。

（4）加粗立面轮廓及地坪线。

（5）细部处理。

6.1.3　创建建筑剖面施工图

微课：创建建筑剖面图

任务要求

创建员工宿舍楼 1-1 剖面图，掌握在 Revit 中创建剖面图的整个流程。

相关知识

剖面图用以表达建筑内部的结构或构造方式，如屋面（楼、地面）形式、分层情况、材料、做法、高度尺寸及各部位的联系等。创建剖面图需要生成对应的剖面视图，通过"剖面"工具剖切模型，可生成相应的剖面视图，在平面、立面、剖面、详图视图中均可绘制剖面视图。

289

操作步骤如下：

（1）在"视图"选项卡"创建"面板中单击"剖面"按钮，适当放大视图，在③、①/③轴中间空白处单击鼠标左键作为剖面线起点，从上往下移动鼠标光标至Ⓐ、Ⓓ轴轴头空白处单击，完成剖切线的绘制。选择剖切线会显示很多特殊符号，如图 6-1-46 所示，各符号代表的含义与立面视图符号类似。

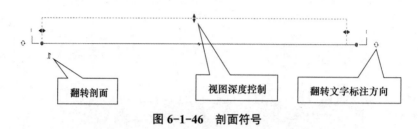

图 6-1-46　剖面符号

由于剖切从上往下，剖切视图方向从左向右，如果希望从右往左显示视图方向，应选择剖面线，单击"翻转剖面"符号↹翻转视图方向，通过拖动↕符号调节虚线位置，可控制剖面视图显示的深度和范围。单击↻符号，可调节剖面名称放置的方向。

（2）用户还可以根据需要创建转折的剖切线，灵活控制剖面视图显示的图元，选择剖切线，单击"修改|视图"上下文选项卡"剖面"面板中的"拆分线段"按钮，鼠标光标随即变成"✐"形状，在剖切线上需要转折剖切的位置单击鼠标左键，拖动鼠标光标到所需位置，单击鼠标左键完成剖面绘制。同时，显示"剖面图造型操纵柄"及视图范围"拖曳"符号，如图 6-1-47 所示。

可以精确修改剖切位置及视图范围，生成视图名称为"剖面 1"的剖面视图，完成后按两次 Esc 键，退出剖面绘制模式。双击"剖面符号"蓝色标头┤或在"项目浏览器"中双击"剖面 1"视图名称将进入剖面 1 视图。

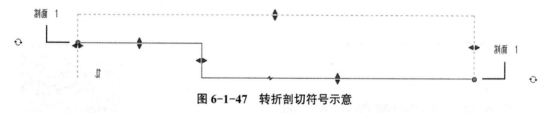

图 6-1-47　转折剖切符号示意

⠿ 任务实施

建筑结构复杂部位如楼梯间通常需要用剖面视图来表达，与立面视图类似，需要在剖面视图中添加尺寸标注、标高、文字等注释信息，下面以员工宿舍楼项目剖面 1-1 为例，介绍剖面视图创建的详细流程。

（1）创建剖面。切换至 1F 楼层平面视图，在"视图"选项卡"创建"面板中单击"剖面"按钮，放大楼梯间位置，在③、①/③轴之间从右往左绘制剖切线，如图 6-1-48 所示。

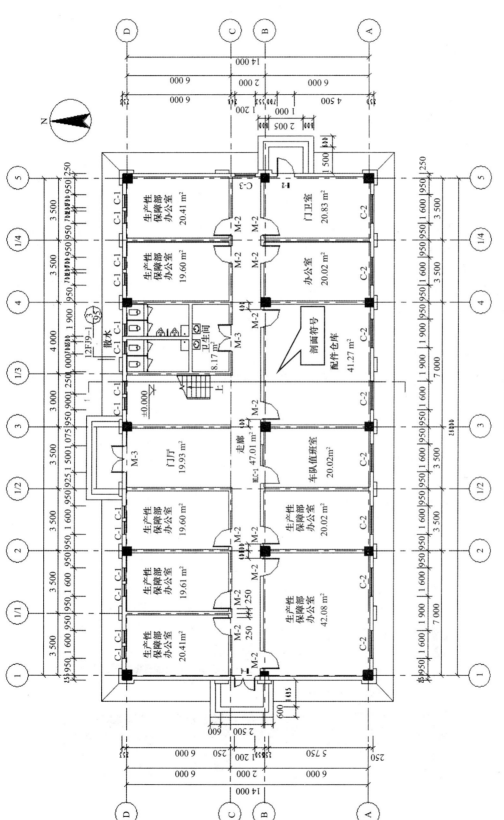

图 6-1-48 首层线框图

在项目浏览器中，用鼠标右键单击剖面视图名称，在弹出的右键关联菜单中选择"删除"，删除所有已有剖面，视图中对应的剖面符号也将被删除；反之亦然。

（2）双击剖面符号上"1"文字转到剖面"1"视图。

（3）调整裁剪框底部与室外地坪对齐，隐藏剖面视图中Ⓐ～Ⓓ轴中间轴线、裁剪区域、屋顶层内斜梁等不需要显示的图元。调整Ⓐ轴和Ⓓ轴的顶部端点至 1F 标高处，如图 6-1-49 所示。

（4）调整混凝土梁和柱材质表面填充。如图 6-1-50 所示，选择混凝土梁。

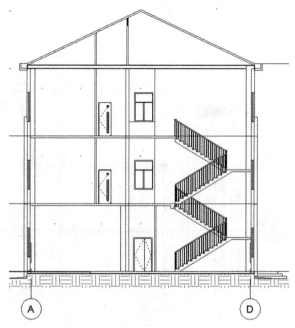

图 6-1-49　轴线调整后效果

单击"属性"面板结构材质后"浏览器"按钮，弹出"材质浏览器"对话框，如图 6-1-51 所示，选择表面填充图案为"无"，以相同方法修改柱材质。

（5）输入 vv 系统弹出"剖面 1 可见性"对话框，如图 6-1-52 所示，在"屋顶"行"截面"列选择"填充图案"，弹出"填充样式图形"对话框，将前景填充图案设置为"实体填充"，将颜色设置为"黑色"，单击"确定"按钮退出，以相同的方法完成楼板的截面填充设置。

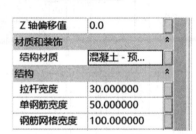

图 6-1-50　材料属性设置

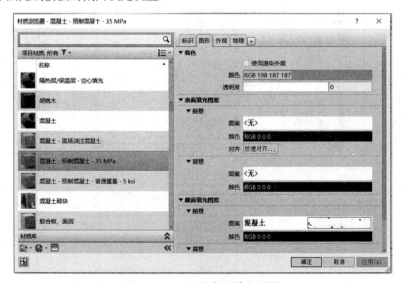

图 6-1-51　材料表面填充设置

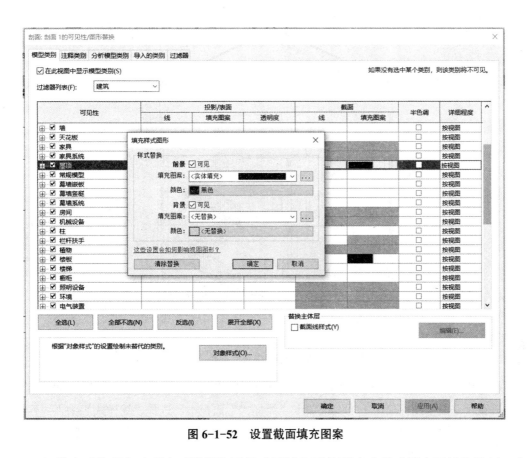

图 6-1-52　设置截面填充图案

（6）单击"注释"选项卡"详图"面板"区域"下拉列表中的"填充区域"按钮，在"属性"面板中单击"编辑类型"按钮，弹出"类型属性"对话框，复制新类型并命名为"实体填充"，如图 6-1-53 所示。单击"前景填充样式"后的选择框，弹出"填充样式"对话框，选择"实体填充"选项，如图 6-1-54 所示。在绘图区域借助"详图线"工具和"填充区域"工具补充完善所需填充的图元。完成结果如图 6-1-55 所示。

图 6-1-53　"类型属性"对话框

图 6-1-54　选择填充样式

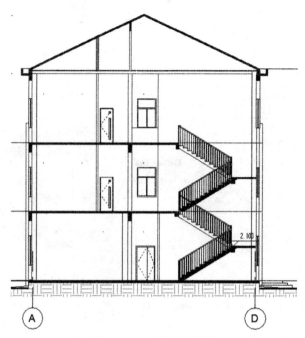

图 6-1-55　填充完成图

（7）修改不需显示的图线，在楼梯间位置标高线不需要显示，单击选择墙体，如图 6-1-56 所示，在"修改 | 线处理"上下文选项卡"线样式"面板中，选择"线样式"为"< 不可见线 >"，选择墙体轮廓线，如图 6-1-57 所示，注意当上下墙体轮廓线重合，需要多次单击选择同一轮廓线，直至轮廓线不可见。

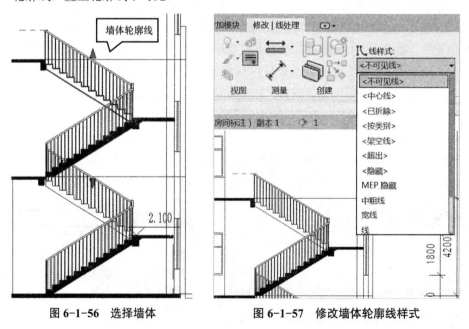

图 6-1-56　选择墙体　　　　　　图 6-1-57　修改墙体轮廓线样式

（8）标注尺寸。使用"对齐"尺寸标注工具，确认当前尺寸标注样式为"员工宿舍楼 – 尺寸标注样式"，参照立面标注的方法完成剖面标注，标注完成结果如图 6-1-58 所示。

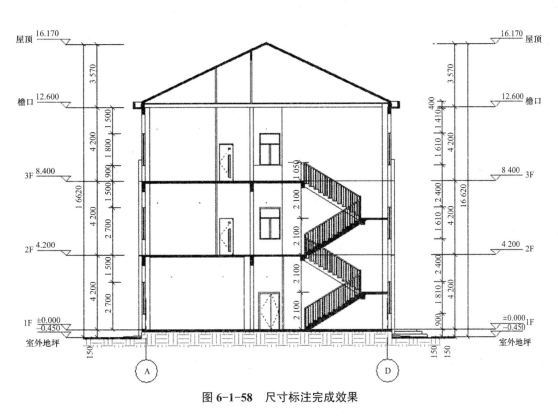

图 6-1-58　尺寸标注完成效果

（9）选择 1F 楼梯标注尺寸，单击文字标注"2 100"，弹出"尺寸标注文字"对话框，在"前缀（P）"输入框输入"162×13="，如图 6-1-59 所示，也可以文字替换的方式输入"162×13=2 100"，如图 6-1-60 所示，同样可以实现尺寸文字的修改。

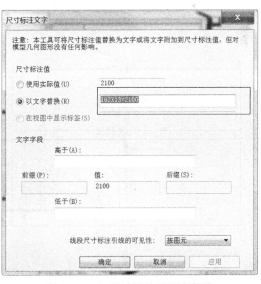

图 6-1-59　修改尺寸标注文字前缀　　　　图 6-1-60　尺寸标注以文字替代

（10）使用"高程点"工具，选择高程点类型为"立面空心"，拾取楼梯休息平台顶面位置，添加楼梯平台标高，采用相同的方法添加其他部位标高。

（11）单击"注释"选项卡"详图"面板中的"详图线"按钮，如图 6-1-61 所示，在"属性"面板中修改线样式为"宽线"，如图 6-1-62 所示，沿着 1F 标高及台阶和室外地坪绘制详图线，如图 6-1-63 所示。

图 6-1-61　启动"详图线"命令　　　　图 6-1-62　修改详图线线宽

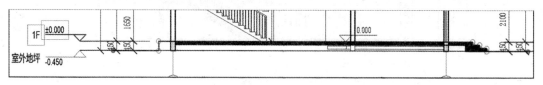

图 6-1-63　绘制详图线位置

（12）单击"注释"选项卡"详图"面板"区域"下拉列表中的"填充区域"按钮，绘制地面以下土壤的填充轮廓，调整"裁剪框"底部至填充区域轮廓下边线不可见，随之隐藏裁剪框，剖面图完成结果如图 6-1-64 所示。

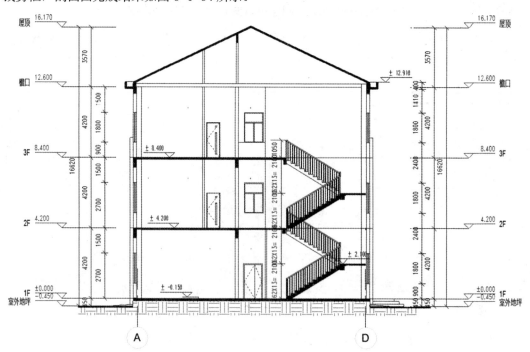

图 6-1-64　1-1 剖面图

任务总结

剖面图出图基本可以参照以下步骤：

（1）剖面符号绘制及编辑。

（2）隐藏图元，修改图元截面显示状态。

（3）调整轴线显示状态，裁剪视图。

（4）添加尺寸标注、高程点信息。

（5）细部处理。

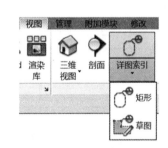

微课：创建建筑详图

6.1.4　创建详图

任务要求

创建员工宿舍楼楼梯详图，掌握在 Revit 中创建详图的整个流程。

相关知识

通过创建详图来表达建筑细部构造，详图视图是在其他视图中显示为详图索引或模型视图，可以在平面视图、立面视图或剖面视图创建详图索引，然后使用模型几何图形作为基础，添加详图构件。本节通过员工宿舍楼项目主要介绍如何在平面视图中创建楼梯间详图和如何创建空白绘图视图导入 CAD 绘制的 DWG 文件来创建详图的两种方法。

1. 创建详图索引

通过"详图索引"工具可以在视图中创建矩形详图索引，详图索引可以隔离模型几何图形特定部分，参照详图索引允许在项目中多次参照同一个视图。

在"视图"选项卡"创建"面板中，单击"详图索引"下拉列表，如图 6-1-65 所示，详图索引绘制方式包括"矩形"和"草图"两种。采用矩形绘制模式只能拉框绘制矩形的详图索引，而采用草图绘制模式可以绘制更为灵活、复杂形状的详图索引。

图 6-1-65　启动详图索引命令

2. "参照"面板中各选项功能

（1）参照其他视图：不自动创建详图，使用已有的其他视图，如导入的 DWG 格式文件。

（2）新绘制视图：不自动创建详图，而是创建空白的视图，如图 6-1-66 所示。

图 6-1-66　参照面板功能

⋮⋮ 任务实施

1. 创建大样图

（1）切换到 F1 楼层平面视图，在"视图"选项卡中"创建"面板中，单击"详图索引"下拉菜单中的"矩形"按钮。

（2）在绘图区域中放大楼梯间位置，绘制矩形详图框，如图 6-1-67 所示。选中索引框，可根据边线上的圆形点来调整详图边框的大小，以此确定详图的大小和范围。

（3）双击详图符号圆圈或单击选中详图框，单击鼠标右键选择"转到视图"，将打开新创建楼梯详图视图，如图 6-1-68 所示。

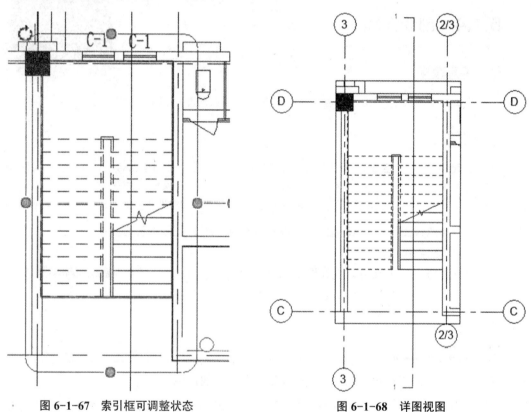

图 6-1-67 索引框可调整状态   图 6-1-68 详图视图

（4）如图 6-1-69 所示，在"属性"面板"范围"选项栏中将"裁剪区域可见"取消勾选，在"标识数据"栏下将"视图名称"修改为"楼梯间大样图"，隐藏"剖面 1"符号及其他无须显示的图元。

（5）快捷键输入"vv"，弹出"可见性/图形替换"对话框，在"模型类别"选项下，分别展开"楼梯"及"栏杆扶手"子类别，将"高于"选项全部取消勾选，结果如图 6-1-70、图 6-1-71 所示。

图 6-1-69 设置详图属性

图 6-1-70 "可见性 / 图形替换"对话框

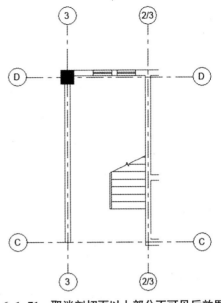

图 6-1-71 取消剖切面以上部分不可见后效果

（6）如图 6-1-72 所示，在项目浏览器中，选择"注释"选项卡"符号"工具，"属性"面板选择"符号剖断线"选项。在Ⓒ、Ⓓ轴右端适当位置单击放置剖断线符号，如图 6-1-73 选择绘制的剖断线，修改"属性"面板，虚线长度为"5"，如图 6-1-74 所示，调整裁剪框与剖断线对齐，修改比例为 1∶25，结果如图 6-1-75 所示。

图 6-1-72 选择"符号剖断线"

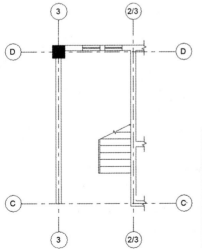

图 6-1-73 剖断线放置效果

图 6-1-74 设置符号剖断线属性

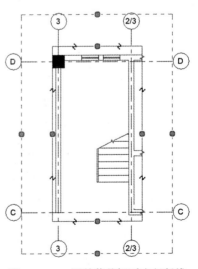

图 6-1-75 调整裁剪框对齐剖断线

299

提示

放置符号剖断线时单击空格键可灵活调整剖断线方向。

（7）调整轴线的位置，将不需显示的轴线进行隐藏。对详图进行处理，包括使用高程点、文字和尺寸标注工具对楼梯大样图添加必要的注释信息，结果如图6-1-76所示。

（8）按照上述步骤对二、三层楼梯间大样图进行创建。

任务拓展

在绘制视图中导入 CAD 图

在 Revit 中可以创建空白视图，该视图中显示与模型不关联的详图，使用二维细节工具按照不同的视图比例绘制二维详图或采用导入 CAD 图纸方式，导入 CAD 绘制好的 DWG 格式文件来创建详图。导入 DWG 方式可以确保最大限度地利用已有的 DWG 详图和大样资源，加快施工图阶段设计进程。

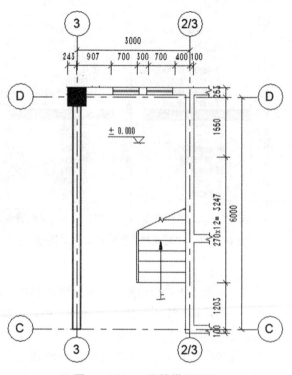

图 6-1-76　一层楼梯平面图

（1）单击"视图"选项卡"创建"面板中的"绘图视图"按钮 绘图 视图，弹出"新绘图视图"对话框，输入名称为"门窗详图"，设置比例为"1：50"，完成后单击"确定"按钮退出，如图6-1-77所示。软件自动跳转到一个空白视图界面。在项目浏览器目录"绘图视图（详图）"下可见新建的名称为"门窗详图"的详图，如图6-1-78所示。

图 6-1-77　输入新绘图视图名称

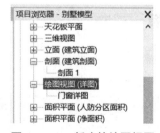

图 6-1-78　新建的绘图视图

（2）在"插入"选项卡"导入"面板中单击"导入 CAD"按钮，选择 CAD 绘制好的门窗详图 DWG 格式文件导入到当前视图中。如图6-1-79所示，导入时颜色选择"黑白"，设置导入单位为"毫米"，其他选项采用默认值，导入完成结果如图6-1-80所示。

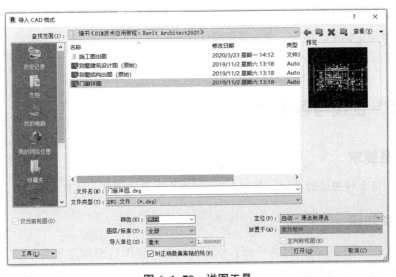

图 6-1-79 详图工具

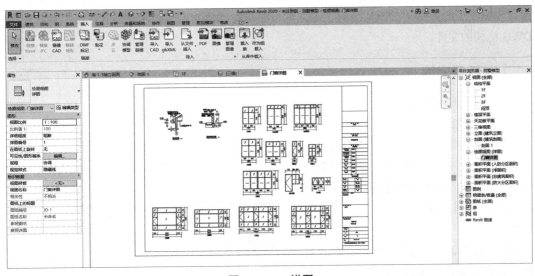

图 6-1-80 详图

提示

软件会按照原 DWG 文件图形内容大小显示导入的 DWG 文件，视图比例会影响导入图形的线宽显示，而不会影响 DWG 图形中尺寸标注、文字等注释信息的大小。

:::· 任务总结

楼梯详图出图基本可以参照以下步骤：

（1）放置详图索引符号与裁剪视图。

（2）隐藏图元，调整轴线显示状态。

301

（3）添加剖断线符号。

（4）添加尺寸标注、标高、文字等注释信息。

（5）应用视图样板，细部处理。

6.1.5 创建与导出图纸

⠸· 任务要求

完成员工宿舍楼图纸的导出，掌握在 Revit 中导出图纸的整个流程。

⠸· 相关知识

完成 Revit 三维模型后，将各平面、立面、剖面、详图视图创建完成并标注尺寸、文字等各类注释信息，生成明细表后，可将创建的一个或多个视图组织在图纸视图中，形成最终的图纸。DWG 格式的图纸是目前使用较多的格式，也是目前设计单位不同专业间协调设计、指导现场施工的依据。参照建筑施工图，学习如何将创建的出图视图添加到图纸中并导出为DWG 格式的文件。

⠸· 任务实施

1. 图纸的创建与布置

（1）创建图纸视图。

1）在"视图"选项卡"图纸组合"面板中单击"图纸"按钮，弹出"新建图纸"对话框，如图 6-1-81 所示，在"选择标题栏"列表框下，可以选择带有标题栏的图幅大小。用户可根据需要选择如 A0 公制或 A2 公制等图幅，此项目选择的是自行创建的 A3 标题栏族。若没有所需尺寸的标题栏，用户也可以根据需求创建个性化的标题栏族载入到当前项目中使用。在该窗口列表中将显示载入进来的新公制标题栏类型供选择使用。

当选择"无"，将创建不带标题栏的图纸。单击"确定"按钮退出，软件自动跳转到"新建图纸视图"中，在项目浏览器中，图纸目录下产生名称为"J0-1- 未命名"的新图纸视图，如图 6-1-82所示。

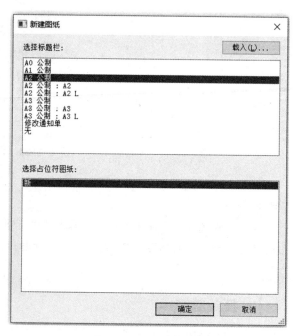

图 6-1-81　新建图纸

2）修改图纸编号和名称。在"J0-1- 未命名"图纸名称上单击鼠标右键，将弹出"图纸标题"对话框，如图 6-1-83 所示，修改名称为"一层平面图"，单击"确定"按钮，即完成图纸的创建。图纸的规范命名有助于日后对图纸的管理和出图工作。

图 6-1-82　修改图纸编号和名称　　　图 6-1-83　"图纸标题"对话框

（2）在图纸中添加视图。

1）图纸视图的添加。切换视图至"J0-1- 一层平面图"，在"视图"选项卡"图纸组合"面板中，单击"视图"按钮，弹出"视图"对话框，列表中显示了当前项目中所有可用视图，如图 6-1-84 所示，选择"楼层平面：F1 层平面图"，单击"在图纸中添加视图"按钮，在绘图区域中将出现 F1 楼层平面视图范围预览框，移动鼠标光标使预览框位于图框内合适位置单击放置该视图。

提示

在图纸中布置视图时，也可通过直接按住鼠标左键拖拽创建的视图，如"F2 层平面图"至图纸中进行添加。

图 6-1-84　选择并添加图纸视图

2）修改视口大小。单击视口框，在"属性"面板中，勾选"裁剪视图""裁剪区域可见"，单击"应用"按钮，可见视口框大小与裁剪区域大小相关联，在楼层平面视图"F1 平面图"中调整裁剪框至合适大小。

（3）修改图纸标题。在图纸中放置的视图称为"视口"。软件自动在视口中下方添加了视口标题"F1 层平面图"，如图 6-1-85 所示，软件默认将所添加视图的视图名称命名为该视口名称。

在"插入"选项卡"从库中载入"面板中，单击"载入族"按钮，选择创建的"员工宿舍楼 - 视图标题"族载入当前项目中，视图标题族创建的过程介于篇幅在此不再赘述。

单击视口框，在"属性"面板中单击"编辑类型"按钮，在弹出的"类型属性"对话框中单击"复制"按钮，创建名称为"员工宿舍楼 - 视图标题"的新类型，将"标题"族类型选择"员工宿舍楼 - 视图标题"，不勾选"显示延伸线"选项，单击"确定"按钮退出。如图 6-1-86 所示，此时可见视图标题已进行修改，选择修改好的视口标题拖动到图纸下方居中位置，在"属性"面板中，如图 6-1-87 所示。在"图纸上的标题"后输入"一层平面图"，完成视图标题修改，如图 6-1-88 所示。

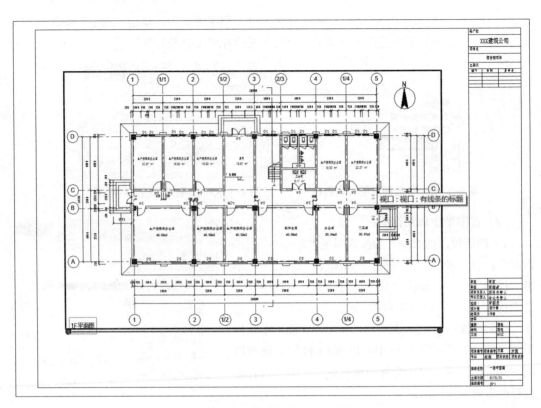

图 6-1-85　在图纸中添加视图效果

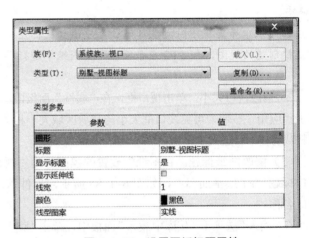

标识数据	
视图样板	<无>
视图名称	F1层平面图
相关性	不相关
图纸上的标题	一层平面图
图纸编号	J0-1
图纸名称	一层平面图
参照图纸	
参照详图	

图 6-1-86　修改图纸标题

图 6-1-87　设置图纸标题属性

1F层平面图

一层平面图 1:100

图 6-1-88　视图标题修改前后样式比较

2. 导出图纸

导出 CAD 设置：在 Revit 中完成所有的图纸布置之后，还需要将所生成的文件导出为 DWG、DXF 等 CAD 数据文件，以供其他专业设计人员使用。虽然 Revit 不支持图层的概念，但可以设置各构件对象导出 DWG 时对应的图层，以方便在 CAD 中的运用。下面以最常用的 DWG 数据为例来介绍如何将 Revit 数据转换为 DWG 数据。

在导出 DWG 文件前，需对 Revit 和 DWG 之间的映射格式进行设置，因为 Revit 是使用构件类别对图形进行管理而 CAD 是采用图层方式管理图形，因此，需要 Revit 构件类别与 CAD 图层进行映射的设置。

（1）修改 DWG 文件导出设置。单击"文件"，如图 6-1-89 所示，在列表中选择"导出"→"CAD 模式"→"DWG"，弹出"DWG 导出"对话框，在对话框中选择导出设置选项下的 按钮，弹出"修改 DWG/DXF 导出设置"对话框，如图 6-1-90 所示。该对话框中可以分别对 Revit 模型导出为 CAD 时的图层、线形、填充图案、字体、CAD 版本等进行设置。

图 6-1-89 导出 DWG 文件

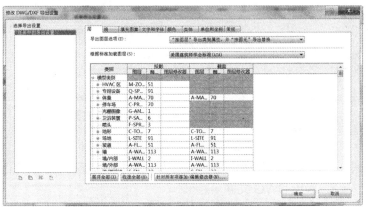

图 6-1-90 修改 DWG/DXF 导出设置

在"层"选项卡列表中，指定各类对象类别及其子类别的投影和截面图形在导出 DWG/DXF 文件时对应的图层名称及线型颜色 ID。进行图层配置有两种方法，一种是根据要求逐个手动修改图层的名称、线颜色等；另一种是通过加载图层映射标准进行批量修改。

（2）单击"根据标准加载图层"下拉列表按钮，软件中提供了 4 种国际图层映射标准，以及从外部加载图层映射标准文件的方式。选择"从以下文件加载设置"，在弹出的对话框中选择保存的以 txt 文件格式的配置文件，然后退出选择文件对话框。

提示

定义完图层后可以单击窗口左下角"新建导出设置按钮" ，将设置好的图层映射关系保存为独立的配置文本文件，将在"选择导出设置"列表中显示"设置 1"，如图 6-1-91 所示，方便后期选择调用。

（3）切换至"填充图案"选项卡，打开填充图案映射列表。默认情况下 Revit 中的填充图案在导出为 DWG 时选择的是"自动生成填充图案"，即保持 Revit 中的填充样式方法不变，但是如混凝土、钢筋混凝土这些填充图案在导出为 DWG 后，会出现无法被 AutoCAD 识别为内部填充图案，从而造成无法对图案进行编辑的情况。要避免这种情况可以单击填充图案对应的下拉列表，选择合适的 AutoCAD 内部填充样式即可，如图 6-1-91 所示。

305

图 6-1-91   "填充图案"设置

（4）用户可根据需要继续在"修改 DWG/DXF 导出设置"对话框中对需要导出的线形、颜色、字体等进行映射配置，设置方法和填充图案类似，请自行尝试。

3. 导出 DWG 文件

（1）单击"文件"，在列表中选择"导出"→"CAD 格式"→"DWG"，弹出"DWG 导出"对话框，如图 6-1-92 所示。在对话框左侧顶部的"选择导出设置"确认为"<任务中的导出设置>"，即前几个步骤进行的设置，在对话框右侧"导出"中选择"<任务中的视图 / 图纸集 >"，在"按列表显示"中选择"模型中的图纸"，即显示当前项目中的所有图纸，在列表中勾选要导出的图纸即可。双击图纸标题，可以在左侧预览视图中预览图纸内容。Revit Architecture 还可以使用打印设置时保存的"设置 1"快速选择图纸或视图。

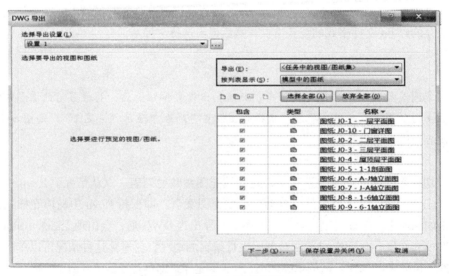

图 6-1-92   DWG 导出

（2）完成后单击"下一步"按钮，弹出"导出 CAD 格式"对话框，如图 6-1-93 所示，指定文件保存的位置、DWG 版本格式和命名的规则，单击"确定"按钮，即可将所选择图纸导出为 DWG 数据格式。如果希望导出的文件采用 AutoCAD 外部参照模式，请勾选对话框中的"将图纸上的视图和链接作为外部参照导出"，此处设置为不勾选。

图 6-1-93　保存导出图纸

（3）如图 6-1-94 所示为导出后的 DWG 图纸列表，导出后会自动命名。

图 6-1-94　导出图纸显示

（4）如果使用"外部参照"方式导出后，Revit 除将每个图纸视图导出为独立的与图纸视图同名的 DWG 文件外，还将单独导出与图纸视图相关的视口为独立的 DWG 文件，并以外部参照的方式链接至与图纸视图同名的 DWG 文件中。要查看 DWG 文件，仅需打开与图纸视图同名的 DWG 文件即可。

提示

导出图纸时软件还会生成一个与所选择图纸、视图同名的 .pcp 文件。该文件用于记录导出 DWG 图纸的状态和图层转换的情况，使用记事本可以打开该文件。

（5）在 AutoCAD 中打开导出后的 DWG 文件，将在 AutoCAD 的布局中显示导出的图纸视图。此时，如果需要对导出的 CAD 图形文件进行修改，可以切换至 CAD 模型空间进行相应操作。

除导出为 CAD 格式的文件外，还可以将视图和模型分别导出为 2D 和 3D 的 DWF 文件格式，即 Web 图形格式。导出方法与 DWG 文件导出类似在此不再赘述。

（6）减少项目文件大小。完成项目设计后，可以使用"清除未使用项"工具，清除项目中所有未使用的族和族类型，以减小项目文件的大小。在"管理"选项卡"设置"面板中单击"清除未使用项"按钮清除未使用项，弹出"清除未使用项"对话框，如图 6-1-95 所示。在对象列表中，可根据需要勾选要从项目中清除的对象类型，默认情况下软件已将所有类型可清除的项全部选中，单击"确定"按钮，即可从项目中消除所有已选择的项目内容。

打开项目文件夹，比较同一项目在"清除未使用项"前后两文件的大小差别，可以发现，操作"清除未使用项"清除无效信息后，文件大小减小了许多，这是因为进行此项操作，从项目中移除未使用的视图、族和其他对象，以提高性能并减小文件大小。因此，一般完成项目后，都应该进行"清除未使用项"操作。

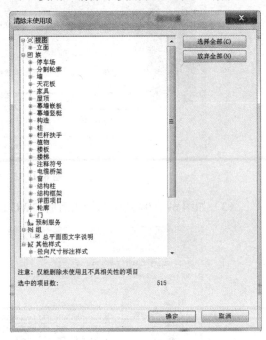

图 6-1-95　"清除未使用项"对话框

∴ 任务总结

1．步骤总结

（1）图纸布置。

1）方法一：通过"视图"选项卡"图纸"工具创建图纸视图，通过"视图"工具进行图纸的布置。

2）方法二：新建图纸，直接拖动出图视图至图纸视图布置。

（2）图纸导出。单击"文件"→"导出"→"CAD 格式"→"DWG"。

2．技巧总结

（1）创建的出图视图建议在模型视图基础上带细节复制新的出图视图，可避免对模型视图的修改。

（2）为提高出图效率，在设置视图可见性操作后，建议创建视图样板，在同类视图中调用样板可避免重复操作。

（3）出图时需要隐藏的图元建议进行永久隐藏，如在状态栏选择"将隐藏／隔离应用到视图"或"可见性图形替换窗口"隐藏图元，避免出图工作未完成再次开启程序时重现临时隐藏图元。

（4）尺寸标注时注意选取轴线标注的尺寸，当轴网移动时尺寸随之位移，各视图的轴线是 3D 关联的。当修改某一视图的轴线长度时，为不影响其他视图应调为 2D 状态。

任务 6.2　创建明细表

任务要求

完成员工宿舍楼项目门明细表的创建。

相关知识

微课：创建明细表

明细表是 Revit 的重要组成部分，通过定制明细表，可以从所创建的 Revit 模型中获取所需要的各类项目信息，通过表格的形式直观表达，以便于指导现场的材料采购、算量结算等工作。完成该任务需要查阅图纸《建施-03》，了解门类型、规格、材质等信息，为准确建模提供依据。

任务实施

下面以员工宿舍楼项目门明细表的创建为例，介绍明细表创建的方法。

在项目浏览器中，"明细表／数量"目录下已包含门明细表类型，用户可以在该类型基础上修改门明细表列表要显示的内容，也可以根据需要创建新的门明细表。

（1）在"视图"选项卡"创建"面板中单击"明细表"下拉列表，在下拉列表中单击"明细表｜数量"按钮 明细表/数量，弹出"新建明细表"对话框。如图 6-2-1 所示，在"新建明细表"对话框"类别"列表中选择"门"，设置名称为"员工宿舍楼 - 门明细表"，单击"确定"按钮，弹出"明细表属性"窗口。

图 6-2-1　新建明细表

（2）在"明细表属性"对话框"字段"选项下依次双击选择"类型""宽度""高度"

"合计""说明"字段，可通过"上移""下移"按钮调整字段的顺序，如图 6-2-2 所示，明细表字段从上往下排列的顺序将于明细表视图中表头内容从左往右排列的顺序一致。

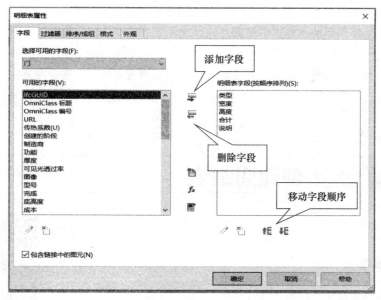

图 6-2-2　添加明细表字段

（3）切换至"排序 / 成组"选项卡，设置排序方式为"类型"，排序顺序为"升序"；不勾选"逐个列举每个实例"选项，如图 6-2-3 所示，即在明细表中将同类型的门汇总显示。

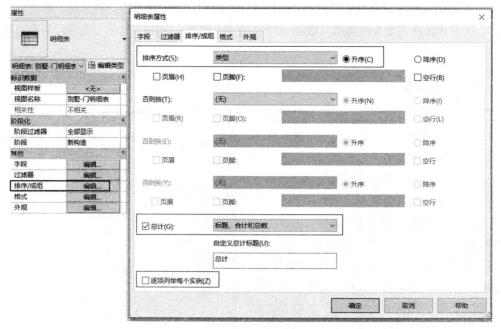

图 6-2-3　"排序 / 成组"选项设置

（4）切换至"格式"选项卡，选择"字段"列表框中的所有字段，设置标题方向为"水平"，对齐为"中心线"，单击"确定"按钮退出。

（5）切换至"外观"选项卡，如图 6-2-4 所示，设置"图形"栏中网格线为"细线"；轮廓为"中粗线"；不勾选"数据前的空行"，在"文字"栏下勾选"显示标题"和"显示页眉"，设置"标题文本""标题""正文"均为"仿宋 _3.5 mm"，单击"确定"按钮，完成明细表属性设置。

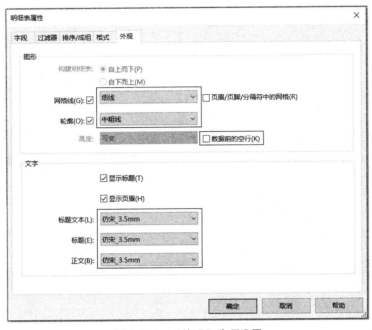

图 6-2-4　"外观"选项设置

（6）软件自动跳转到"员工宿舍楼－门明细表"视图，视图显示已按指定的字段创建了门明细表，在明细表视图中进一步调整列宽，选择"宽度"和"高度"列页眉，单击鼠标右键弹出下拉菜单中，选择"使页眉成组"，将在"宽度"和"高度"上方产生新的标题单元格中输入"洞口尺寸"，如图 6-2-5 所示。另外，单击表头各单元格，可根据需要修改表头名称。

	<员工宿舍楼-门明细表>			
A	B	C	D	E
类型	洞口尺寸		合计	说明
	宽度	高度		
M-1	800	2100	27	
M-2	1000	2100	43	
M-3	1500	2100	2	
M-4	1200	2100	1	
MLC-1	2200	2400	1	
总计: 74				

图 6-2-5　使页眉成组完成效果

（7）单击"属性"面板"字段"后的"编辑"按钮，弹出"明细表属性"对话框，单击"计算值"按钮，弹出"计算值"对话框，如图 6-2-6 所示，设置名称为"洞口面积"，设置"类型"为"面积"单击"公式"后的 ... 按钮，弹出"字段"对话框，选择"宽度"和"高度"字段，使之在公式输入框中形成"宽度 * 高度"，单击"确定"按钮返回"明细表属性"对话框，可见在明细表字段（按排列顺序）列表中显示了新创建的字段。

（8）如果要统计总面积，可切换到"格式"选项卡下，勾选"计算总数"，如图6-2-7所示。

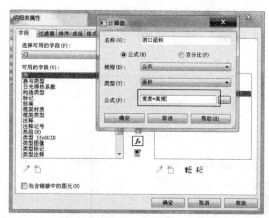
图6-2-6 新建"洞口面积"字段

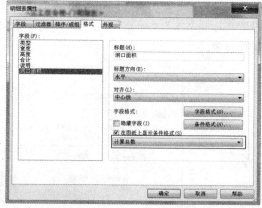
图6-2-7 选择"计算总数"选项

（9）如图6-2-8所示，在"员工宿舍楼－门明细表"视图中，明细表增加了"洞口面积"列，同时，根据各类型门的宽度和高度的乘积计算了洞口的面积。

<员工宿舍楼-门明细表 >					
A	B	C	D	E	F
	洞口尺寸				
类型	宽度	高度	合计	说明	洞口面积
M-1	800	2100	27		45
M-2	1000	2100	43		90
M-3	1500	2100	2		6
M-4	1200	2100	1		3
MLC-1	2200	2400	1		5
总计: 74					150

图6-2-8 洞口面积计算效果

提示

用"明细表/数量"工具生成的明细表与项目模型是相互关联的，删除明细表中某一类型的门或窗将同步删除模型中的图元，需谨慎操作。利用明细表视图修改项目中模型图元的参数信息，在修改大量具有相同参数值的图元时可提高效率。

⠿ 任务总结

1. 步骤总结

创建明细表的操作步骤主要分为以下几步：

（1）新建明细表。

（2）添加明细表字段。

（3）修改明细表属性，如过滤方式、排序成组方式、格式、外观等属性。

（4）保存明细表样本或导出明细表。

2. 技巧总结

（1）单击"文件"，再单击"导出"→"报告"→"明细表"工具，弹出"导出明细表"

对话框，指定保存路径即可导出明细表，导出的明细表为".TXT"格式，可以在 Office 软件中进行后期的编辑修改。

（2）明细表与普通 Excel 表格不同，在明细表内修改构件信息会引起相应模型中构件变化，一般不轻易修改明细表内构件的参数值。

⋮⋮ 任务拓展

明细表的重复使用

通过以上步骤设置好的明细表样式若想在其他项目中重复使用，可以通过以下两种方法实现。

方法一：可以将做好的明细表项目保存为一个常规的样板文件（注意只保留明细表设置，其他信息剔除），其他项目可以此为基础创建模型，这样明细表中已做的设置就保留下来，如图 6-2-9 所示。

方法二：在两个项目间进行明细表数据的传递，例如，B 项目需要 A 项目明细表数据，如图 6-2-10 所示，可以在"插入"选项卡"导入"面板中"从文件插入"下拉列表中单击"插入文件中的视图"按钮，在弹出的"打开"对话框中找到 A 项目并打开，如图 6-2-11 所示，在弹出的"插入视图"对话框中，取消勾选"预览选择"，在列表中选择"仅显示明细表和报告"，然后勾选 B 项目需要的明细表，新导入的明细表默认显示在项目浏览器的"明细表/数量"目录下，如图 6-2-12 所示。

图 6-2-9　保存明细表样本

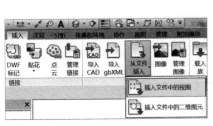

图 6-2-10　"插入文件中的视图"工具

图 6-2-11　插入视图

图 6-2-12　导入明细表视图列表

313

任务 6.3　模型表现

6.3.1　漫游动画

⠇⠇ 任务要求

在 Revit 软件中，完成员工宿舍楼项目环视漫游动画的创建。

⠇⠇ 相关知识

微课：创建漫游动画

完成员工宿舍楼环视漫游动画的创建过程中，会在"视图"选项卡"创建"面板中单击"三维视图"下拉列表的"漫游"按钮快速创建漫游动画，并需要对漫游路径、相机等进行编辑使之获得最佳视觉表现效果，最终导出漫游动画。

⠇⠇ 任务实施

（1）打开 F1 层平面视图。

（2）创建漫游动画。

1）选择漫游工具。单击"视图"选项卡"创建"面板"三维视图"下拉列表中的"漫游"按钮，进入漫游路径绘制状态，如图 6-3-1 所示。

图 6-3-1　启用"漫游"工具

2）设置视点高度。在"修改 | 漫游"选项栏中勾选"透视图"选项，设置偏移量即相机视点的高度为 1 750 mm，设置基准标高为 F1，如图 6-3-2 所示。

图 6-3-2　设置偏移值

3）绘制漫游路径。移动鼠标光标至绘图区域中，依次沿宿舍楼室外场地位置单击，

314

绘制形成环绕宿舍楼的漫游路径，然后单击"完成漫游"按钮完成漫游路径的绘制，如图 6-3-3 所示。

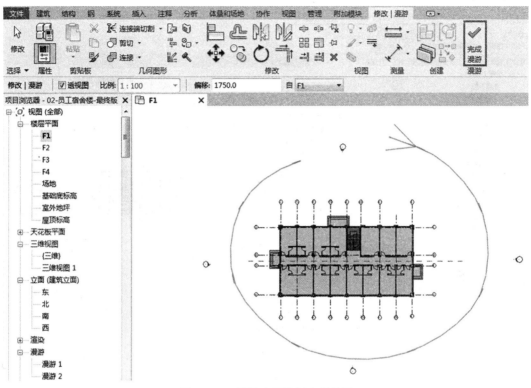

图 6-3-3 漫游路径绘制完成效果

4）使用编辑漫游工具。在平面图中选择漫游路径，切换至"修改 | 相机"上下文选项卡，单击"漫游"面板中的"编辑漫游"按钮，切换到编辑漫游界面，选项栏中共提供了四种方式用于修改漫游路径，分别是控制"活动相机""路径""添加关键帧"和"删除关键帧"，如图 6-3-4 所示。

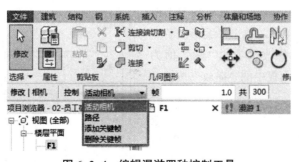

图 6-3-4 编辑漫游四种控制工具

5）修改相机方向。设置选项栏中的"控制"方式为"活动相机"，路径会出现红色圆点，表示关键帧呈现相机位置及可视三角范围，配合"漫游"面板中上一关键帧、下一关键帧工具，将相机移动到各关键帧位置，使用鼠标拖动相机的目标位置，使每一关键帧位置处相机均朝向宿舍楼方向，还可以通过拖动空心圆点来调整视图深度，如图 6-3-5 所示。

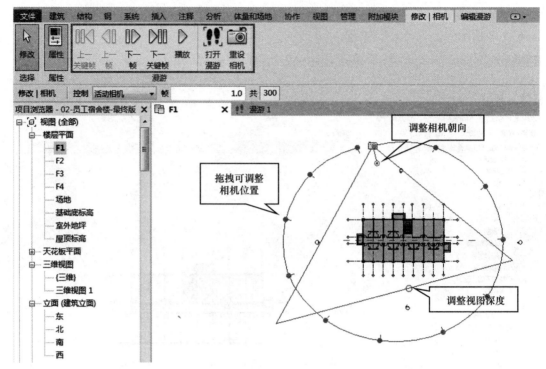

图 6-3-5 调整相机

6）修改漫游路径。设置选项栏中的"控制"方式为"路径",进入路径编辑状态,此时路径会以蓝色圆点表示关键帧。在平面图中拖动关键帧,调整路径在平面上的布局,切换到立面视图中,按住并拖动关键帧夹点调整关键帧的高度,即视点的高度。使用类似的方法,根据项目的需要可以为路径添加或减少关键帧。

7）设置漫游属性。在"属性"面板中,单击其他参数分组中"漫游帧"参数后的按钮,弹出"漫游帧"对话框,可以设置"总帧数"和"帧/秒"值,以调节整个漫游动画的播放时间,如图 6-3-6 所示。

8）预览漫游效果。切换至漫游视图,单击漫游视图边框选择漫游,单击"编辑漫游"进入漫游编辑模式,修改选项栏"帧"值为"1",单击"漫游"面板中的"播放"按钮,可以预览漫游的效果。

9）导出漫游。在"文件"菜单列表中选择"导出"→"图像和动画"→"漫游"命令,弹出"长度/格式"对话框,如图 6-3-7 所示。设置完毕后,单击"确定"按钮,会弹出"导出漫游"对话框,输入文件名,选择文件保存路径,单击"保存"按钮,弹出"视频压缩"对话框,默认为"全帧(非压缩的)",产生

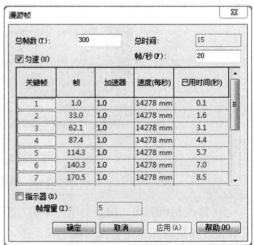

图 6-3-6 "漫游帧"窗口

的文件会非常大，建议在下拉列表中选择压缩模式为"Microsoft Video 1"，单击"确定"按钮，即可导出漫游动画。

图 6-3-7　漫游动画输出设置

∴ 任务总结

1. 步骤总结

创建漫游动画的操作步骤主要分为以下几步：

（1）选择漫游工具。

（2）设置视点高度。

（3）绘制漫游路径。

（4）使用编辑漫游工具（修改相机方向、漫游路径、设置漫游属性、预览漫游效果）。

（5）导出漫游。

2. 技巧总结

创建漫游动画时，需要注意以下几点：

（1）在创建漫游路径时，每个关键帧代表一个相机位置，也就是视点位置，在关键帧之间 Revit 将自动创建平滑过渡。如果某一关键帧的基准标高有变化，可以在绘制关键帧时修改选项栏中的基准标高和偏移值，形成上下穿梭的漫游效果。

（2）放置好漫游路径后也可以通过按 Esc 键来完成漫游路径的创建，Revit 将自动新建"漫游"视图类别，并在该类别下建立"漫游 1"视图。

（3）如果漫游路径在平面或立面等视图中消失后，可以在项目浏览器中对应的漫游视图名称上单击鼠标右键，从弹出的菜单中选择"显示相机"命令，即可重新显示漫游路径。

（4）在"活动相机"编辑状态下，如果位于关键帧时，能够控制相机的视距、目标点高度、位置、视线范围，但对于非关键帧只能控制视距和视线范围。另外，在整个漫游过程中，只有一个视距和视线范围，不能对每一帧进行单独设置。

（5）根据漫游视角的需要，在立面视图中也可以通过编辑漫游，调整每个关键帧处的相机高度和目标位置高度，以形成不同高度的漫游效果。

（6）可以通过修改"总帧数"和"帧／秒"值，来调整漫游动画的播放时间，漫游动画总时间＝总帧数÷帧率（帧／秒）。

（7）在保存动画文件时，可以设置动画的保存格式为 AVI 或 JPEG 序列图片。

6.3.2　图片渲染

∴ 任务要求

在 Revit 软件中，完成员工宿舍楼项目渲染图片的创建。

微课：创建渲染图片

相关知识

完成员工宿舍楼渲染图片的创建过程中，会单击"视图"选项卡"创建"面板"三维视图"下拉列表中的"相机"按钮，快速创建渲染图片，并需要对渲染效果做相应设置，最终导出三维渲染效果图。

（1）创建渲染三维视图。切换至 F1 楼层平面视图，单击"视图"选项卡"创建"面板"三维视图"下拉列表中的"相机"按钮，如图 6-3-8 所示，进入相机创建模式。

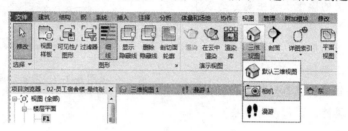

图 6-3-8　启用"相机"工具

（2）确认勾选选项栏"透视图"选项，设置偏移量值为"1 750.0"，即相机的高度为 1 750 mm，移动鼠标光标至绘图区域中，在宿舍楼的东南方向放置相机视点，向右上方移动鼠标指针至目标点位置，单击鼠标左键生成三维相机视图，如图 6-3-9 所示。

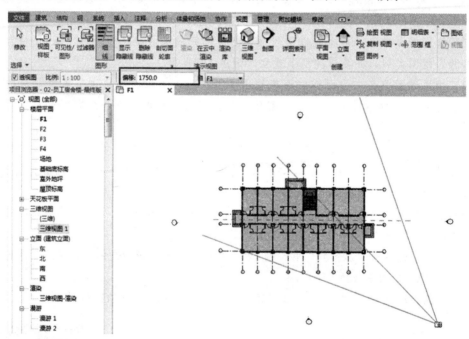

图 6-3-9　放置相机

（3）调整三维视图。移动鼠标光标至视图边缘位置，单击选中视图边框，拖拽视图边界控制点，调整其大小范围，以满足视图的表达要求。

（4）制定材质渲染外观。隐藏不必要的模型图元，将视图的详细程度改成中等，可以缩短渲染时间。

（5）渲染设置与渲染图像。单击"视图"选项卡"图形"面板中的"渲染"按钮，弹出"渲染"对话框，如图6-3-10所示，设置渲染"质量"为高，修改"输出设置"分辨率的定义方式为"打印机"，修改打印机精度为"300DPI"；照明"方案"中选择"室外：仅日光"的方式，即只使用太阳光作为光源进行渲染；单击"日光设置"后浏览器按钮，弹出"日光研究"对话框，在对话框中选择日光的方式为"在任务中，静止"，在"预设"列表中选择"冬至"；设置"背景"样式为"天空：少云"。参数设置完成后，单击"渲染"按钮，进入渲染模式，弹出"渲染进度"对话框，显示渲染进度和时间。

（6）保存渲染图像。渲染完成后，将在当前窗口中显示渲染结果，单击"保存渲染到项目中"按钮，可以将渲染结果保存在项目中，Revit将在项目浏览器中创建新的"渲染"视图类别。该渲染结果也可以保存为独立的渲染图像文件，单击"渲染"对话框中的"导出"按钮，可以将渲染图像保存在指定位置。至此完成了室外日光渲染操作，保存该项目，最后完成的渲染案例效果如图6-3-11所示。

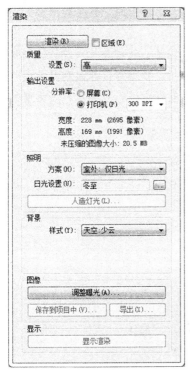

图6-3-10　渲染设置　　　　　图6-3-11　渲染效果

⋮⋮ **任务总结**

1．步骤总结

创建渲染图片的操作步骤主要分为以下几步：

（1）创建渲染三维视图。

（2）调整三维视图。

（3）制定材质渲染外观。

319

（4）渲染设置及渲染图像。

（5）保存渲染图像。

2. 技巧总结

创建渲染图片时需要注意以下几点：

（1）如果相机在平面视图中消失后，可以在项目浏览器中所对应的三维视图上单击鼠标右键，从弹出的菜单中选择"显示相机"命令，即可在视图中重新显示相机。

（2）显示相机后可以在视图中拖拽相机位置、目标位置以及远剪裁框范围的位置，远剪裁框是控制相机视图深度的控制柄，离目标位置越远，场景中的对象就越多；反之，就越少。

（3）在三维视图属性面板中，可以设置"视点高度"和"目标高度"以及"远剪裁偏移"等参数。

（4）仅渲染三维视图需要在图像中显示的那一部分，忽略不需要的区域，可以提高渲染的效率，比如可以通过使用剖面框、裁剪区域、摄影机裁剪平面或渲染区域来实现。

（5）在渲染设置对话框中，"日光设置"参数取决于当前视图采用的"日光和阴影"中的日光设置。

（6）模型的后期应用除本模块介绍的模型出图、渲染效果图片、明细表材料统计、制作漫游动画外，还可以进行碰撞检查、日照分析、净高分析等应用。模型可以导入到其他软件中，如 Navisworks、Fuzor、Lumion 广联达、鲁班等 BIM 工具软件中进行多层次、多维度的应用，提升 BIM 模型的应用价值。

Revit 常用快捷键

常用		视图（缩放）		建模		工具	
AL	对齐	ZR	区域放大	WA	墙	F7	拼写检查
CV	复制	ZZ	区域放大	DR	门	MA	匹配
RO	旋转	ZO	缩小一半	WN	窗	LW	线处理
TR	修剪	ZV	缩小一半	CM	构建	PT	填色
MM	镜像	ZF	缩放匹配	LI	线	SF	拆分面
OF	偏移	ZE	缩放匹配	RP	参照平面	AL	对齐
RP	画参照线	ZX	缩放匹配	PR	属性	SL	拆分墙和线
HH	临时隐藏	ZA	缩放全部以匹配			TR	修剪/延伸
HR	取消	ZS	图纸大小			CF	偏移
HI	隔离图元	ZP	上次滚动/缩放				
VV	图形可见性设置	ZC	上次滚动/缩放				

编辑		视图		绘图		窗口	
DE	删除	VP	视图属性	DL	尺寸标注	WC	层叠
MD	修改	F8	动态修改视图			WT	平铺
–	上次选择	VG	可见性/图形	EL	高程点		
SA	选择全部实例	VV	可见性/图形	TX	文字	SI	交点
NV	移动	HH	隐藏图元	GR	网络	SE	端点
RO	旋转	HI	隔离图元	LL	标高		
AR	阵列	HC	隐藏类别	TG	标记–按类别	SM	中点
RE	调整大小	IC	隐藏类别	RM	房间	SC	中心
GP	创建组	HR	重设临时隐藏/隔离	RT	房间标记	SN	最近点
EG	编辑	EH	在视图中隐藏图元	DL	详图线	SP	垂足
UG	解组	VH	在视图中隐藏类别			ST	切点
LG	链接组	EU	取消在视图中隐藏图元			SW	工作平面网格
EX	排除构建	VU	取消在视图中隐藏–类别			SQ	象限点
MP	将构件移到项目	WF	线框			SX	点
RB	恢复已排除构件	HL	隐藏线			SR	捕捉远距离对象
RA	全部恢复	SD	带边框着色			SO	关闭捕捉
AP	添加到组	AG	高级模型图形			SS	关闭替换
RG	从组中删除	TL	细线				设置
AD	附着详图	RR	渲染–光线追踪			SU	日光和阴影设置
PG	组属性	F5	刷新			UN	项目单位
FG	完成组						
CG	取消组						
PP	锁定位置						
UP	解锁位置						
CS	创建类似实例						

References 参考文献

［1］中华人民共和国住房和城乡建设部. GB/T 51235—2017 建筑信息模型施工应用标准［S］. 北京：中国建筑工业出版社，2017.

［2］中华人民共和国住房和城乡建设部. GB/T 51235—2017 建筑信息模型分类和编码标准［S］. 北京：中国建筑工业出版社，2018.

［3］朱溢镕，焦明明. BIM 应用系列教程——BIM 建模基础与应用［M］. 北京：化学工业出版社，2017.

［4］孙仲健. BIM 技术应用——Revit 建模基础［M］. 北京：清华大学出版社，2018.

［5］周佶，王静. 建筑信息模型（BIM）建模技术［M］. 北京：高等教育出版社，2020.

［6］刘孟良. 建筑信息模型（BIM）Revit Architecture 2016 操作教程［M］. 长沙：中南大学出版社，2016.

［7］朱溢镕，焦明明. BIM 概论及 Revit 精讲［M］. 北京：化学工业出版社，2018.

［8］朱溢镕，段宝强，焦明明. Revit 机电建模基础与应用［M］. 北京：化学工业出版社，2019.

［9］胡仁喜，刘昌丽. Revit Structure 2020 中文版建筑结构设计从入门到精通［M］. 北京：人民邮电出版社，2020.

［10］工业和信息化部教育与考试中心. 结构 BIM 应用工程师教程［M］. 北京：机械工业出版社，2019.

［11］陆泽荣，叶雄进. BIM 快速标准化建模［M］. 北京：化学工业出版社，2019.